여행은 차로 하는 거야

Abu Dhabi
Ajman
Albania
Argentina
Aruba
Australia
Austria
Bahamas
Bahrain
Belize
Belgium
Bolivia
Bosnia
Botswana
Brazil
Brunei
Cambodia
Canada
Chile
China
Costa Rica
Croatia
Czech
Denmark
Dubai
England
Estonia
Fiji
Finland
France
Germany
Grand Cayman
Grand Turk
Greece
Guam
Honduras
Hong Kong
Hungary

Iceland
India
Indonesia
Ireland
Italy
Japan
Korea
Laos
Liechtenstein
Luxemberg
Macau
Malaysia
Maldives
Mexico
Monaco
Montenegro
Mozambique
Myanmar
Nambia
Netherlands
New Zealand
Northern Ireland
Norway
Oman
Palau
Paraguay
Peru
Portugal
Philippines
Puerto Rico
Ras Al Khaymah
Russia
Saint Kitts
Saint Maarten
Saipan
Scotland
Sharjah
Singapore

Slovakia
Slovenia
South Africa
Spain
Sri lanka
Swaziland
Sweden
Switzerland
Taiwan
Thailand
Tunisia
Turkey
Uruguay
USA
USVI
Umm Al Quwain
Vatican
Vietnam
Wales
Zambia
Zimbabwe

10년간 100개국, 패밀리 로드 트립

박성원 지음

여행은 차로 하는 거야

몽스북
mons

고독하고 외로운 길을 걸어온 나의 슈퍼맨,

아버지께 이 책을 바칩니다.

Vancouver -> Kamloops 370km 5'30" Kamloops -> Vancouver ?

Lake Louise 330km 3'30" Lake Louise -> Columbia Icefield 130k

Great Falls 520km 6'00" Great Falls -> Gardiner 425km 5'00" \

Gardiner -> Missoula 450km 6'00" Missoula -> Kennewick 550kr

3'00" Seattle -> Everett 50km 1'00" Everett -> Vancouver 200km

Osaka -> Kyoto 50km 2'00" Kyoto -> Uji 20km 1'00" Uji -> Gama

Lookout -> Kailua 23km 0'45" Kailua -> Waimanalo -> Waikiki

Kaena Point Ko Olina -> Waikele -> Ala Moana 70km 1'20"

18km 0'30" Ala Moana -> Dilingham Air Field -> North Shore ->

257km Paracas -> Huacachina 102km 2'00" Huacachina

Slovakia 55km 1'00" Bratislava, Slovakia -> Budapest, Hungary 2

Slavonski Brod, Croatia -> Zupana, Croatia 70km 1'45" Zupana

Montenegro 300km 6'00" Budva, Montenegro -> Shkoder, Alban

Budva, Montenegro -> Herceg-Novi, Montenegro 50km 2'00" Her

Brela, Croatia -> Split, Croatia 50km 1'30" Split, Croatia -> Zagre

Graz, Austria -> Vienna, Austria 190km 3'45"

5'30" Vancouver -> Salmon Arm 480km 6'20" Salmon Arm ->

" Columbia Icefield  nff -> Calgary 330km 5'00" Calgary ->

stone Park 300km 12'00" Yellowstone Park 200km 6'00"

" Kennewick -> Portland 350km 4'00" Portland -> Seattle 300km

¶·¶ Nagoya -> Nara 165km 4'00" Nara -> Osaka 50km 1'30"

00km 5'1" Gamagori -> Nagoya 60km 1'30" ¶·¶ Ala Moana -> Pali

Moana 42km 1'15" Ala Moana -> Kae 8km 1'10"

oana -> Hanauma Bay 18km 0'30" H ay -> Ala Moana

ohe -> Ala Moana 160km 5'30" ¶·¶ Mi Lima -> Paracas

iraflores, Lima 330km 4'20" ¶·¶ Vienna, Austria -> Bratislava,

'30" Budapest, Hun Brod, Croatia 330km 6'00"

ia -> Sarajevo, Bos Sarajevo, Bosnia -> Budva,

m 3'00" Shkoder, A ontenegro 90km 2'30"

ovi, Montenegro -> Brela, Croatia 240km 8'00"(Mountain road)

atia 370km 6'00" Zagreb, Croatia -> Graz, Austria 200km 3'30"

Anchorage -> Talkeetna 185km 2'30" Talkeetna -> Seward 38

Hazyview 3km 5'00" Kruger National Park 140km 8'00" Ha

Hoeds loth Park 255km 4 Park -> Nel

Maputo -> Nelspruit 220km 4'00" Ne amba, Swaz

4'30" ¶·¶ Fukuoka -> Minami Aso 130km +150km 30"+3'00"

60km 2'30" Tsuetate -> Fukuoka 100km etroit Airpo

Orlando -> Kissimmee 30km 0'30" Kissimmee -> Cape Canaveral

Crystal River 160km 2'00" Crystal River -> Kissimmee 160km 1

Kissimmee 150km 1'40" Kissimmee -> Miami Beach 370km 4'00"

Miami Beach -> Key West 290km 4'30" Key West -> Miami A

Milano, Italy -> Montreux, Switzerland 300km 4'00" Montreux

Lauterbrunnen, Switzerland 70km 1'00" Lauterbrunnen, Switze

170km 2'00" Fussen, Germany -> Stuttgart, Germany 220km 2

-> Praha, Czech 100km 1'30" Praha, Czech -> Vienna, Austria

Ljubljana, Slovenia -> Venice, Italy 250km 3'30" Venice, Italy ->

San Jose -> Jaco 100km 1'40" Jaco -> Manuel Antonio National I

115km 2'30" La Fortuna -> San Jose 115km

4'30" Seward -> Anchorage 200km 2'00 ¶·¶ Johannesburg ->

' -> Timbavati 110km 1'45" Timbavati -> Hoedspruit 65km 1'00"

110km 1'45" Nelspruit -> Maputo, Mozambique 220km 13'30"

350km(190km) 7'30"(3'15") Lobamba -> Johannesburg 400km

ni Aso -> Mount Aso 20km 0'40" Mount Aso -> Tsuetate Onsen

Dearborn 20km 0'20" Dearborn -> Detroit Airport 20km 0'20"

m 1'30" Cape Canaveral -> Kissimmee 105km 1'10" Kissimmee ->

issimmee -> Clearwater Beach 150km 1'45" Clearwater Beach ->

t 270km 4'30" ¶·¶ Roma, Italy -> Milano, Italy 600km 6'00"

zerland -> Bern, Switzerland 90km 1'00" Bern, Switzerland ->

-> Liechtenstein 220km 3'45" Liechtenstein -> Fussen, Germany

Stuttgart, Germany -> Plzen, Czech 400km 4'30" Plzen, Czech

km 4'00" Vienna, Austria -> Ljubliana, Slovenia 400km 4'00"

o, Italy 425km 5'30" Ovieto, Italy -> Roma, Italy 130km 1'45" ¶·¶

)km 1'15" MANP -> San Jose 160km 2'30" San Jose -> La Fortuna

✳ contents ✳

1

대자연을 찾아서
태평양 북서부 5,355km의 여정

2

맛있는 로드
일본 간사이 4개 도시 여행

11

야생 나무늘보를 찾아서!
푸라 비다, 코스타리카

454

슈퍼맨이 되고픈 투명 인간의 고백

나는 투명 인간이다. 가정에서 내 역할이 사라진 지 오래다. 아내는 원더우먼이다. 가족을 위해 뭐든지 하고, 아이들에 대해 모르는 게 없다.

나는 한때 내가 경주마 같다고 생각했다. 아내는 내가 잘 될 수 있도록 먹여주고 가꿔주는 마주 같았다. 가족을 위해 경주마로 사는 것도 나쁘지 않다. 하지만 가끔은 뛰고 싶지 않았고, 부상당하거나 더 나이가 들면 경주에 나갈 수 없을 거라는 생각에 외로워지곤 했다. 마주가 선하다면 함께 친구처럼 늙어가겠지만, 대부분은 다른 곳에 팔리거나 안락사 당할 것이다. 아마도 파산 위기까지 내몰렸던 시기일 거다. 경마장 밖의 세상이 궁금했다. 뛰는 게 아닌, 산책하는 즐거움도 느껴보고 싶었다. 하지만 한국의 아버지들은 언젠가부터 곁눈질을 해서는 안 되는 존재가 되었다. 누구도 경마장에 고립된 아버지의 고독에는 관심이 없어 보였다. 부상당하지 않고 오래 달리기 위해 스스로 방법을 찾아야 했다.

그 무렵, 아내는 내게 "당신은 여행할 때 가장 생기 넘쳐 보인다"라고 얘기하곤 했다.

정치외교학을 전공한 나의 꿈은 외교관이 되는 것이었다. 세계를 여행하며 다양한 사람을 만나고 경험하다 보면 더 좋은 사람이 될 수 있을 거라고 믿었다. 여행이라고 말할 수 있는 첫 번째 세상 구경은 대학 시절에 중국과 동남아로 떠난 3개월 동안의 배낭여행이었다. 하루에 5달러로 먹고 자고 이동까지 하는, '짠내 투어'였다. 가장 힘든 시기였지만, 가장 활력이 넘치던 시절이기도 했다. 여행하면서 다양한 삶을 만났다. 자연 환경에 따라 삶의 형태가 달랐고 종교와 문화도 달랐다. 현지인들을 바라보는 여행자의 시선도 저마다 달랐다. 당시의 나는 무엇보다 하루에 5달러로 생활할 수 있다는 것 자체가 신기했다. 여행하는 동안 더럽고 냄새 나는 침대, 배탈 날 것 같은 음식, 정신이 혼미해질 정도로 멀미 나는 버스, 상상할 수 없는 가난, 너무도 맑아 눈물이 날 것 같은 아이들의 웃음까지. 여행을 하면서 학교에서 가르쳐주지 않는, 활자 이면의 세상을 만났다. 무언가 내게도 변화가 시작됐음을 깨달았다. 그렇게 만나고 헤어지는 것이 무뎌질 즈음 여행을 마쳤고, 만약 내가 결혼을 해서 아이를 갖게 된다면 내 아이도 여행을 사랑하는 사람으로 자라면 좋겠다고 생각했다. "당신은 여행할 때 가장 생기 넘쳐 보인다"는 아내의 얘기를 들으며 그때가 생각났다. 그리고 스스로에게 물었다. '나는 왜 스스로를 경마장에 가두고 있을까.'

여행의 기록을 살펴봤다. 결혼 후 5년이 지났을 때였는데, 이미 10개의 나라를 여행했다는 걸 알았다. 첫째 상아가 태어났을 때 우리는 초보 부모였다. 아이가 울면 어찌할 바를 몰랐다. 희한하게도 상아는 차만 타면 울음을 그쳤다. 아이가 울 때마다 차를 타고 드라이브를 했고, 잠든 후에야 집으로 돌아왔다. 나쁘지 않았다. 아이가 잠든 후는 부부의 시간이었다. 처음에는 동네를 한 바퀴 돌았고, 다음에는 고속도로 휴게소까지 가서 가락국수를 한 그릇씩 먹고 왔으며, 나중에는 집에서 먼 도시로 가서 며칠씩 머물다 왔다. 그렇게 중국과 일본, 동남아시아로 넓어졌던 거다. 아내와 나는 그 시절의 꿈과 희망, 걱정과 고민을 모두 차 안에서 나눴다.

여행은 투명 인간이던, 가정 내의 내 존재를 찾아가는 과정이다. 여행지를 선택하고 이동 루트를 계획하는 것부터 항공편, 숙소, 렌터카를 예약하는 것까지 내가 모든 걸 계획하고 실행한다. 여행이 끝나갈 즈음에는 다음 여행을 설계한다. 여행 중에도 숙소 예약과 식당 선택은 내 몫이다. 아침이면 가장 먼저 일어나 주변을 산책하면서 낯선 마을의 지리를 익힌다. 사냥하듯 식사 거리를 사 와 가족에게 아침을 먹이고, 일정대로 움직일 수 있도록 리드한다. 아내는 역사까지 줄줄 욀 정도로 여행하는 나라와 도시에 대해 공부하지만, 내 기를 살려주기 위해서인지 도움을 청하기 전까지 절대 먼저 나서지 않는다. 매번 고행에 가까운 여행을 하느라 힘들 텐데, 생기 넘치는 내 모습을 보는 게 좋다며 짐 꾸리는 것을 마다하지 않는다.

한국의 중년 가장들은 아내와 아이들만 여행 보내는 경우가 많다. 함께 여행하더라도 설계자는 아내, 남편은 거대한 신용카드에 지나지 않는다. 스스로 자신의 역할을 찾는 것이 가장 좋지만, 서툴다면 아내가 먼저 남편의, 아빠의 역할을 만들어주는 것도 멋진 일이다. 초보 여행자가 여행의 진정한 맛을 알 수 있도록.

결혼 전에는 아이들의 교육 문제를 쉽게 생각했다. 나는 한국에서 살다가 부모님을 따라 미국으로 이민 갔고, 고등학생 시절을 일본에서 보냈다. 미술을 전공한 아내와 나는 예술에도 관심이 많다. 아이들에게 영어와 일본어는 내가, 미술은 아내가 가르쳐야겠다고 생각했다. 좋은 공연을 보여주고 좋은 책을 읽게 해주면서 감성적인 아이로 자라게 해야겠다고.

부모가 된 지 얼마 되지 않아 그것이 얼마나 허황된 생각인지를 깨달았다. 과연 부모가 아이에게 해줄 수 있는 게 무엇일지 고민했다. 우리 부부가 찾은 답은 여행이었다. 여행 중에는 다섯 명의 가족이 하루 종일 붙어 있는다. 자동차를 타고 이동하는 동안 아이들은 뒷좌석에서 서로의 친구가 되어준다. 가끔 다투고 삐치기도 하지만 알아서 사과하고 화해도 한다. 좁은 차 안에서, 낯선 호텔에서, 답답한 비행기에서 24시간을 공유한다. 한국으로 돌아오면 같은 지붕 아래 머물지만 가족끼리 양질의 시간을 갖는 것은 일주일에 10시간이 채 안 된다. 아이는 아이대로, 부모는 부모대로 바쁘다. 그래서 더 자동차 여행에 끌렸는지도 모른다.

물론 나 자신을 위해서도 좋다. 한국에서는 숙면을 취하지 못하는 경우가 많은데, 여행을 하다 보면 '몸 고생'을 많이 해서인지 잠도 잘 잔다. 무엇보다 여행은 먼 미래가 아닌 지금, 여기, 곁에 있는 가족에게 집중할 수 있게 만든다.

우리 부부는 안다. 생활처럼 여행한다는 것이 결코 쉬운 일이 아니라는 것을. 펀드 매니저인 나는 인터넷만 연결돼 있으면 어디서든 일할 수 있다. 행운이다. 하지만 한국 시간에 맞춰 업무를 처리하면서 여행하는 건 아무리 각오한 일이라고 해도 버거울 때가 많다. 몇 년 전까지만 해도 와이파이 신호를 잡으려고 새벽에 호텔 로비에 앉아 홀로 일을 했고, 그 이전에는 무료 와이파이를 이용하기 위해 맥도날드에서 몇 시간이고 앉아 있어야 했다. 그때마다 아내는 아이들과 놀이터에서 시간을 때웠다.

경제적인 부담도 만만찮다. 가족 여행을 다닌다고 하면 먹고살 만하니까 하는 '배부른 소리'라고 생각하기 쉽다. 완전히 틀린 말은 아니다. 하지만 원칙이 있다. 우리나라보다 물가가 저렴한 나라에 가면 그 나라 수준의 생활비를 예산으로 잡는다. 가끔은 한국에서 생활할 때보다 적은 비용으로 여행하곤 한다. 물론 아무리 절약해도 늘 휘청거린다.

2003년 상아가 태어나면서부터 시작된 우리 가족의 자동차 여행. 멤버는 셋에서 넷이 되고 다섯이 됐다. 그동안 우리는 아시아와 아메리카, 유럽, 아프리카 등 모든 대륙을 여행했다. 몇 해 전부터는 목표도 생겼다. 상아가 고등학교를 졸업하기 전까지 100개국을 여행하자, 미국 50개 주를 자동차로 여행하자. 상아가 고등학교에 입학한 올해까지 우리는 99개국을 여행했고 미국 49개 주를 여행했다. 이 책에서 가족과 함께 자동차로 떠난 여행 중 가장 인상적이었던 11개 코스를 소개할 생각이다. 과거의 나처럼 지금 가정에서 투명 인간으로 존재하고 있을 이 시대의 아버지들에게 보내는 애정 어린 편지로 받아줬으면 좋겠다. 고행에 가까운 모험을 하면서 여행하는 것을 그만둘까 여러 번 고민했다. 그럴 때마다 나는 무엇을 위해 경제 활동을 하는가 생각한다. 답은 늘 같다. '행복해지기 위해서.' 의심할 여지가 없다. 우리 가족은 여행할 때 가장 행복하다.

자동차 여행으로 탄탄해진 우리 가족입니다

아빠 ♂ **박성원**

본업은 펀드 매니저, 부업은 여행 설계자. 남들보다 저렴한 가격에 호텔을 예약했을 때 잔잔한 희열을 느낀다. 취미는 여행 관련 앱 수시로 드나들기, 특기는 특가 여행 상품 고르기. 낯선 도시에 가면 아침 일찍 일어나 순찰 돌 듯 동네 지리를 파악하고 슈퍼마켓 위치를 알아내 가족들에게 브리핑하면서 도시와 친해진다. 집에 돌아오면 감수성만 풍부한 나무늘보로 바뀐다.

엄마 ♀ **신화정**

매사에 포기를 모르는 소녀 감성의 원더우먼. 남편의 가정 내 역할을 찾아주기 위해 가족 여행을 제안한 조물주. 쇼핑보다 책을 좋아하는 활자 중독자로 여행 전 가이드북과 에세이, 다큐멘터리를 섭렵하며 현지 정보를 습득하지만 남편이 도움을 청하기 전까지 침묵한다. 외국의 마트 재

료로도 마법 라면 스프만 있으면 한식을 창조해내는 '집밥 신 선생'. 가족들이 여행 후유증에 시달릴 때 홀로 현실로 돌아와 밀린 일을 처리하는 현실주의자.

상아 ♀ 2003년생

갓난아이 때부터 집에 있으면 울고, 자동차를 태워주면 조용히 잠들어 가족을 여행하게 만든 본투비 트래블러. 냄새만으로 고기 맛을 유추해낼 수 있는 육식주의자이자 녹색 채소를 싫어하는 편식쟁이. 여행 중 엄마와 아빠 사이의 기류가 심상치 않을 때면 뒷좌석에서 눈빛으로 동생들을 컨트롤하는 능력이 있다.

상진 ♂ 2005년생

정의로운 오지라퍼. 어느 나라 어느 도시에서든 또래 아이들과 이질감 없이 섞인다. 브라질 여행 이틀째 되던 날, 친구들과 바닷가에서 축구 약속이 있다며 홀로 외출하는 것을 보고 가족 모두가 존경하게 됨. 뭐든지 새로운 것은 직접 경험하고 먹어봐야 하는 호기심 대장. 편식이 뭔가요?! 좋아하는 것에 집요할 정도로 몰입하며 상처도 잘 받는 아빠의 미니미.

상은 ♀ 2008년생

예측할 수 없는 엉뚱한 에너자이저. 여행 중 아빠의 아침 동네 순찰에 동행해주는 베스트 프렌드이자 지친 아빠를 위로해줄 줄 아는 행복 배터리. 여행지에서 동물을 만나면 똑같이 생긴 인형을 사서 그 도시의 이름을 붙여주는 방식으로 여행을 기록한다. 언니와 오빠의 비밀을 부모님에게 고자질해주는 꼬마 스파이라는 건 비밀.

브렐라 ♀ 2014년생

가장 먼저 입양한 강아지로 가장 체구가 작지만 모성애가 강하다. 우리 가족이 사랑하는 크로아티아의 해변 이름과 같다.

라니 ♀ 2016년생

브렐라 2세. 예민한 질투쟁이로 가끔 강아지인지 여우인지 헷갈린다. 카이와 함께 하와이의 해변 이름에서 따왔다.

카이 ♀ 2016년생

먹을 걸 좋아하는 뚱땡이이자 순하고 영민한 강아지. 고양이 마호에게 배워 앞발로 세안하는 습관이 생김. 하와이 해변의 이름이기도 하다.

마호 ♂ 2017년생

게으른 참견쟁이 고양이. 도도하고 시크해 보이지만 겁이 많아 잘 놀란다. 야간 순찰을 돌며 가족의 안위를 살피는 '우리 집 반장'이다. 마호는 세인트 마틴 섬의 해변 이름.

생활하듯 여행하기 위한 노하우

나는 가족 여행의 설계자다. 가족들의 컨디션과 스케줄을 고려해 여행지를 결정하고, 출발 날짜와 기간을 정한다. 여행지에서의 동선을 짜고 항공권, 숙소, 렌터카, 투어 프로그램 예약 등도 내 몫이다. 이 외에도 생활하듯 여행하기 위한 몇 가지 노하우가 있다.

✛ 캠핑카보다는 일반 자동차 선택

자동차 여행을 좋아한다고 하면 적잖은 사람들이 "캠핑카?" 하고 묻는다. 자동차라는 수단에 여행이라는 환상이 더해진 연상 작용일 것이다. 하지만 몇 나라를 제외하고 캠핑카는 실용적인 여행 수단이 아니다. 물과 불 사용이 생각만큼 편하지 않고 잠을 자도 개운치 않으며 주유비도 너무 많이 든다. 차량이 크기 때문에 베테랑 운전자라 할지라도 사고에 노출될 위험이 크고, 렌트 비용과 주차비도 일반 자동차에 비해 비싸다. 캠핑카가 유용한 여행은 단거리를 이동하면서 한곳에 오래 머무를 때다. 캠핑장에 주차해야 전기와 수도를 연결해 사용할 수 있는데, 만약 전기 연결이 어렵다면 에어컨과 히터를 켤 수 없다는 걸 알아야 한다. 발전기를 사용할 수도 있지만 소음 때문에 유럽에서는 캠핑카의 시내 진입을 허용하지 않는 경우도 많다.

✚ 숙소 네임카드 챙기기

숙소에 도착하자마자 네임카드를 여러 장 받아 아이들 가방과 겉옷 주머니에 넣어둔다. 아이들이 휴대폰을 사용하면서부터는 사진으로 찍어 저장해두도록 시킨다. 인파가 많은 광장을 둘러보거나 페스티벌에 참가했을 때 자칫하면 아이를 잃어버리는 일이 발생하는데, 주소와 전화번호가 있으면 언어가 통하지 않더라도 숙소까지 찾아올 수 있기 때문이다. 이는 우리 가족이 숙소 체크인을 하자마자 치르는 첫 번째 의식 같은 것이다.

✚ 5인 가족의 1일 숙박비 예산은 100달러

2주가 넘는 장기 여행에서는 전체 예산 중 숙박비 비중이 크다. 미국은 100달러, 유럽은 100유로 내에서 하루 숙박비를 책정한다. 바닥에서 자는 게 나을 정도로 매트리스가 엉망인 경우도 있었고, 도저히 잠들 수 없을 정도로 이불에서 심각한 냄새가 나는 곳도 있었다. 대신 여행 마지막에는 비교적 고급 숙소를 예약한다. 여행하는 나라의 환경이 열악한 것이 아니라 우리 가족이 절약하면서 여행한다는 걸 아이들에게 알려주기 위해서다. 아이들은 여행을 통해 나라별 빈부 격차뿐 아니라 돈의 가치도 배울 수 있다.

✚ 골라 가는 재미가 있는 대형 마트 천국, 미국

미국은 대형 마트 천국이다. 자동차 여행자에게 대형 마트는 종합선물세트. 일반 마트보다 저렴하게 제품을 구매할 수 있고, 무료 주차가 가능한 데다 화장실도 이용할 수 있다. 대형 캠핑카로 여행하는 사람들에게는 안락한 잠자리 장소까지 된다. 우리 가족은 제품을 다량 구매할 때는 코스트코, 소량 구매할 때는 월마트, 한식 식재료가 필요할 때는 H마트를 이용하는 편이다.

✚ 편식쟁이 딸과 여행하는 비법

아들 상진이는 음식에 대한 호기심이 많은 반면 큰딸 상아는 편식쟁이다. 나 역시 편식이 심했기 때문에 아이에게 골고루 먹으라는 강요를 하지는 않는다. 내가 고등학생 때 일본 가정집에서 홈스테이 하면서 입맛이 변한 것처럼, 상아도 언젠가는 스스로 극복하리라 믿기 때문이다. 하지만 여행할 때는 상아의 편식이 문제가 된다. 체력이 달리면 여행을 지속하기 힘들기 때문. 이런 경우에 대비해 아내는 구운 김과 누룽지를 꼭 챙긴다. 샌드위치를 만들거나 삶은 달걀을 가지고 다니기도 한다. 일부러 조식 포함 호텔을 예약하기도 하고, 호텔 조식은 대부분 아메리칸 스타일이라 시리얼과 토스트 등을 실컷 먹고 나면 기운을 낸다. 물론 아이들과 함께하기 때문에 최악의 상황이 아니라면 식사 시간을 지키려고 노력한다. 배가 고프지 않더라도 오후 6~7시에 저녁 식사를 하면 시차 적응에도 도움이 된다.

✚ 바다에 안 가도 비치볼은 필수품

날씨가 추워 수영할 수 없다거나 바다나 강이 있는 도시로의 여행이 아니더라도 비치볼은 챙긴다. 비행기나 자동차 안에서 오랜 시간 이동할 때 최고의 장난감이 되기 때문이다. 공기를 빼면 부피도 작다. 사실 아이들은 장난감이 주어지길 기다리지는 않는다. 사소한 사물로 게임을 만들고, 자기들끼리 규칙을 정해 놀이를 한다. 비행기 안에서는 구토 백에 그림을 그리고 색칠을 하다가 가위로 오려 인형놀이로 이어가기도 한다. 물론 색연필과 가위, 풀 역시 여행 필수품이다.

✚ 아이가 인종 차별 당했을 때

어디서든 친구를 사귀고 대장이 돼서 또래들을 이끄는 상진이가 어느 날 벨기에가 너무 싫다고 말했다. 이유를 물었더니 한참을 망설이다가 아이들에게 놀림을 받았다고 했다. 눈을 찢는 제스처를 당한 거다. 내가 어렸을 때 많이 당했던 일이기 때문에 더 가슴이 아팠다. 어떻게 달래줘야 할지 고민하다가 '몰라서 저지른 실수'라고 말해줬다. 동양 사람을 자주 보지 못해서 자신과 다르다고 생각한 거지 너를 싫어하는 게 아니라고, 나의 학창시절을 들려주면서, 나를 놀린 사람보다 도와준 친구들이 많아 버틸 수 있었다고 얘기해줬다. 만약 누군가가 차별을 당하고 있다면, 어렸을 때 아빠를 도와준 친구들처럼 너희도 도와줘야 한다고도 얘기해주곤 한다.

✚ 유럽에서 생수 사기

유럽에서 물은 음료의 개념이 강하다. 탄산수를 물처럼 마시는데, 슈퍼마켓에서 구입하려면 여간 헷갈리는 게 아니다. 한국은 생수가 탄산수보다 저렴하지만, 유럽은 탄산수가 더 저렴한 경우가 많다. 'Still'이라고 적힌 것을 고르거나 'Without gas water'라고 말하면 되지만, 국경을 넘을 때마다 표기가 달라진다. 'Without gas'를 이탈리아에서는 'Senza gas', 프랑스는 'Non gazeuse', 스페인에서는 'Sin gas'라고 표기한다. 이 외에도 일반적으로 플라스틱 병의 바닥이 평평하면 생수, 울퉁불퉁하면 탄산수인 경우가 많고, 생수는 90%, 탄산수는 80%만 채워둔다. 한국에선 비싼 탄산수를 여행 중에 많이 마시는 것도 좋지만, 라면이나 커피 물을 끓일 때 처럼 생수가 꼭 필요한 순간이 있다.

원더우먼의 여행 전후 현실 처리법

여행 중에도 현실은 흐른다. 화려한 식탁 이면에는 설거지 거리가 수북하게 쌓여 있게 마련. 공과금 납부, 냉장고 정리, 아이들 교육 등 여행을 떠나기 전 처리해야 할 자잘한 현실이 산재해 있다. 자고로 엄마가 중심을 잡지 못하면 아이들도 현실에 적응하는 데 곱절의 시간이 걸리는 법. 원더우먼의 여행 전후 현실 처리법을 공개한다.

✚ 2개월 내의 공과금과 세금 납부일 체크

집을 비운다고 해서 전기세, 수도세, 가스비 등 지불해야 할 공과금까지 사라지는 건 아니다. 아내는 여행 날짜가 정해지면 통장 잔고를 확인하고 적어도 2개월 치의 공과금이 자동 이체될 수 있도록 정리해둔다. 연말 정산이나 세금 납부 기간이 겹치면 더 복잡해진다. 관련 기관에 문의해 언제까지 어떤 서류를 제출해야 하는지 확인하고, 고지서를 이메일로 받아 볼 수 있도록 처리한다. 물론 무통장 입금 가능한 계좌 번호도 받아둔다. 이 모든 조항을 까먹지 않도록 문서로 정리해 소지하는 것도 아내의 몫. 또 공개된 와이파이로는 인터넷 뱅킹을 사용할 수 없는 경우도 있으니, 스카이프처럼 국제 전화를 할 수 있는 앱을 다운로드해두고, 비상시 국내에서 대신 처리해줄 사람을 만들어두기도 한다.

✚ 다음 학기 학원과 체육관 예약

여행을 마친 후에는 기존의 생활 패턴으로 돌아가는 것이 매우 중요하다. 아이들을 교과 관련 학원에는 보내진 않지만 건강을 위해 체육 활동을 시키고 있다. 스케줄은 학기에 따라 달라지는데, 예약해두지 않으면 등록 자체가 안 될 때가 많다. 아내는 여행 전 귀국 날짜에 맞춰 학원이나 체육관을 예약하고 비용도 미리 지불해둔다. 만약 여행 출발 시까지 학원과 체육관 스케줄이 정해지지 않았다면 스케줄을 온라인으로 확인할 수 있는 방법과 연결 가능한 연락처, 결제 방법 등을 미리 체크해둔다. 여행 중에는 전화 통화 하는 것이 어렵기 때문에 이메일로 처리할 수 있는지 여부도 확인하는 게 좋다.

✚ 냉장고 파먹기

짧게는 2주, 길게는 2개월까지 집을 비우려면 냉장고 정리가 필수다. 가장 먼저 할 일은 있는 식재료를 처리하는 것. 여행을 앞두고 2주~1개월 사이에는 새로운 식재료 구입을 자제한다. 여행 일주일 전에는 썩기 쉬운 음식을 분리해 버리고, 냉동실도 정리한다. 특히 여름에는 밀가루와 부침가루, 양념류, 기름류도 밀폐 용기에 담아 냉장고에 보관하는 것이 좋다. 여행에서 돌아왔을 때 깔끔한 집을 보면 피로가 반감되니 여행 전 대청소를 해두는 것도 좋은 방법이다.

✚ 반려동물들은 믿을 만한 임시 보호자에게

여행을 떠날 때 가장 걱정이 되는 건 반려견과 반려묘다. 브렐라를 처음 입양할 때 상아는 사춘기였다. 반려동물이 아이들의 스트레스를 낮추고 정서적으로 도움이 된다는 얘기에 입양했지만, 여행을 떠날 때는 함께 갈 수 없어 미안하고 안타깝다. 가족 여행 중 반려동물의 보호자는 아이들의 외할머니다. 밥그릇과 사료, 물통, 배변통 등 반려동물의 살림살이를 챙겨 여행 전날 저녁이나 여행 당일 아침에 외갓집에 맡기곤 한다. 아내는 장모님께 반려동물들을 맡기기 전 목욕과 미용을 시키는 것도 빼먹지 않는다.

✚ 공부는 습관, 수준에 맞는 문제집 챙기기

공부를 잘할 필요는 없지만 하고 싶은 일이 생겼을 때 성적 미달로 할 수 없다는 것은 정말 슬픈 일이다. 아내는 종종 여행하면서 "아이들의 공부 흐름이 무너질까 봐 겁난다"는 말을 했다. 그러다가 방법을 찾은 듯하다. 여행을 떠나기 전 아이들 수준에 맞는 문제집을 한 권씩 구입하고, 매일 조금씩이라도 풀도록 권한다. 간단해 보이지만 아이들에게 맞는 문제집을 선택하고, 집이 아닌 곳에서 공부하도록 습관을 들이는 건 꽤 어려운 일이다. 평소에도 학원보다는 자율적으로 학습할 수 있도록 지도하는 편이기 때문에 가능한 일이 아닐까. 아무리 무게가 나가더라도 책을 한 권씩 챙기는 것도 잊지 않는다.

✚ 양말과 속옷은 직접 세탁하도록 교육

도시 간 이동 시 교통수단은 주로 중저가 항공기를 이용하는데, 항공사마다 기내 수하물 허용 기준이 다르고, 위탁 수하물은 추가 요금을 지불해야 하는 경우가 많기 때문에 짐을 최소한으로 꾸리는 게 중요하다. 옷도 최소한으로 가져갈 수밖에 없다. 따라서 현지에서 세탁은 필수. 아내는 모든 가족 구성원에게 양말과 속옷은 직접 빨도록 교육한다. 처음에는 놀이처럼 시작했지만 이제는 훈련이 돼 있어 편하다단다. 피부가 예민하다면 집에서 사용하던 세제와 섬유 유연제를 챙기는 게 좋다.

✚ 여행 가방은 스스로 챙기도록 배려

여행 초반, 아이들이 어렸을 때는 아내가 온 가족의 짐 가방을 쌌다. 그러나 아이들이 어느 정도 자란 후에는 자신에게 필요한 물건을 가져오라고 얘기한 뒤 검사하듯 함께 짐을 꾸리고 빠진 물건을 챙겨준다. 아이들 스스로 자신의 짐을 꾸려 반드시 가져가야 할 물건과 그렇지 않은 물건을 구분하도록 돕는 것. 옷을 너무 많이 가져가서 한 번도 입지 않은 경우도 있고, 인형을 가져가겠다고 고집을 부려 난감했던 경우도 있었다. 이러한 시행착오 끝에 지금은 아이들 스스로 필요한 것과 그렇지 않은 것을 구분할 수 있게 됐다. 아내는 어른의 기준에서는 쓸모없다고 판단되는 물건이라도 아이들 기준에서 필요하다고 하면 가져가도록 허락한다. 아이들도 쓸모없다고 판단되면 다음 여행에서는 스스로 가져가지 않는다.

엄마의 여행 가방 속 필수품

✚   소분한 조미료와 비상식량

라면과 누룽지, 김, 라면 스프는 필수품이다. 여기에 나무젓가락과 플라스틱 숟가락, 플라스틱 나이프를 챙기면 좋다. 위탁 수하물을 맡길 예정이면 작은 과도를 챙긴다. 빵을 자르거나 버터를 바를 때, 과일을 깎을 때 편하다. 소금과 식용유를 작은 통에 소분해 가져가면 요긴하게 쓰인다.

✚   밀폐 용기, 보냉 가방, 접이식 장바구니

남은 음식을 보관했다가 데워 먹기 쉽도록 전자레인지용 밀폐 용기도 챙긴다. 휴대용 보냉은 이동 중에 물과 음료를 보관하기 좋고, 접이식 장바구니는 장을 보거나 기념품 쇼핑 시 편리하다. 지퍼 백과 위생 백은 사이즈별로 넉넉하게 챙긴다.

✚   상비약

어른용 진통제와 소화제, 지사제를 챙기고, 지병이 있다면 병원에서 영문 처방전을 받아둬야 한다. 아이용으로는 씹어 먹는 알약형 해열제가 필수

다. 물약보다 부피가 작고 물 없이도 먹을 수 있어 편하다. 소화제는 어른
용을 조금 깨뜨려 먹이는 편이다.

+ 키즈 밀

귀찮더라도 항공권 예매 후 키즈 밀(유아용 기내식)을 신청하는 게 좋다.
과자나 빵 같은 주전부리는 물론이고 장난감이 포함된 경우가 많아 긴 이
동 시간에 유용한 간식과 놀거리가 되어준다.

+ 휴대용 스피커

익숙한 환경을 조성해줄수록 아이들은 여행에 빠르게 적응한다. 가족이
집에서 즐겨 듣는 음악을 USB에 담아 이동 중에 차 안에서 틀어주고, 숙
소에 도착해서는 휴대용 스피커로 틀어주면 적응하는 데 도움이 된다.

+ 휴대폰 충전 케이블

이동 중 자동차 뒷좌석에서 음악을 듣거나 게임을 할 때 휴대폰 배터리가
방전된다면 난감하다. 멀티 충전기와 함께 개인별로 자동차용 휴대폰 충
전 케이블을 반드시 챙겨야 한다.

1

대자연을 찾아서
태평양 북서부 5,355km의 여정

여행 일지

기간 ＊ 2016년 6월 18일~7월 3일, 15박 16일

장소 ＊ 캐나다 밴쿠버, 밴프 국립 공원, 미국 옐로스톤 국립 공원,

시애틀, 밴쿠버

이동 거리 ＊ 5,355km

Vancouver ➡ Kamloops 370km 5′30″

Kamloops ➡ Vancouver 370km 5′30″

Vancouver ➡ Salmon Arm 480km 6′20″

Salmon Arm ➡ Lake Louise 330km 3′30″

Lake Louise ➡ Columbia Icefield 130km 1′40″

Columbia Icefield ➡ Banff ➡ Calgary 330km 5′00″

Calgary ➡ Great Falls 520km 6′00″

Great Falls ➡ Gardiner 425km 5′00″

Yellowstone Park 300km(230km) 12′00″

Yellowstone Park 200km 6′00″

Gardiner ➡ Missoula 450km 6′00″

Missoula ➡ Kennewick 550km 6′30″

Kennewick ➡ Portland 350km 4′00″

Portland ➡ Seattle 300km 3′00″

Seattle ➡ Everett 50km 1′00″

Everett ➡ Vancouver 200km 2′30″

Canada & U.S.A.

캐나다 & 미국

a. 밴쿠버 ➡ b. 캠루프스 ➡ c. 밴쿠버 ➡ d. 살몬 암 ➡ e. 루이스 호수 ➡

f. 콜롬비아 아이스필드 ➡ g. 밴프 ➡ h. 캘거리 ➡ i. 그레이트 폴스 ➡

j. 가디너 ➡ k. 미줄라 ➡ l. 케네윅 ➡ m. 포틀랜드 ➡ n. 시애틀 ➡

o. 에버렛 ➡ p. 밴쿠버

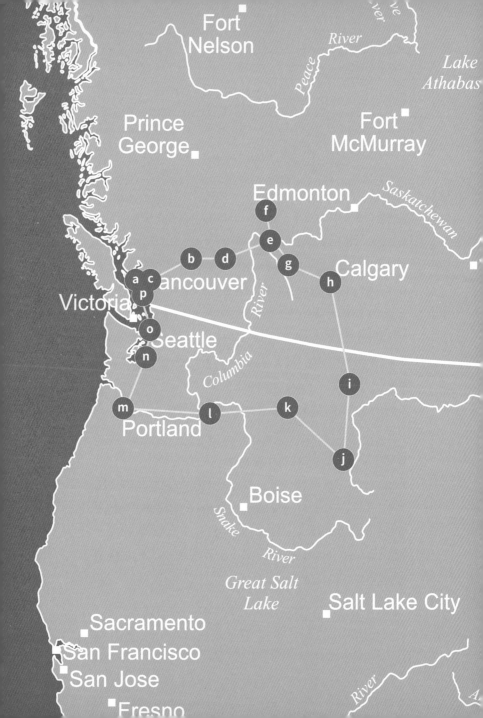

① **함께한 자동차 — 쉐보레 임팔라 & 크라이슬러 200 스포츠**

미국과 캐나다는 도로가 넓고 주차장이 잘 갖춰져 있기 때문에 짐이 많을 경우 대형 자동차를 렌트하는 것이 유리하다. 이번 여행은 이동 거리가 길고, 짐도 많아 뒷좌석도 승차감이 좋고 트렁크가 큰 자동차를 택했다. 처음에는 지역 렌터카 업체에서 쉐보레 임팔라를 렌트했지만, 국경을 넘을 수 없는 차량이기 때문에 글로벌 렌터카 브랜드인 쓰리프티Thrifty에서 크라이슬러 200 스포츠를 다시 렌트했다. 스포츠 에디션이어서 차량 성능이 우수했고, 운전하는 맛도 있었지만 뒷좌석에 앉은 아이들은 승차감이 좋지 않았다고 한다. 시행착오 없이 임팔라를 타고 여행했더라면 더 좋았을 것이다.

② **렌터카 업체 — 쓰리프티 thrifty.com**

차량을 렌트할 때는 국경을 넘을 수 있는 차량인지 반드시 체크해야 한다. 미국과 캐나다 모두 영토가 워낙 넓기 때문에 서비스 네트워크가 적용되는 범위가 차량에 따라 다르다. 국경을 넘나들 경우 지역 업체보다 글로벌 브랜드가 유리한데, 여행하다 차량에 문제가 발생했을 때는 물론이고 단순 변심으로 인한 차량 교체가 용이하다.

③ 주유

대도시를 경유하는 일정이 많지 않아 휘발유를 반 탱크 이상 유지하기 위해 휴게소나 주유소가 나올 때마다 들렀다. 미국에 비해 캐나다의 물가가 조금 비싼 편인데, 기름 값은 특히 더 비싸다. 밴쿠버에 사는 사람들은 휴일이면 시애틀로 넘어가 쇼핑 후 기름을 가득 채워 돌아오곤 할 정도. 국경을 넘을 때 참고하길 바란다.

④ 주차

미국에 비해 캐나다 대도시는 주차비가 비싸고 호텔 숙박비에 주차비가 포함되지 않는 경우가 많다. 캐나다 대도시를 여행할 때는 호텔 주변의 공영 주차장에 주차하는 것이 유리하다. 미국도 시애틀과 같은 대도시는 주차비를 별도로 지불해야 하는 호텔이 많으니 숙소를 결정할 때 미리 알아보는 것이 좋다. 우리는 시애틀에서 호텔 주차장에 차를 대놓고 대중교통으로 이동했다.

⑤ 기타

인건비 때문인지 셀프 주유소가 많다. 주유소에 딸린 편의점 계산대에서 셀프 주유할 펌프의 넘버와 기름 종류, 얼마나 주유하고 싶은지를 얘기하고 비용을 지불하면 해당 펌프에 충전해주는 방식. 기다리고 있으면 누군가 와서 도움을 줄 거란 기대는 버려야 한다. 밤새 기다려도 먼저 다가와 도움을 주지 않는다.

엘로스톤 국립 공원의 산성 온천.

✳ 어른들의 네버랜드를 찾아가는 여행

마음이 조급했다. 미국에서 자란 내게 옐로스톤 국립 공원은 어른을 위한
디즈니랜드 같은 곳이었다. 소문은 주기적으로 들려왔다. 환경 보호를 이
유로 옐로스톤 국립 공원이 안식년을 갖게 될 거라는 말이 들릴 때마다 근
거가 없다는 걸 알면서도 흔들렸다. 옐로스톤 국립 공원은 그랜드 캐니언
국립 공원이나 요세미티 국립 공원과 달리 접근성이 떨어지기 때문에 '언
젠가 꼭 가야지' 하면서 미뤄둔 여행지 중 하나였다. 한번 닫히면 적어도
5~6년은 출입이 금지될 것 같았다.

가족 여행을 시작한 이후 공통의 목표가 생겼다. 큰딸 상아가 고등학교를
졸업하기 전에 100개국을 여행하자, 미국 50개 주를 자동차로 여행하자.
옐로스톤 국립 공원은 와이오밍, 몬타나, 아이다호까지 세 개의 주에 걸쳐
있기 때문에 미국 50개 주 자동차 여행이란 목표에 다가갈 수 있는 루트이

기도 했다. 2016년 여름, 캐나다 밴쿠버에서 시작해 루이스 호수와 콜롬비아 아이스 필드에서 빙하를 체험한 뒤 미국으로 들어가 옐로스톤 국립 공원을 여행한 후 포틀랜드와 시애틀을 걸쳐 밴쿠버로 돌아오는 루트를 계획했다. 그렇게 5,355km, 15박 16일의 대장정이 시작됐다.

동틀 무렵 하늘에서 본 밴쿠버는 아름다웠다. 높은 산맥에 둘러싸인 도시 주변으로 큰 강이 지나갔다. 촉촉하게 비가 내리고 있었다. 덕분에 도시의 색도 더 짙었다. 밴쿠버에는 20년 전 함께 일하던 동료가 살고 있었고, 아침 식사를 함께하기로 약속해둔 터였다. 서둘러 입국장을 빠져나왔다. 예약해둔 렌터카를 찾고 준비해 간 내비게이션을 작동시켰다. 미국에서 구입한 내비게이션은 캐나다용 소프트웨어를 별도로 구매하라고 경고했다. 작동이 안 됐다. 스마트폰의 구글맵을 켰다. 오랜만에 만날 친구 생각에 마음만 급했는지, 오프라인 맵을 다운로드해두지 않아 작동이 안 됐다. 공항 근처 도시 리치몬드의 차이나타운에서 만나기로 했으니 약속 장소를 찾는 것은 어렵지 않았다. 하지만 10여 년 동안 기계에 의지해 살다가 아날로그 방식으로 표지판을 보며 길을 찾는다는 게 쉬운 일은 아니었다. 설상가상으로 우박까지 내렸다. 10분이면 닿을 거리를 돌고 돌아 1시간 30분이나 걸려 갔다.

✳ 중화요리의 천국이 된 밴쿠버

IMF 위기 때 함께 회사를 다니던 친구였다. 2000년대 초반에 한국 일을 정리하고 캐나다로 이민 온 후 친구는 사업을 시작했다. 타이밍이 좋았다. 홍콩이 중국에 반환되면서 홍콩 사람들이 밴쿠버로 이주하던 시기였고, 이후 중국인 유입이 늘면서 부동산이 폭등했다고 한다. 친구의 아내는 길고 추운 겨울이 싫다며 다른 도시로 이주하길 원했지만, 그는 밴쿠버를 두 번째 고향으로 여기는 듯했다.

친구는 지금 밴쿠버에서 갤러리를 운영 중이다. 그림을 팔기도 하고, 사람들이 가져오는 그림이나 사진에 어울리는 액자를 만들어주기도 한다. 재미있는 것은 손님들이 가져오는 사진과 그림은 모두 일상적인 것이라고 한다. 앞뜰에 핀 꽃이라든지, 아침마다 창가에서 지저귀는 새들처럼. 죽기 전에 가보고 싶은 여행지의 사진이나 종교적 색채가 강한 그림, 명화 복제품을 주로 걸어두는 우리나라 사람들과는 성향이 달랐다. 친구와 대화하면서 우리는 먼 곳을 바라보고 미래를 향해 사는 반면, 그들은 삶에 만족하며 현재에 산다는 느낌을 받았다. 어느 쪽이 옳은지는 모르겠다. 선택일 뿐이니까.

약속 장소를 차이나타운으로 잡은 이유는 이곳에 최고의 딤섬이 있다는 정보를 입수했기 때문이다. 10여 년 전까지 전 세계에서 가장 유명한 중식 셰프는 밴쿠버에 있다고 해도 과언이 아니었다. 홍콩에 있던 셰프들이 홍콩이 중국으로 반환되면서 밴쿠버로 이주하거나 스카우트된 것. 지금은 다수가 베이징으로 건너갔거나 홍콩으로 돌아갔다고 한다. 하지만 그들이 머물다 간 흔적은 식문화에 그대로 남아 있었다. 딤섬 전문 식당 엠파이어 시푸드 레스토랑Empire Seafood Restaurant에 갔다. 소문대로 밴쿠버 딤섬은 달콤했다. 슈마이의 피는 얇고 매끈하고도 보드라웠으며, 부드러운 돼지고기 사이로 새우가 쫄깃하게 씹혔다. 샤오롱바오의 피를 살짝 들춰 육즙을 마시고 채 썬 생강을 올려 한 입에 털어 넣었다. 알싸한 마라 향과 육즙의 조화는 가히 최고였다. 홍콩에서 온 셰프들은 별다른 시그니처 푸드가 없는 캐나다, 그중에서도 밴쿠버를 세계 최고의 중식 성지로 만든 듯했다.

눈썰미가 좋은 아내는 옛 동료를 만나기 위해 차이나타운으로 이동하던 길에 H마트를 발견했다. 한국형 슈퍼마켓인 한아름마트의 새 이름으로, 뉴욕의 작은 숍으로 시작해 북미권을 장악하고 있는 대형 마트 체인이다. H마트를 만나면 아내의 표정이 한결 밝아진다. 깜빡 잊고 온 한국의 식재료를 모두 구매할 수 있기 때문이다. 루이스 호수Lake Louise로 이동하기 전 하룻밤 쉬어 갈 도시 캠루프스Kamloops로 출발하기에 앞서 H마트에 들러 장을 봤다.

✳ 캠루프스 회군

옛 동료를 만나 회포를 풀면서도, 조미료 조금 보태서 세상에서 가장 맛있는 딤섬을 먹으면서도 한 가지 걸리는 게 있었다. 렌터카 회사에서 "캐나다를 벗어나지 않느냐"고 확인하는 말에 건성으로 "네" 하고 답했던 것 같아서다. 루이스 호수로 이동하기 전 하룻밤 쉬어 갈 도시인 캠루프스에 도착하자마자 렌터카 계약서를 다시 확인했다. 왜 슬픈 예감은 비켜 가지 않을까. 렌트한 차량으로는 국경을 넘을 수 없다고 적혀 있었다. 차량에 장착된 GPS 트래커는 비상사태가 발생했을 때 버튼을 누르면 자동으로 위치 정보를 보내 가까운 경찰서나 렌터카 회사에서 찾아오는 시스템인데, 이동할 수 있는 지역이 정해져 있어 그 지역을 벗어날 경우 벌금을 물어야 한다. 그래도 하루 동안 이동한 거리를 되돌아가기에는 무리라고 판단, 캠루프스에 차량을 주차해두고 다른 차량을 렌트해 여행을 지속해야겠다고 생각했다. 다행히 일찌감치 차량을 렌트했기 때문에 비용 부담이 적었고, 검색해보니 캠루프스 내에도 렌트할 수 있는 차량이 있었다. 그 차량을 예약해둔 채 잠이 들었다.

다음 날 아침 일찍 렌터카 회사를 찾아갔다. 그런데 차량이 없단다. 온라인으로 예약을 했다고 하자 전산 오류가 난 것 같단다. 가족회의를 열었다.

원래 계획대로 캐나다를 여행하고 캘거리 같은 대도시에서 차량을 다시 렌트해 미국으로 가느냐, 밴쿠버로 돌아가 국경을 넘을 수 있는 자동차로 교체하느냐. 후자 쪽으로 의견이 모아졌다. 휴가철이라 캘거리에도 차량이 없을 수 있으니, 렌트 가능한 차량이 많은 밴쿠버로 돌아가자는 것. 5시간 거리를 15시간에 걸쳐 돌아가는 꼴이 됐지만 대안이 없었다. 밴프Banff 에 호텔을 예약해둔 터라 조금 망설였지만 다수결을 따르기로 했다. 실수로 의기소침해져 있는 나는 아랑곳하지 않고, 아이들은 뒷좌석에서 신난 듯했다. 자동차 여행에 익숙해진 아이들은 지루한 이동 시간을 재미있게 보내는 방법을 잘 알고 있다. 비닐봉지에 바람을 넣어 풍선을 만들거나 과자 봉지로 모자를 만들고, 어른들은 범접할 수 없는 아이들만의 세상이 뒷좌석에서 펼쳐지고 있었다. 덕분에 마음이 조금 가벼워졌다.

▌tip ▧ 렌터카는 예약을 빨리 할수록 저렴해요

미국과 캐나다의 렌터카는 보통 예약 취소 수수료가 없다. 여행 계획이 서면 항공권보다 먼저 렌터카를 예약한다. 여행 일자가 많이 남아 있을수록 렌트 비용이 저렴하기 때문이다. 자동차를 인계 받은 후에도 사정이 생겨 일찍 반납할 경우 남은 날짜만큼의 금액을 돌려준다. 단, 해당 차량으로 넘나들 수 있는 국가와 이동할 수 있는 주State가 정해져 있다. 예약할 때, 자동차를 인계 받을 때 반드시 체크해야 한다. 렌터카 회사는 규모가 작을수록 렌트 비용이 저렴하고 서비스 내용도 단출한 편이다. 하지만 만약 장거리를 이동해야 하거나 국경을 넘을 계획이라면 차량에 문제가 발생했을 때 언제든 교체할 수 있는 대형 렌터카 회사를 이용하는 게 좋다.

✳ 살몬 암에서 만난 수호천사 할머니

다시 캠루프스로 돌아왔을 때, 사위에 짙게 어둠이 깔려 있었다. 10시간이 넘도록 운전한 상태, 지칠 대로 지친 우리 가족은 밴프에 예약해둔 호텔을 포기하고 근처에서 묵기로 했다. 캠루프스에서 1시간을 더 달려 살몬 암 Salmon Arm에 있는 모텔로 들어갔다. 밴프에 예약해뒀던 베스트 웨스턴과 같은 체인의 모텔이었다. 밤 10시가 넘은 시각, 체크인을 하면서 파트타이머로 보이는 할머니께 근처에 문을 연 레스토랑이 있는지 물었다. 할머니는 모두 닫았을 거라며 아이들도 있는데 왜 이리 늦었느냐며 꾸짖듯이 물었다. 렌터카 때문에 벌어진 해프닝을 말씀드리자 할머니는 무언가 떠오른 듯 다급히 어디론가 전화를 걸었다. 그러고는 밴프에 예약해뒀던 모텔과 이곳은 같은 체인이니 숙박료를 이중으로 지불하지 않아도 된다고 알려주셨다. 할머니가 수호천사처럼 느껴졌다. 액땜은 여기까지, 내일부터는 좋은 일만 가득하리! 근처 편의점에서 반조리 식품을 잔뜩 사다가 먹고 잠이 들었다.

✳ 캐나다 로키의 절정, 루이스 호수를 찾아서

살몬 암에서 1번 고속도로를 따라 밴프 국립 공원Banff National Park 내의 루이스 호수Lake Louise로 가는 길, 로키산맥을 넘어야 했다. 파란 하늘과 따가운 햇살, 숲은 여름의 절정으로 가기 위한 채비를 마쳤고 멀리 보이는 산봉우리에는 만년설이 남아 있었다. 다행이라고 생각했다. 만약 렌터카 소동이 없었다면 어둠 속에서 이 길을 지나쳤을 것이고, 이같이 아름다운 풍경을 눈에 담을 수 없었을 것이다. 20~30분마다 차를 세우고 경치를 감상했다. 곳곳에 세워진 '곰 조심' 표지판을 본 아이들은 곰 흉내를 내며 놀았다. 다람쥐처럼 작은 동물들이 이따금씩 나타나 우리를 빤히 쳐다보다가 사라지곤 했다.

곧게 뻗은 침엽수림 사이를 달려 루이스 호수에 도착했다. 주차하는 데만 1시간이 넘게 걸렸다. 주차장이 넓은 편임에도 워낙 많은 여행자가 찾는 곳이다 보니 차량을 통제하는 경우가 잦다고 한다. 주차장에는 대형 캠핑카가 많았는데, 차량이 크다 보니 주차 공간을 넓게 차지하는 데다 캠핑카 운전이 서툰 이가 많아 아비규환 상태였던 것. 주차장에서 20분 정도 걸어 올라가자 드디어 루이스 호수가 나타났다. 주차장에서의 지루한 기다림이 결코 아깝지 않은, 경이로운 풍경이 펼쳐졌다. 캐나다 로키에는 300여 개의 호수가 있다. 루이스 호수는 그중에서 가장 아름다운 곳으로 손꼽힌다. 빙하와 함께 흘러 내려온 미세한 암석 가루가 빛을 반사시켜 호수는 에메랄드 색으로 빛났다. 호수 뒤쪽의 빅토리아 산은 빅토리아 여왕의 이름을, 루이스 호수는 여왕의 딸 루이스 공주의 이름을 따서 붙였다고 한다. 1882년 캐나다 태평양 철도 건설 당시 측량 기사였던 토머스 윌슨이 발견 후 '에메랄드 호수'라 이름 지었으나 2년 후 루이스로 바뀌었다고.

하지만 성수기 유명 관광지가 그렇듯 관광객이 너무 많았다. 빅토리아 산이 보이는 계곡이 루이스 호수의 최고 포토 스폿인데, 그 자리에서 사진을 촬영하려면 한참을 기다려야 했다. 같은 장소, 같은 앵글, 다른 사람. 잠시 고민했다. 이곳에서 기다렸다가 남들과 같은 기념사진을 남길 것인가, 우리만의 포토 스폿을 찾아 떠날 것인가. 루이스 호수를 유명하게 만든 건 페어몬트 샤토 레이크 루이스Fairmont Chateau Lake Louise 호텔이라고 한다. 산 꼭대기에 있는 호수와 호숫가에 호젓하게 서 있는 고성 같은 호텔이 로맨틱한 분위기를 더하기 때문이다. 하지만 이 주변에는 빙하가 녹아 형성된 크고 작은 호수가 굉장히 많았다. 우리만의 호수를 찾으러 모험을 떠나기로 결정했다. 컬럼비아 아이스 필드를 찾아 북쪽으로 1시간 40분 정도를 이동했다.

▌tip ▓ 루이스 호수를 보다 알차게 즐기는 방법, 트레킹과 캠핑

루이스 호수를 더욱 유명하게 만들어주는 페어몬트 샤토 레이크 루이스 호텔. 아침

에 일어나면 창 안으로 반짝이는 루이스 호수가 들어온다고 상상해보자. 새벽이면

안개 낀 호숫가를 산책할 수 있고, 고풍스러운 레이크 뷰 라운지에서 애프터눈 티도

즐길 수 있다. 주변에 숙박 시설이 없어 숙박비는 꽤 비싼 편이다. 문제는 1년 전에

예약해도 성수기에는 객실을 구하기 힘들다는 것. 운이 좋아 당일에도 취소 객실을

예약했다는 후기가 전설처럼 들려오기는 한다. 모험을 좋아한다면 캠핑장을 노려보

는 것도 좋다. 캠핑장은 6~9월 동안 운영하며, 전화나 홈페이지에서 예약할 수 있다.

루이스 호수에서 숙박하는 이들은 대부분 레이크 아그네스와 빅비하이브, 식스 글레

시어를 돌아 루이스 호수로 돌아오는 6시간가량의 트레킹을 즐긴다. 레이크 아그네

스에는 1900년대 초에 지어진 티 하우스가 있고, 빅비하이브에서는 침엽수림에 둘

러싸인 루이스 호수의 절경을 한눈에 내려다볼 수 있다.

✳ 처음 만난 빙하, 컬럼비아 아이스 필드

컬럼비아 아이스 필드 빙하The Columbia Icefield Glacier는 북반구에서 북극

다음으로 규모가 큰 빙원이다. 주차장 옆에 있는 여행자 안내소는 해발

200m의 산허리를 잇는 스카이워크와 아이스 필드로 올라가는 버스가 출

발하는 곳이다. 10년 전까지만 해도 여행자 안내소까지 빙하가 이어져 설

상차를 타고 이동했지만, 지금은 버스를 타고 5분 정도 올라가면 된다. 설

상차는 말 그대로 눈 위를 달리는 대형 버스다. 남극 탐사용으로 개발된 것으로, 현재 10대 정도를 빌려 사용 중이라고 한다. 바퀴 지름만 무려 1.6m에 이른다. 차체가 높은 데다가 천장까지 유리로 돼 있어 맨 앞좌석이 아니더라도 주변 풍경을 감상하기 좋다. 캐나다 국기가 래핑된 설상차는 시리도록 파란 빙하와 잘 어울렸다.

설상차가 출발하자 동승한 가이드가 컬럼비아 아이스 필드에 대한 이야기를 들려줬다. 크기가 서울의 절반, 두께는 300m 정도로 에펠탑 높이와 비슷하다. 빙하 시대 말기부터 눈이 쌓여 거대한 얼음덩어리가 됐다. 설상차가 50도에 가까운 경사로를 오르자 아이들은 놀이 기구를 탄 것처럼 신나했다. 하지만 안타깝게도 녹고 있는 빙하가 눈에 띄었다. 빙하는 단순히 물이 얼고 녹기를 반복해 형성된 것이 아니다. 얼음과 흙, 모래, 자갈 등이 쌓여 퇴적된 단단한 얼음덩어리다. 지구 온난화로 얼음이 녹으면서 흙과 모래, 자갈만 남아 빙하가 있던 자리를 대신하고 있었다. 남겨진 퇴적층이 지구가 살아온 시간처럼 느껴졌다. 투명할 거라는 예상과 달리 빙하에는 검은 꽃이 핀 것처럼 거뭇거뭇한 돌가루가 끼여 있었다. 빙하가 이동하면서 돌끼리 부딪쳐 돌이 터진 흔적이라고 한다.

설상차에서 내려 빙하 위를 거닐었다. 한여름임에도 바람이 찼다. 설상차에서는 히터를 틀어줬고, 아이들은 파카를 입고 장갑까지 꼈다. 빙하 사이로 빙하수가 흘러 강을 이룬 모습이 보였다. 손을 살짝 담갔다. 손가락이 저릴 정로로 물이 찼다. 주위를 둘러보니 몇몇 여행자들이 미리 준비한 물통에 빙하수를 담고 있었다. 미네랄이 풍부한 컬럼비아 아이스 필드의 빙하수는 식수로도 손색이 없다고 알려져 있다. 하지만 빙하수를 담는 우리 가족에게 누군가 "석회질이 많으니 반드시 필터로 걸러 먹어야 한다"고 충고하기도 했다.

✳ 고요해서 더욱 매력적인 호수들

컬럼비아 아이스 필드에서 재스퍼 국립 공원Jasper National Park 방향으로 이동하는 길에는 아름다운 호수가 많았다. 컬럼비아 아이스 필드를 이루는 30여 개의 빙하 중 하나인 애서배스카 빙하Athabasca Glacier는 끝부분이 녹아 폭포처럼 흐르는데, 이것이 호수와 강을 이루며 북미 대륙 곳곳을 지나 대서양과 태평양까지 이어진다. 재스퍼 국립 공원 주변의 수많은 강과 호수도 이 빙하가 녹아 만들어낸 것. 길가에 차를 세우고 호수로 내려갔다. 가까이 가니 에메랄드빛 물이 투명하게 바닥을 비추고 있었다. 루이스 호수에서 촬영하지 못한 '인증 샷'을 원 없이 찍고 난 후 밴프로 향했다.

캐나다 로키에는 3개의 유명 온천이 있다. 재스퍼에 있는 미에트 핫 스프링스Miette Hot Springs, 쿠트니 국립 공원Kootenay National Park 내에 있는 라디움 핫 스프링스Radium Hot Springs, 그리고 밴프 다운타운에 있는 밴프 어퍼 핫 스프링스Banff Upper Hot Springs까지. 그중 밴프 어퍼 핫 스프링스는 밴프 시내에서 5km 정도 떨어져 접근성이 좋다. 1886년부터 온천의 역사가 시작된 곳으로, 수영장 스타일의 노천온천에서 눈 덮인 로키를 보며 온천욕을 할 수 있는 곳이기도 하다. 밴프 어퍼 핫 스프링스에 도착해 주차장 상태를 보니 내부 상황이 짐작됐다. 아마도 루이스 호수만큼 사람이 많을 것 같았다. 온천욕을 포기하고 아이스크림만 먹고 주차장으로 돌아와 캘거리 Calgary로 이동했다.

대도시인 캘거리는 카우보이 왕국이다. 여름이면 주말마다 크고 작은 로데오 경기가 열리는데, 7월 초에는 세계에서 가장 큰 로데오 축제인 캘거리 스탬피드Calgary Stampede가 열린다고 했다. 하이라이트는 당연히 로데오 대회. 그러나 안타깝게도 일주일 차이로 꿈에 그리던 축제를 볼 기회를 놓쳤다. 이렇게 다시 올 핑계를 남겨두는 것도 좋다면서 스스로를 위로했다.

▮ tip ▮ 세계 최대의 로데오 축제, 캘거리 스탬피드 Calgary Stampede
캐나다 캘거리에서 개최되는 세계 최대의 로데오 축제. 보통 매년 7월 첫 번째 금요일부터 내주 일요일까지 10일 동안 열린다. 1912년 시작된 행사로 스탬피드 공원 Stampede Park을 중심으로 캘거리 시내 전체가 축제의 무대가 된다. 카이보이 대회로 시작해 로데오 대회, 척 왜건chuck wagon 경주 등이 추가되면서 점차 캐나다 서부의 문화유산을 바탕으로 한 대형 축제로 성장했다. 국제 오토 쇼와 트럭 쇼, 바이크 쇼 등 각종 공연도 열린다.

✳ 캐나다 국경을 넘어 미국으로 가는 길

캐나다 캘거리에서 미국 옐로스톤 국립 공원 북쪽 게이트가 있는 가디너 Gardiner까지는 이동하는 데만 꼬박 이틀이 걸렸다. 캐나다와 국경을 마주한 미국 몬태나Montana 주를 지나가는 코스였다. 몬태나란 라틴어로 산악 지방이라는 뜻. 험준한 산악 지대를 지나는 동안 볕이 드는 곳마다 소담하게 자리 잡은 작은 마을들이 드문드문 나타나곤 했다.

영화 <흐르는 강물처럼A River Runs Through It>의 촬영지인 몬태나는 배우 로버트 레드포드가 사랑한 지역이기도 하다. 영화에서처럼 강에는 플라잉 낚시를 즐기는 사람들이 종종 눈에 띄었다. 강을 따라 이어지는 도로 위를 물처럼 흐르듯 달리며 차창을 내렸다. 길가의 편의점에서는 손도끼나 클래식한 형태의 칼을 기념품으로 판매하고 있었다. 그냥 지나치기에는 아쉬움이 컸다. 언젠가 몬태나로 여행을 와 전원주택을 렌트하거나 캠핑하면서 카우보이 체험을 하자고 가족들과 약속했다.

옐로스톤 국립 공원 내에도 로지Lodge가 있는데, 이용하려면 적어도 1년 전에는 예약해야 한다. 무료 취소가 가능해 '질러놓고 보자'는 심보의 사람이 많기 때문. 따라서 대부분의 여행자는 가드너와 웨스트 옐로스톤, 코디 등의 게이트 주변 마을에서 숙박한다. 우리가 베이스캠프로 선택한 곳은 가드너의 작은 아파트. 주변에는 식당과 모텔, 여행사가 즐비했다. 슈퍼마켓에서 식재료를 사다가 밥을 지어 먹고 설레는 마음으로 각자의 방식으로 옐로스톤에 대해 공부했다. 산악 지대라 그런지 아파트의 와이파이 신호가 매우 약했다.

옐로스톤 국립 공원은 일주일 정도는 머물러야 구석구석을 둘러볼 수 있을 것 같았다. 하루는 동물 찾기에 올인 하고, 하루는 호숫가에서 캠핑하면서 트레킹을 하거나 낚시, 수영, 카누, 카약 등의 수상 레포츠를 즐기고 싶었다. 그러나 우리에게 주어진 시간은 2박 3일. 이미 첫 번째 날의 하루가 저물고 있다. 효과적으로 둘러볼 수 있는 방법을 생각했다. 지도를 살펴보니 옐로스톤 내 도로는 두 개의 서클이 붙어 있는 '8' 자 형태였다. 하루는 로어 루프Lower Loop를 따라 돌고, 다음 날은 어퍼 루프Upper Loop를 따라 돌아보는 일정으로 정했다. 거리상으로는 멀지 않지만, 거의 모든 도로가 1차선인 데다 동물이 언제 지나갈지 몰라 서행해야 하므로 실제 이동 시간은 더 길어질 거라고 들었기 때문이다. 희귀 동물이 도로 위에 출몰하면 모든 여행자가 차량을 도로 위에 세우고 동물을 관찰하기 때문에 더더욱.

▌tip ▥ 세계 최초의 국립 공원, 옐로스톤

옐로스톤은 아이다호 주, 몬태나 주, 와이오밍 주에 걸쳐 있다. 세계 최초로 국립 공원으로 지정된 곳이며, 규모가 서울의 14배, 그랜드 캐니언의 3배에 달한다. 1만 개가 넘는 온천과 300개에 달하는 간헐천, 거대한 폭포, 계곡 등을 품고 있는 야생 동물의 천국이다. 출입구는 모두 5개. 시기별로 개방하는 출입구가 다르기 때문에 방문 전 홈페이지에서 확인해야 한다. 5~9월이 성수기인데, 10월이 되면 일부 도로가 폐쇄되는 데다 기온이 낮아 눈이 많이 내려 여행하기도 좋지 않다. 공원 내에는 대중교통이 없기 때문에 옐로스톤을 탐험하려면 자동차나 자전거, 여행사 투어 상품을 이용해야 한다.

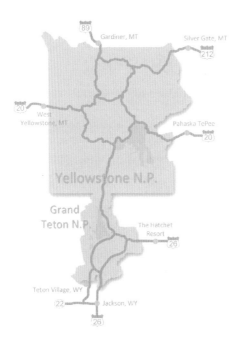

✳ 옐로스톤의 상징, 바이슨과의 첫 만남

입구에서 동물들의 주요 서식지가 표기된 지도를 챙겨 공원 안으로 들어갔다. 공사 중인 구간이 많았다. 산사태나 도로 유실로 인한 보수 공사였다. 1988년에 났던 화재의 흔적도 여전했다. 당시 공원 전체의 30%가량이 피해를 입었는데, 30년이 지난 지금도 완전히 회복되지 못했다. 그 모습이 자연의 경고 같기도 했고, 부디 조심스럽게 다뤄달라는 부탁처럼 들리기도 했다.

뒷좌석에서는 새로운 놀이가 시작됐다. 아이들은 이곳에서 10가지 동물을 만나고 싶어 했다. 누가 많이 찾느냐를 두고 내기를 한 모양이다. 공원 내에 데이터 신호가 없기 때문에 아이들은 지난밤에 옐로스톤 내 동물의 서식지를 알려주는 앱을 다운로드해 화면을 캡처해뒀다고 했다.

계획대로 로어 루프 쪽으로 향했다. 옐로스톤에서 가장 만나고 싶은 동물은 들소인 바이슨이었다. 공원에 들어선 지 얼마 지나지 않아 언덕 위에 앉아 있는 바이슨을 발견했다. 반가운 마음에 차를 세우고 한참 동안 기념사진을 찍었다. 바이슨은 애니메이션 <미녀와 야수>의 야수 모티프가 된 동물로 옐로스톤의 상징이다. 1960년대에 개체 수가 400마리까지 줄었었다고 한다. 이에 동물 보호 정책을 펼쳤고, 그 결과 현재는 4,000마리가 넘는 바이슨이 공원 내에 서식하고 있다. 이는 가장 성공적인 동물 보호의 케이스로 꼽힌다. 얼핏 버펄로와 비슷해 보이지만, 바이슨은 상체가 털로 덮여 있다. 이후에도 옐로스톤을 여행하는 내내 바이슨을 얼마나 자주 만났는지 나중에는 커다란 덩치의 동네 강아지나 고양이처럼 느껴졌다.

▌ tip ▒ 옐로스톤 국립 공원 필수 앱

옐로스톤 국립 공원 내에서는 데이터 신호가 잡히지 않는다. 본격적인 여행 전에 옐로스톤 홈페이지(nps.gov)에서 앱을 다운로드해 주요 동물 서식지와 볼거리를 체크한 후 동선을 정하는 게 좋다. 이뿐만 아니라 공원이 넓다 보니 도로 보수 공사가 잦은 편인데, 도로 폐쇄 여부도 앱을 통해 실시간으로 확인할 수 있어 편리하다.

✳ 지구의 숨결을 느낄 수 있는 태초의 땅

옐로스톤이란 이름은 바위 위로 온천수가 흐르면서 유황이 덧칠해져 노란색을 띠기 때문에 붙여진 이름이다. 옐로스톤 내에는 전 세계의 간헐천을 다 합한 것보다 많은 수의 간헐천이 있다. 뜨거운 물과 수증기, 가스 등이 일정한 간격을 두고 분출하는 것을 간헐천이라 하는데, 깊은 지하에서 상승한 고온의 물과 수증기가 얕은 지하에서 만나 일어나는 현상이다.

어퍼 루프와 로어 루프가 만나는 곳에 있는 올드 페이스풀Old Faithful은 아마도 옐로스톤 내에서 가장 유명한 간헐천일 것이다. 1~2시간 간격으로 50~60m 높이의 뜨거운 물기둥이 솟아오른다. 한 번 내뿜은 물기둥은 4~5분 정도 지속되는데, 옐로스톤 간헐천 중 가장 규모가 크고 수량이 풍부해 여행자들이 모여든다. 머드 볼케노도 신기한 볼거리 중 하나. 지하의 열기에 녹은 바위와 흙 등이 물과 섞여 부글부글 끓어오르는, 진흙 화산이다.

올드 페이스풀 주변에는 크고 작은 간헐천과 온천, 머드 볼케이노가 형성돼 있었다. 나무 데크를 따라 그 주위를 산책하면서 태초의 자연과 만났다. 주변을 돌아보니 야구 모자가 특히 많이 떨어져 있었다. 주범은 거센 바람. 간헐천과 온천 주변에는 물에 손이나 발을 담그지 말라는 경고 문구가 적혀 있었다. 바람에 날아간 모자나 스카프를 주우려 수온이 높은 물에 손을 넣었다가 다치는 사고가 빈번하게 일어나는 모양이다.

동물원처럼 케이지에 갇혀 있는 게 아니기에 이곳에서 동물의 서식지를 찾아다니는 일은 만만치 않았다. 공원에서 10시간 남짓 머물렀다. 꽤 긴 시간임에도 전혀 지루하지 않았다. 다만 망원경을 챙기지 않은 것이 후회됐다. 아무리 순한 동물이라도 야생성이 살아 있기 때문에 가까이 가지 말고 거리를 유지해야 하기 때문이다. 곳곳에 널린 동물 뼈와 죽어서 바짝 마른 나무들이 눈에 띄었다. 무섭기보다는 삶과 죽음이 공존하는, 생명이 순환하는 모습을 보며 경외감 비슷한 감정이 들었다.

공원 내의 피크닉 구역에서는 취사가 가능하고, 호수와 강에서는 수영도 할 수 있다. 호수 주변에 침엽수가 늘어서 있는데, 이 숲과 호수를 터전으로 많은 동물과 조류가 살고 있다. 특히 해 질 무렵이면 물을 마시기 위해 석양을 등에 지고 나타나는 동물 무리를 만날 수 있다. 이곳에서 수영이나 낚시를 하는 것은 옐로스톤을 특별하게 즐기는 방법. 우리 가족 역시 옐로스톤을 여행하는 내내 반바지와 래시가드를 수영복처럼 입고 다녔다.

✳ 야생 동물의 왕국을 구석구석 탐험하기

둘째 날은 어퍼 루프를 돌며 동물을 찾아보기로 했다. 다양한 동물을 만났다. 멸종 위기라는 여우와 사람들을 피해 가족 단위로 이동한다는 곰을 빼고 바이슨, 엘크, 늑대 등 목표한 동물을 다 만났다. 오후가 되자 마음이 급해졌다. 메인 도로에서 샛길로 빠져 여우와 곰 탐색에 나섰다. 옐로스톤을 여행하는 이들의 대부분이 곰을 만나고 싶어 하지만, 실제로 만난 경우는 많지 않다고 한다. 로어 루프와 달리 어퍼 루프는 산악 지대라 계곡과 폭포가 굉장히 많았다. 곰은 낮에는 나무 위에 있다가 저녁 무렵 물을 마시러 강가에 나타난다고 했다. 망원경을 설치해두고 기다리는 사람도 있었다. 일부러 '곰이 자주 출현하는 곳이니 조심하라'는 경고문이 붙은 지역을 찾

엘로스톤 국립공원의 바이슨.

엘로스톤 국립공원 내의 '곰 조심' 표지판.

컬럼비아 아이스필드의 빙하.

여행을 함께한 파란색 크라이슬러
200 스포츠.

아다니기도 했다. 곰이 식탐이 강하다는 말을 듣고 음식 냄새로 유혹해보기도 했지만 헛수고였다.

해가 저물고 있었다. 실망한 기색이 역력한 아이들을 위로하며 숙소로 돌아가는 길, 앞차들이 하나둘 서기 시작했다. 차에서 내렸더니 어미 곰과 아기 곰이 보였다. 먹이를 찾으러 나온 모양이다. 굉장히 기뻤을 텐데, 사람들이 차분했다. 시끄러우면 곰이 놀랄 수 있고, 가까이 가면 위험하니 다가가지 말자고 무언의 약속이 이뤄진 거다. 하루 종일 곰을 찾느라 공원 구석구석을 돌아다닌 우리 가족도 설레는 마음을 애써 누르며 멀리서 한참 동안 곰 가족을 지켜봤다.

곰은 동물원에도 많다. 하지만 이날의 곰은 우리 가족의 희망 동물이었다. 아이들이 원하는 걸 스스로 완성시키도록 돕고 싶은 게 부모 마음이다. 이날은 집요하다 싶을 만큼 점심 식사 후에 곰만 찾아다녔던 것 같다. 포기하고 돌아서지 않은 이유는 원하는 걸 얻기 위해서는 힘든 과정을 감내해야 한다는 사실을 아이들이 배우길 바랐기 때문이다. 기적적으로 우리는 옐로스톤 여행의 끝에서 곰 가족을 만났고, 그 기적은 곧 우리 가족에게 긍정의 에너지를 불어넣어줬다.

▌tip ▓▓ 미국 국립 공원 마니아를 위한 애뉴얼 패스Annual Pass

미국 내 2,000개 이상의 국립 공원과 산림, 야생 동물 보호 구역, 유적지 등에 입장할

수 있는 티켓. 한 장의 패스로 성인 4명이 무료로 입장할 수 있으며, 16세 이하의 어

린이는 무료입장이 가능하다. 비용은 80달러, 유효 기간은 1년이다. 여행 전에 홈페

이지store.usgs.gov/pass에서 구매할 수 있으며, 국립 공원 티켓 부스에서 현장 구매할

수도 있다. 단, 캠핑과 보트 대여, 투어 비용은 따로 지불해야 하고, 사설 업자가 운영

하는 몇몇 시설에서는 패스 사용이 불가능하다. 패스에는 2명이 서명할 수 있는데,

서명인은 가족이 아니어도 된다. 대신 패스를 사용하려면 서명인 둘 중 한 사람이 반

드시 동행해야 한다. 도난 또는 분실 시 재발급이 불가능하니 주의하자.

✶ 킨포크 스타일을 만들어낸 포틀랜드

요즘 가장 힙한 도시 포틀랜드까지 왔다. 숙소에 짐을 푼 뒤 기대를 가지고

다운타운으로 나갔다. 포틀랜드 최대의 번화가인 다운타운에는 스타일리

시한 쇼핑몰과 캐주얼한 레스토랑이 많았다. 가장 인상적인 것은 윌래멋

강과 톰 맥콜 워터프론트 공원. 모리슨 다리 아래 위치한 시민 공원으로 가

족 단위의 피크닉족이 많았다. 샌드위치를 나누어 먹으며 그들 사이에 슬

쩍 끼고 싶을 만큼 안온한 풍경이었다. 저녁 식사를 위해 푸드 트럭 구역으

로 향했다. 50개 남짓한 푸드 트럭이 모여 있어 적은 비용으로 다양한 음

식을 배불리 먹기 좋았다. 메뉴는 글로벌 런치박스를 방불케 했다. 가장 미

국적인 음식인 햄버거와 피자를 비롯해 중국, 일본, 베트남, 멕시코, 아랍 등 전 세계의 음식이 한자리에 모여 있었다. 푸드트럭에서 초밥을 주문해 먹은 뒤 강을 따라 도시를 거닐었다. 세련되고 유니크한 거리보다 그 도시와 스타일을 만들어가는 사람들에게 더 시선이 갔다.

▌ tip ▨ 포틀랜드에서 시작된 킨포크 라이프

몇 해 전부터 '킨포크kinfolk 스타일'이라는 말이 유행하기 시작했다. 포틀랜드가 진원이다. 킨포크란 가족이나 친구 등 가까운 사람을 말하는데, 킨포크 라이프란 킨포크와 함께 여유로운 자연 속에서 소박하게 살아가는 삶의 방식을 말한다. 포틀랜드 사람들은 대량 생산과 소비의 사회에서 공장식 축산을 반대하고, 환경을 파괴하는 기업형 농업을 거부하는 대신 집집마다 동물을 기르고 채소를 재배하며 살고 있다.

✳ 개성 강한 젊은이들의 도시, 시애틀

포틀랜드에서 자동차로 3시간, 시애틀Seattle에 도착했다. 많은 사람이 시애틀 하면 마이크로소프트, 보잉, 아마존 등을 떠올리는 것과 달리 나는 '나이트클럽'이 생각난다. 시애틀 출신의 친구 때문이다. 한때 동료였던 친구가 시애틀 시내 중심에 굉장히 큰 교회가 있었는데 나이트클럽으로 바뀌었다고 말한 적이 있다. 그때 내게 '나이트클럽이 된 교회'란 이미지가 강렬했나 보다. 마이크로소프트에 근무하던 후배는 2개월마다 시애틀에 다녀오곤 했는데, 늘 시애틀로 함께 여행을 가자고 제안하곤 했다. 내가 좋아하는 두 사람이기에, 그들의 말이 곧 시애틀의 이미지가 된 모양이다. 그러나 직접 마주한 시애틀의 첫인상은 생각보다 더 마이크소프트스러웠다.

시애틀에 도착한 것은 퇴근 시간 무렵이었다. 거리에는 20~30대로 보이는 젊은 사람이 많았다. 차창 너머로 그들을 바라보며 어쩌면 시애틀은 개성 강한 아웃사이더들의 도시가 아닐까 생각했다. 나도 아웃사이더였기에 더욱 친근감을 느꼈다. 한국은 젊은이들이 모여 있는 곳에 가면 현재 유행하는 스타일이 무엇인지 알아채기 쉬운데, 이곳 사람들은 각자 개성이 뚜렷했다. IT 너드nerd 특유의 분위기, 도시를 압도하는 이 분위기를 나는 '마이크로소프트스럽다'고밖에 표현할 수 없을 것 같다.

저녁거리를 사러 홀 푸드 마켓Whole Food Market으로 향했다. 이벤트가 한창이었다. 인근 식당과 유기농 식품 슈퍼마켓 체인인 홀 푸드가 협업해 건강한 음식을 판매하는 행사였는데, 스테이크 팝업 스토어가 후각을 사로잡았다. 즉석에서 구워준 스테이크로 저녁을 대신했다. 푸짐한 양과 부드러운 육질의 스테이크, 곁들인 감자 샐러드는 지금 생각해도 어금니 뒤쪽에 침이 고인다.

✳ 첨단 도시 시애틀 원데이 투어

시애틀의 상징인 스페이스 니들Space Needle과 스미스 타워Smith Tower는 도시 전체를 한눈에 내려다볼 수 있는 스폿으로 꼽힌다. 그중 스페이스 니들은 치훌리 가든 앤드 글래스Chihuly Garden and Glass와 시애틀 어린이 박물관Seattle Children's Museum, 현대미술관Museum of Pop Culture 등의 주요 관광지와 인접해 있어 많은 여행자가 찾는 곳이다. 멀리서도 눈에 띄는 거대한 건축물, 여행자들이 주로 향하는 곳은 지상에서 150m가량 떨어진 곳에 위치한 야외 전망대다. 파이오니아 스퀘어에 위치한 스미스 타워는 1941년에 지어진 42층짜리 빌딩이다. 시애틀에서 가장 오래된 고층 빌딩. 스미스 타워의 상징은 삼각 지붕, 이탈리아 베네치아의 산마르코 광장 종탑에서 영감을 받아 만들었다고 한다.

두 개의 전망대 중 우리가 선택한 장소는 관광 스폿이 모여 있는 스페이스 니들. 그러나 전망대에 오르는 대신 스페이스 니들을 배경으로 인증 샷을 찍고, 치훌리 가든 앤드 글래스로 향했다. 엔터테인먼트 사업에 관심이 많은 나와 미술을 전공한 아내는 둘째가라면 섭섭한 미술관과 박물관 '덕후'지만, 여행을 할 때는 미술관과 박물관도 아이들 기준으로 선택하는 편이다. 치훌리 가든 앤드 글래스는 아이들이 좋아할 거라는 확신이 있었다.

유리 공예 박물관이라 불리는 이곳에는 유리 공예가 데일 패트릭 치훌리 Dale Patrick Chihuly의 작품이 전시돼 있다. 그는 베네치아 무라노 섬에 있는 '베니니 파브리카' 유리 공장에서 유리 공예를 배운 최초의 미국인으로 기록돼 있다. 라스베이거스의 벨라지오 호텔과 두바이 아틀란티스 호텔 등 유명 호텔 로비를 화려하게 장식한 것도 그의 작품. 실내 전시관은 캄캄했다. 사방이 어두운 가운데 유리 공예 작품들이 조명을 받아 신비로운 분위기를 더하고 있었다. 유년기를 바다에서 보낸 영향인지 바닷속을 표현한 작품이 많았다. 추상적인 여느 유리 공예 작품과 달리 치훌리의 작품은 작품으로 자서전을 쓴 듯한 스토리텔링이 인상적이었다. 실내 전시관과 연결된 야외 정원에는 꽃과 풀을 형상화한 작품이 전시돼 있었다. 어머니의 정원에서 보냈던 어린 시절의 기억을 떠올려 만든 작품이라고 한다. 사계절 내내 꽃이 피어 있는 이 정원은 비가 많이 내려 우울감이 높다는 시애틀 사람들에게 치훌리가 주는 선물처럼 느껴졌다.

전시 구역마다 사진작가가 있어 사진을 무료로 촬영해준다. 촬영 후에는 바코드가 적힌 번호표를 주는데, 출구에서 기계에 바코드를 입력하면 사진을 확인할 수 있다. 마음에 드는 걸 선택해 이메일을 입력하면 전송해주는 시스템. 화려하고 역동적인 바다를 탐험한 것 같은 치훌리 가든 앤드 글래스는 기대했던 대로 초등학생인 막내 상은이도 만족스러워했다.

✳ 미국에서 가장 오래된 재래시장, 파이크 플레이스 마켓

1907년 문을 연, 미국에서 가장 오래된 재래시장 파이크 플레이스 마켓Pike Place Market은 파이크 스트리트에서 버지니아 스트리트까지 이어진다. 세계적인 히트 상품인 스타벅스의 고향이기도 하다. 스타벅스 1호점 앞은 언제나 오리지널 로고가 새겨진 기념품을 사려는 사람들로 북적인다. 시애틀 제1의 랜드마크에 왔으니, 우리 가족도 열정적으로 기념사진을 찍었다. 스타벅스 때문인지 시애틀에는 유난히 카페가 많았다. 무심한 듯 시크한 인테리어와 개성 뚜렷한 사람들, 어느 카페에 가든 대학 캠퍼스에 들어선 것 같은 기분이 든다.

근처의 베이커리 피로시키Piroshky로 향했다. 러시아 파이의 일종인 피로시키를 판매하는 곳이다. 양고기가 든 크로켓 형태의 피로시키가 대부분인 한국의 제과점과 달리 다양한 재료로 속을 채운 피로시키를 판매하고 있었다. 매장 내에 테이블이 없어 포장해 공원에 자리를 잡고 사람들을 구경하며 빵을 먹었다.

▮ tip ▮ 파이크 플레이스 마켓을 효과적으로 둘러보기

미국에서 가장 오래된 재래시장인 파이크 플레이스 마켓은 원래 어시장으로 시작했고, 종합 시장으로 성장했다. 상인 규모도 75명에서 500여 명으로 늘었다고 한다. 섹션별로 판매하는 품목이 다른데, 규모가 워낙 커서 길을 잃기 십상이다. 만약 먹거리에 관심이 많다면 가이드를 따라 주요 상점을 돌며 전통 먹거리를 맛볼 수 있는 '마켓 푸드 투어' 프로그램을 이용하는 게 좋다. 짧은 시간 내에 마켓을 효과적으로 돌아볼 수 있을 뿐 아니라 전통 먹거리에 얽힌 스토리까지 들을 수 있다.

파이크 플레이스 마켓에서 돌아와 상진이와 야구장인 세이프코 필드Safeco Field로 향했다. 우리가 시애틀을 여행했던 2016년은 이대호 선수가 시애틀 매리너스에 소속돼 활동하던 때다. 상대는 피츠버그 파이어리츠, 강정호 선수와의 맞대결이 있는 날이었다. 시애틀의 성적이 좋았던 시즌이라 부산 사직구장 같은 분위기를 기대하면서 들뜬 마음으로 야구장으로 향했다. 그러나 시애틀 팬들이 야구를 즐기는 방법은 한국과 사뭇 달랐다. 경기도 관객들의 응원전도 스펙터클하지 않아 어느 팀이 이겼는지조차 기억나지 않는다. 아마도 개인주의 성향이 강한 시애틀의 분위기 때문이었는지도 모르겠다. 남겨진 것은 뜻밖의 기념품이다. 상진이에게 시애틀 매리너스의 야구 모자와 음료수를 사 줬는데, 상진이는 음료수가 담겨 있던 플라스틱 컵을 집으로 가져왔다. 스타벅스 1호점 머그컵보다 의미 있는 상진이만의 기념품인 셈이다.

✳ 보잉 팩토리에서 만난 드림라이너의 이별식

항공기는 여행이 잦은 우리 가족이 공통으로 좋아하는 주제다. 그중에서도 보잉The Boeing Company은 에어버스와 함께 전 세계 대부분의 여객기를 만드는, 미국의 상징이다. 보잉은 시애틀을 거점으로 에버렛Everett Paine Field과 시택Sea-Tac에 항공기 관련 전시관을 운영 중인데, 전자는 항공기를 조립하는 팩토리이고 후자는 항공 박물관에 가깝다. 시애틀을 떠나 캐나다 밴쿠버로 가는 길, 보잉 팩토리가 있는 에버렛에 들렀다. 비가 많이 내린 날이었다.

보잉 팩토리에서는 두 가지 투어 프로그램을 운영한다. 갤러리인 퓨처 오브 플라이트Future of Flight만 감상하는 코스와 가이드를 따라 90분 동안 공장 내부를 둘러보는 코스. 당연히 후자를 선택했다. 갤러리 입구에는 '환영합니다'라는 한글이 적혀 있었다. 대한항공이 보잉의 최대 고객 중 하나이기 때문이라고 한다. 갤러리에는 중국 사람과 인도 사람이 특히 많았다. 미국 유명 공대의 평균을 한국과 중국, 인도 학생들이 높인다는 말이 괜히 나온 게 아닌 듯했다. 보잉의 역사부터 항공기 내부 체험, 비행 시뮬레이션은 물론이고 기초 과학 실험실까지 다양한 코스로 구성돼 있어 전혀 지루하지 않았다.

드넓은 공장을 한눈에 볼 수 있는 전망대로 향했다. 방금 만들어진, 배송 직전 항공기의 기념식이 열리고 있었다. 대한항공의 마크가 새겨진 드림라이너의 이별식이었다. 그 장면을 타국에서 외국인들과 함께 보고 있자니 괜히 으쓱한 기분이 됐다. 아이들도 비슷한 감정이 들었을 것이다.

보잉에 대한 짧은 영상을 감상한 뒤 본격적인 공장 투어가 시작됐다. 공장 내부로 들어가려면 모든 소지품을 로커에 보관해야 한다. 사진과 영상 촬영도 당연히 금지. 조립 공장은 기종별로 따로 동을 운영한다. 견학이 가능한 동은 때마다 다르며, 상황에 따라 조립은 물론이고 도색, 인테리어 등 여객기가 만들어지는 과정을 볼 수 있다. 우리가 견학한 곳은 드림라이너와 보잉747 조립동. 비행기를 만드는 공장답게 공장 규모도 거대했다. 갤러리 입구에서 버스를 타고 활주로를 지나 공장으로 이동한 다음 내부로 들어가는데, 건물 내에서는 작업에 방해가 되지 않도록 엘리베이터를 타고 높은 곳으로 이동해 감상하는 방식이다. 천장에 달린 거대한 크레인이 부품을 나르고, 땅 위에서 작업자들이 조립하는 모습을 지켜봤다.

✳ 5,355km, 태평양 북서부를 돌아 다시 밴쿠버로

밴쿠버를 여행하는 이들 중 대부분은 세계에서 가장 긴, 길이 137m 높이

70m의 출렁다리인 캐필라노 서스펜션 브리지Capilano Suspension Bridge를 방문한다. 다운타운에서 멀지 않은 데다 무료 셔틀버스를 운영해 접근성이 좋기 때문이다. 그곳에 가려다 입장료가 없는 린 캐년 공원Lynn Canyon Park으로 방향을 틀었다. 상대적으로 덜 알려져 방문자가 적기에 한가로이 자연을 즐길 수 있다는 정보를 입수했기 때문이다.

비지터 센터에 들러 지도를 받고 숲길 트레킹에 나섰다. 영화 <트와일라잇Twilight>의 촬영지이기도 한 린 캐년에는 진짜로 사람이 많지 않았다. 숲길을 따라 걷다 보니 캐필라노만큼은 아니지만 굉장히 긴 출렁다리가 나타났다. 앞이나 뒤에 선 사람이 조금만 움직여도 출렁이는 다리가 어른들에게는 스릴로, 아이들에게는 놀이공원의 어트랙션처럼 다가왔다. 출렁다리를 건너자 키큰나무들이 끝이 보이지 않을 정도로 늘어서 거대한 숲을 이루고 있었다. 바닥까지는 볕이 닿지 않는지, 나무 밑동에는 퍼렇게 이끼가 끼어 있었다. 오래된 시간이 함께 고여 있는 듯했다.

밴쿠버에서의 두 번째 날은 다운타운에서 자동차로 10분 정도 떨어져 있는 키칠라노 해변Kitsilano Beach에서 보냈다. 거대한 야외 수영장이 있는 곳이다. 키칠라노 지역은 1960년대까지 히피들이 모여 살던 곳인데, 1970년대부터 부유한 엘리트들이 정착하면서 고급 주택가로 변했다. 환경운동단체인 그린피스의 첫 번째 사무실이 있던 곳. 그래서인지 유기농 레스토랑과 친환경 제품, 재활용품을 취급하는 상점이 유난히 많다. 키칠라노 해변의 야외 수영장은 시립 공원에 속해 있는데, 밴쿠버에서 유일하게 소금으로 소독하는 친환경 수영장이라고 한다. 수영장으로 향했지만, 안타깝게도 날씨가 쌀쌀해 수영은 하지 못했다. 대신 마을을 둘러봤다. 소극장에서 어린이들이 발표회를 하고 있었다.

마침 캐나다데이, 건국 기념일이었다. 저녁 식사를 마치고 기념 행사가 열릴 부두로 향했다. 경찰을 앞에 두고 대마를 피우는 '해피 피플'을 아이들이 먼저 알아봤다. 대마 특유의 비릿한 풀냄새를 아는 듯했다. 밴쿠버는 캐나다 최초로 대마초가 합법화된 지역이다. 지금은 캐나다 전국이 합법화됐지만, 당시에는 밴쿠버가 유일했다. 때문에 대마 농장 투어 상품이 등장했을 정도로 대마가 밴쿠버 관광 수입의 큰 부분을 차지했던 때다.

자동차가 진입하지 못할 정도로 거리에는 사람이 많았다. 저마다 부두에 자리를 잡고 앉아 이 축제의 메인 행사인 불꽃놀이를 기다렸다. 오랫동안 기다려 마주한 불꽃은 찬란했다. 그 빛에 물든 가족들의 얼굴 역시 해피 피플처럼 행복해 보였다.

밴쿠버에 도착한 첫날처럼 차이나타운으로 가 딤섬을 먹었다. H마트에 들러 식재료와 주전부리도 구입했다. 또 다른 여행이 시작되고 있었다.

캐나다 페어몬트 샤토 레이크 루이스 호텔.

캐나다 컬럼비아 아이스필드.

가족의 첫 빙하,
캐나다 컬럼비아 아이스필드.

빙하 위에서의 망중한.

미국 시애틀의 파이크 플레이스 마켓.

미국 옐로스톤 간헐천의 장관.

미국 옐로스톤의 산성 간헐천.

엘로스톤 국립 공원 입구.

미국 시애틀의 세이코필드 야구장.

미국 시애틀 치훌리 가든 앤드 글래스.

2

맛있는 로드
일본 간사이 4개 도시 여행

여행 일지

기간 ✴ 2017년 9월 29일~10월 4일, 5박 6일

장소 ✴ 나고야, 나라, 오사카, 교토

이동 거리 ✴ 545km

Nagoya ➡ Nara 165km 4'00"

Nara ➡ Osaka 50km 1'30"

Osaka ➡ Kyoto 50km 2'00"

Kyoto ➡ Uji 20km 1'00"

Uji ➡ Gamagori 200km 5'15"

Gamagori ➡ Nagoya 60km 1'30"

Kansai

간사이

a. 주부 국제공항 ➡ **b.** 나고야 ➡ **c.** 나라 공원 ➡ **d.** 신오사카 역 ➡

e. 교토 역 ➡ **f.** 우지 ➡ **g.** 노리다케 ➡ **h.** 가마고리 ➡ **i.** 주부 국제공항

① **함께한 자동차 — 닛산 윙로드**

닛산 윙로드는 차량 지붕이 후단까지 수평으로 뻗어 있는 스테이션 왜건이라 짐을 싣기에 유리했다. 문제는 수동 기어 차량이었다는 점. 통행량이 많은 도심에서의 운행은 최악, 고속도로에도 톨게이트가 많아 피로가 배가됐다. 일본은 아직 수동 기어 차량이 많다는 점을 기억하자.

② **렌터카 업체 — 타임즈 렌터카 timescar-rental.kr**

일본 렌터카 가격 비교 사이트 토쿠www2.tocoo.jp는 글로벌 브랜드는 물론이고 지역 업체의 차량까지 검색해주는 메타 엔진이다. 토쿠를 통해 타임즈 렌터카에서 차량을 렌트했다. 일본은 우리나라 기준으로 차량 사이즈가 한 단계씩 작다. 아반테가 중형 차량으로 분류되는 것. 차량이 작기 때문에 연비는 좋은 편이다.

③ **주유**

셀프 서비스와 풀 서비스로 나뉜다. 셀프 주유소는 우리나라와 같은 시스템이라 큰 어려움이 없다. 배출 가스에 의한 오염을 최소화하고자 디젤(경유) 차량은 거의 사라지는 추세. 휘발유 차량은 일반유인 레귤러와 고급유인 하이옥탄으로 나뉜다. 통상적으로 경유는 초록색, 레귤러는 빨간색, 하이옥탄은 노란색 노즐이다. 미국과 일본 대부분의 주유소는 신용카드와 현금 사용 시 적용되는 요금이 다르기 때문에 기왕이면 현금으로 결제하는 것이 좋다. 기름 값은 우리나라와 비슷하거나 조금 저렴한 편이다.

④ **주차**

도심의 호텔은 주차료를 별도로 지불해야 하는 경우가 많다. 교토와 같은 고도에는 주차장이 없는 호텔도 꽤 많다. 대신 골목마다 크고 작은 유료 주차장 시스템이 잘 갖춰져 있으며, 무인 결제 시스템이라 24시간 이용 가능하다. 호텔을 통해 저렴하게 이용할 수 있는 주차장을 안내 받는 것이 좋다.

⑤ **기타**

여행자들이 일본 여행을 결정하고 가장 먼저 검색하는 것이 교통 패스일 것이다. 교통비가 만만찮기 때문이다. 톨게이트 비용 역시 마찬가지다. 차량을 렌트하면 렌터카 업체에서 ETC 카드가 필요하냐고 묻는다. ETC 카드는 일종의 하이패스 같은 교통 패스인데, 대부분의 렌터카에 내장돼 있다. ETC 카드를 이용하지 않으면 톨게이트를 지나갈 때마다 현금으로 결제해야 하는데 도심 통행료, 터널 통행료, 다리 통행료 등 구간별로 기다려서 티켓을 받고 정산해야 하므로 시간이 많이 지체된다. ETC 카드는 자동 결제 후 반납할 때 사용한 만큼 지불하는 방식이 있고, 1일 패스, 2일 패스처럼 기간 한정 무한대로 이용할 수 있는 패스가 있다. 우리는 전자를 택했는데, 고속도로를 이용해 장거리를 이동해야 하는 여정이라면 후자를 선택하는 것이 좋다.

나라의 도다이지.

✷ 학창 시절 새겨둔 간사이의 추억

고등학교 2학년 때 교토와 나라로 수학여행을 갔었다. 교토는 우리나라의 경주에 비유되는 지역으로, 일본의 옛 풍습이 많이 남아 있는 곳이다. 사실 어디에 가서 무엇을 봤는지, 당시의 감정이 어땠는지는 거의 기억이 나지 않는다. 친구들과 밤새도록 얘기했던 기억이 전부다. 그럼에도 불구하고 막연하게 '아이들이 역사와 유적의 의미를 알게 되는 시기가 오면 꼭 그곳에 데려가겠다'고 생각했다.

우리 가족은 설과 추석 같은 연휴에는 여행을 피하는 편이다. 항공권도 비싸고, 여행지 물가도 오르기 때문이다. 2017년 추석 연휴는 자그마치 9일이나 됐다. 연휴 시작 일주일 전, 급하게 항공권을 검색했다. 뜻밖에도 일본행 항공권이 많이 남아 있었다. 가격도 합리적이었다. 일본에는 추석이라는 명절이 없기 때문인 듯했다. 목적지인 교토와 나라에서 가까운 공항인 간사이국제공항(오사카)과 주부국제공항(나고야)을 두고 고민하다 나고야행 항공권을 예약했다. 40년이 지난 지금의 교토와 나라는 어떻게 달라졌을까 기대하면서.

▓ tip ▓ 가족 단위의 일본 여행에는 렌터카를 강력 추천

일본은 자동차로 여행하기 좋은 나라다. 운전석 위치가 한국과 달라 운전하길 꺼려하는 여행자가 많은데, 초보 운전자가 아닌 이상 금방 익숙해진다. 도쿄나 오사카 같은 대도시를 제외하고는 통행량도 많지 않다. 내비게이션에 한국어 기능이 내장되어 있고, 전화번호만 입력하면 전국 어디든 위치를 찾아주기 때문에 일본어를 몰라도 목적지를 찾는 데 불편함이 없다. 무엇보다 일본은 교통비가 비싸다. 다섯 명의 가족이 간사이공항과 교토역을 리무진 버스로 왕복하면 그 교통비만 20만 원이 넘는다. 고속도로 통행료도 비싼 편이니 장거리를 이동할 때는 정액권인 ETC 카드를 함께 렌트하는 게 좋다.

나고야의 주부국제공항에 도착한 것은 어두워진 후였다. 일본은 공항 푸드 코트 내에 시내 유명 음식점이 입점해 있는 경우가 많다. 시내와 달리 웨이팅도 거의 없다. 나고야 시내의 호텔로 가기 전 공항 푸드 코트에 들렀다. 아내와 나는 나고야에서 꼭 먹어봐야 하는 음식으로 꼽히는 히쓰마부시를 주문하고, 아이들은 미소카쓰를 주문했다. 히쓰마부시는 나고야식 장어 덮밥이다. 구운 장어를 잘게 썰어 밥 위에 올려 낸다. 미소카쓰는 나고야식 돈가스다. 1년 이상 숙성시킨 천연 양조 콩된장으로 만든 미소를 사용해 소스를 만드는데, 여느 돈가스 소스와 달리 달짝지근하면서 담백하다. 돈카쓰의 '카쓰'가 '승리하다'라는 뜻을 가진 일본어 단어와 발음이 같아 일본 사람들은 돈카쓰를 먹으면 좋은 성적을 받을 수 있다고 믿는다. 우리나라 사람들이 중요한 시험을 앞두고 엿을 먹는 것처럼 일본 사람들은 돈카쓰를 먹기도 한다.

일본에 왔으니 편의점을 지나칠 수 없다. 호텔 체크인을 하자마자 다시 나가 편의점 습격에 나섰다. 다마고(달걀) 샌드위치부터 모치(찹쌀떡) 롤, 하겐다즈 아이스크림, 오니기리(주먹밥) 등 퀄리티 높은 메뉴가 많아 한국인 여행자 사이에서 '편의점 음식 도장 깨기'가 유행할 정도다. 아내와 나는 맥주와 안줏거리를, 아이들은 평소 한국에서 못 먹게 하는 탄산음료와 초콜릿, 과자 등을 잔뜩 골라 숙소로 돌아왔다. 아이들이 여행을 좋아하는 이유 중 하나가 먹고 싶은 것을 마음껏 먹도록 허락한다는 점일 것이다. 어른들의 우려와 달리 아이들에게는 자기 절제 능력이 있다. 편의점에 데려가 먹고 싶은 것을 다 고르라고 하면 바구니가 꽉 차도록 고를 것 같지만 정작 아이들은 2~3개밖에 고르지 못한다. 말로 하지 않아도 허용되는 자유의 범위를 너무도 잘 알고 있는 것이다.

✳ 전통 시장 투어로 시작된 나라 여행

다음 날 일정은 아침 느지막이 시작했다. 나고야는 여행을 마치는 길에 돌아보기로 하고, 나라로 향했다. 내비게이션에 찍힌 나라까지의 거리는 165km. 2시간이면 도착할 거라 예상했지만 4시간 가까이 걸렸다. 고속도로 통행료가 꽤나 비싼 편임에도 톨게이트가 많아 고속도로를 고속으로 달릴 수 없었기 때문이다.

점심시간을 훌쩍 넘겨 나라에 도착한 우리는 긴테쓰나라 역 앞의 전통 시장으로 향했다. 인근에 고후쿠지興福寺를 비롯해 불교 사찰이 밀집해 있는 것으로 보아 불교용품을 판매하기 위해 형성된 시장처럼 보였다. 우동과 라멘을 비롯해 많은 음식점과 슈퍼마켓이 들어서 있었다. 이곳에서 점심을 먹기로 했다.

우동과 소바는 일본의 전통 음식이다. 대를 이어 운영하는 가게가 전국에 많은데, 나라도 예외는 아니다. 가마이키Kamaiki는 우동그랑프리대회 수상 경력을 가지고 있는 집이다. 튀김우동과 카레우동, 붓가케우동을 주문했다. 튀김우동은 보통 새우나 가지 튀김을 함께 내는데, 이 집에서는 어묵과 치킨 튀김을 올려 줬다. 카레우동은 통통하고 탱글탱글한 면발 속까지 카레가 자연스레 배어 있었다. 진한 육수를 자작자작하게 부어 면발을 적셔 먹는 붓가케우동은 비빔우동에 가깝다. 곱게 간 무와 생강, 파를 넣어 함께 비벼 먹는데, 냉우동 특유의 쫄깃한 식감이 매력적이다. 미슐랭 스타를 붙여주고 싶을 만큼 만족스러웠다. 외국인 손님이 특히 많았는데, 영문과 한글 메뉴판도 구비돼 있었다.

✳ 40년 전의 추억이 재생되는 도다이지

도다이지東大寺 앞에는 두 개의 일본 전통 정원이 있다. 요시키엔 정원과 이스이엔 정원, 전자는 일본 에도 시대의 분위기가 남아 있고 후자는 에도 시대 정원과 메이지 시대의 정원이 공존하고 있다. 많은 여행자들이 규모가 큰 요시키엔 정원을 찾는 것과 달리 우리는 후자를 택했다. 이스이엔 정원은 1670년대에 지어진 앞쪽 정원과 1800년대 말에 지어진 뒤쪽 정원으로 나뉜다. 연못을 중심에 두고 주변을 돌면서 풍경을 감상하도록 만든 일본식 정원을 돌아보며 한국의 정원과 다른 점을 찾아봤다. 한국 정원의 아름다움이 자연스러움에 있다면, 일본 정원은 깔끔하게 정돈된 공간에서 느껴지는 안정감에 있는 게 아닐까 생각했다. 뒤쪽 정원 연못에 비친 도다이지와 와카쿠사 산도 인상적이었다.

도다이지에 들어서는 순간 40년 전의 추억이 떠올랐다. 고등학생 때 깃발을 든 가이드를 따라 경내를 한 바퀴 돌았었다. 도다이지에는 나라 대불이라 불리는 비로자나불을 비롯해 국보를 여러 점 보유하고 있는데, 그때는 그것이 중요하지도 궁금하지도 않았다. 그런데 언제부터인지 오래된 사찰에 오면 그 기원이 궁금해지곤 한다. 도다이지에 얽힌 많은 이야기가 내려오지만, 어린 나이에 죽은 황태자의 명복을 빌기 위해 지은 것이 사찰로 운영되다가 '국가의 안녕을 기원한다'는 의미의 도다이지로 불리게 됐다는 설이 가장 설득력 있어 보였다.

내부에는 세계에서 가장 큰 청동 불상이 모셔져 있었다. 경건한 마음으로 거대한 불상을 한 바퀴 돌았다. 법당을 나와 에도 시대에 재건된 높이 47.5m의 세계 최대 목조 건물 금당을 배경으로 40년 전 그날처럼 사진을 찍었다. 사방에서 다양한 언어가 들려왔다. 나라 대불 앞 향로에 불을 붙이며 소망을 함께 띄웠다.

※ 야생 사슴의 집, 나라공원

나라공원은 와카쿠사 산과 카스가 산 원시림을 포함하는 광활한 공원이다. 도다이지와 가스가타이샤 등의 세계 문화유산과 나라국립박물관, 나라현립미술관 등도 공원에 속해 있다. 나라공원에는 울타리가 없다. 주변을 거닐다 사슴이 나타나면, 그곳부터가 공원이라고 생각하면 된다.

나라에는 예부터 사슴이 많았다고 한다. 다이카 개신 때 소가노 이루카라는 친삼한파를 죽이고 소가노 마코와 소가노 이루카의 이름을 합해 '바카(바보)'라는 뜻으로 사슴을 풀어놓았기 때문이란다. 다른 설도 있다. 가스가타이샤에서는 사슴을 신의 사신으로 여겼다고 한다. 에도 시대에 사슴을 죽인 사람은 구덩이 속에 넣어 돌을 던져 죽이는 형벌로 다스렸을 정도. 덕분에 지금까지도 야생 사슴이 많이 남아 있는 것이라고 한다. 흥미로운 것은 이곳의 사슴은 나무 그늘 아래나 잔디밭에만 있는 게 아니라는 점이다. 횡단보도를 건너고, 아이스크림 가게 앞을 어슬렁거리기도 한다.

경고 문구가 눈에 띄었다. "나라공원에 있는 사슴은 야생 동물입니다. 때로는 사람을 공격하기도 하므로 주의하기 바랍니다." 자세히 보니 사슴의 뿔이 뭉툭하게 깎여 있었다. 나라공원에서 사슴과 노는 방법 중 가장 흔한 것이 간식을 사서 사슴에게 먹인 후 기념사진을 찍는 것인데, 먹이를 줄 때는 줄 듯 말 듯 자극하지 말아야 한다. 먹이를 다 준 후에는 빈손을 보여줘 더 이상 먹이가 없다는 것을 알려주는 게 좋다. 사슴이 관광객을 들이받는 사고가 해마다 200건 가까이 발생한다고 하니 어린이를 동반한 가족은 특히 조심해야 한다. 막내 상은이가 사슴에게 먹이를 주고 싶다고 해서 센베를 한 통 샀다. 뚜껑을 여는 순간, 사슴들이 일제히 모여들었다. 뒤로 물러서

는데, 사슴 한 마리가 아내의 엉덩이를 물었다. 깜짝 놀라 아프다고 하소연
하는 아내를 보며 나머지 가족은 깔깔대고 웃었다.

나라공원은 대체로 한적하다. 여유가 있다면 일본에서 가장 유명한 신토
신사인 가스가타이샤와 국보급 불상을 안치해놓은 고후쿠지, 불교 미술
작품 1,200여 점을 소장하고 있는 나라국립박물관, 나라 시 전경을 볼 수
있는 와카쿠사 산 등을 천천히 산책하며 돌아보기는 것도 괜찮을 것 같았
다. 늦기 전에 예약해둔 숙소가 있는 오사카로 향했다.

▌tip ▟ 무료 주차 호텔이 모여 있는 신오사카 지역

대부분의 여행자가 오사카를 여행할 때 교토나 고베, 나라 등 주변 도시로 이동할 계
획이면 우메다 역 주변에, 오사카 미식이 목적이라면 난바 역 주변에 숙소를 정한다.
우리는 무료 주차가 가능한 호텔이 모여 있는 요도 강 북쪽의 신오사카에 숙소를 예
약했다. 우리나라 호텔은 숙박료에 주차비가 포함돼 있기 때문에 '호텔 무료 주차'라
는 말 자체가 어색하게 느껴질 수 있다. 그러나 해외여행을 가보면 숙박비에 주차비
가 포함되어 있지 않는 호텔이 많다. 유럽의 경우 지은 지 오래된 건물이 대부분이라
주차장이 없는 호텔이 많을뿐더러, 도심지에 위치한 호텔의 경우 주차비를 따로 지
불해야 하는 경우도 많다. 일본도 마찬가지다. 자동차 여행에서 주차 시설은 필수 체
크 사항. 자동차는 주차장에 세워두고 전철로 시내를 돌아볼 계획으로 신오사카 역
앞의 호텔을 선택했다.

✱ 세계의 식탁, 미식의 도시 오사카

오사카는 '세계의 식탁'이라 불릴 만큼 먹거리가 다양하다. 오코노미야키와 다코야키의 고향이 바로 오사카. 과거 요도 강을 통해 일본 전국의 식재료가 모였고, 이곳에서 분류해 다시 전국으로 보내면서 시장이 크게 형성됐는데 그 영향이라고 한다. 1인 가구가 많은 일본 대도시는 테이크아웃 문화도 발달한 편이다. 역 앞 식당가에서 다코야키, 야키소바, 교자, 돈카쓰 등 각자 취향대로 음식을 골라 포장해 와 호텔에서 저녁을 먹었다.

다음 날 점심 무렵 전철을 타고 난바 역의 도톤보리로 이동했다. 도톤보리 강을 따라 센니치마에도리까지 이어진 500m가량의 거리에 맛집이 모여 있다. 오사카에는 줄 서서 먹는 가게가 특히 많다. 진짜 맛집 구별법은 어떤 사람들이 줄을 섰는지 확인하는 것. 만약 한국인이 많다면 한국인 입맛에 잘 맞는 맛집일 수 있지만 블로거들의 블러핑 때문일 수도 있다. 그렇기에 나는 줄 선 사람 중 일본인이 얼마나 많은지를 확인한다.

미즈노Mizuno는 신세계였다. 가성비 좋은 식당을 소개하는 '미슐랭 가이드 빕그르망'에 몇 년 연속으로 오르고 있는 오코노미야키 전문점이다. 시그니처 메뉴는 반죽에 산마를 갈아 넣은 야마이모야키(산마야키). 마가 들어가 아삭아삭한 식감과 고소함을 더한다. 토핑으로 어른들은 새우와 오징어를, 아이들은 돼지고기를 선택했다. 토핑 종류가 굉장히 다양했는데, 전통 시장이 가까이 있어 항상 신선한 재료를 사용한다고 한다. 딤섬 마니아 가족이 551호라이551HORAI를 지나칠 순 없다. 오사카에 본점을 둔 만두 전문점으로 교토와 나라, 고베, 와카야마까지 진출했을 정도로 인기가 좋다. 단, 간사이 지역에만 지점이 있다. 타이완식 고기만두인 부타망과 교자를 주문했다. 미트볼처럼 둥근 소를 부드러운 빵이 감싸고 있는데, 생강 맛이 강한 편이었다. 테이블 없는 테이크아웃 전문점이 많아 걸어 다니면서 다른 메뉴들도 먹었다. 소화를 시키기 위해 강을 따라 걷다가 주전부리하기를 반복했다. 1년 365일 열심히 달리는 글리코맨부터 엄청난 크기의 게, 문어, 복어, 스시, 교자 등 재미있는 간판 덕분에 아이들도 지루해하거나 지치지 않고 도톤보리를 돌아볼 수 있었다.

▌tip ▨ 맛집이 모여 있는 도톤보리의 유래

1653년 도톤보리에 가부키 극장이 들어서면서 도톤보리 강 남쪽에 연극의 거리가 생겼다. 연극을 관람하고 난 후 관객들은 레스토랑이나 술집을 찾아 강변 북쪽의 소에몬초를 찾았고, 이때부터 고급 요정과 요릿집이 성황을 이루게 된다. 강변 남쪽에는 선술집 등 서민을 위한 공간이 들어서면서 지금과 같은 먹자골목이 형성됐다. 지금도 소에몬초 지역에는 클럽과 바 등 엔터테인먼트가 성행을 하고, 남쪽에는 선술집과 맛집이 주를 이룬다.

해가 진 후 호텔로 돌아왔다. 아이들은 편의점에서 저녁을 해결하고, 아내와 나는 스시를 먹기 위해 둘이서만 나왔다. 스시를 먹지 않는 상아와 상은이가 먼저 호텔에 있고 싶다고 했다. 상진이는 도시락을 포장해 가져다 달라고 주문했다. 여행 중 아이들끼리만 둔 것은 처음이었다. 상아가 동생을 돌볼 수 있을 만큼 자랐고, 호텔에만 있으면 사고 위험이 거의 없다고 판단했기 때문에 가능한 일이었다.

전철을 타고 덴진바시의 하루쿠마Harukoma로 향했다. 오사카식으로 생선을 큼직하게 잘라 스시를 만드는 곳인데, 장어부터 성게 알, 고등어, 생선 간, 붕장어, 생새우, 방어 뱃살, 조개, 관자 등 다양한 메뉴가 있었다. 가격도 1접시당 200~300엔 사이로 저렴한 편. 이미 저녁 식사를 한 뒤라 '딱 2개만 먹자'고 아내와 약속하고 갔지만, 매장 안에 들어서는 순간 홀린 듯이 오마카세를 주문했다. 오마카세는 셰프가 추천해주는 대로 먹다가 배가 부르거나 그만 먹고 싶으면 스톱시킨 후 먹은 만큼만 계산하는 것을 말한다. 접시가 수북이 쌓일 때까지 스시를 먹고 소화를 시키기 위해 오사카성 주변을 걸었다.

✳ 전통이 살아 있는 사찰의 도시, 교토

이른 아침 교토에는 비가 내리고 있었다. 가족들에게 교토를 보여줄 생각으로 들떴던 마음에도 먹구름이 옅게 드리워졌다. 교토는 메이지유신 이전 일본의 수도였다. 수도를 중심으로 고풍스러운 귀족 문화를 꽃피웠고, 에도 시대에도 도쿄, 오사카와 함께 일본 3대 도시라는 위상을 유지했다. 지금도 교토는 일본인들의 정신적 수도로 여겨진다. 한국의 경주 같은 곳. 기요미즈데라, 긴카쿠지 등 1,000여 개의 사찰이 있고, 일본 국보의 20%가량을 보유한 도시이기도 하다.

가장 먼저 기온거리로 향했다. 대나무를 엮어 만든 낮은 울타리와 붉은 벽의 전통 가옥인 미치야가 늘어선, 고즈넉한 교토의 운치와 전통 가옥의 멋을 느낄 수 있는 거리다. 내가 교토에서 가장 사랑하는 공간이기도 하다. 걷고 있노라면 200년 전의 일본으로 들어간 것 같은 기분이 든다. 그러나 날씨 때문인지 기모노를 입고 다니는 게이샤가 한 명도 보이지 않았다. 아쉬움을 안고 근처의 기요미즈데라로 향했다.

주차장을 찾다가 메인 도로가 아닌 옆길로 올라갔는데, 서울 남산처럼 택시만 진입이 가능하다고 해서 후진으로 돌아 나왔다. 역주행을 하면서 간사이 사투리로 험한 말을 듣고 넋이 나간 나와 달리 아내와 아이들은 이곳의 분위기가 마음에 든 모양이었다. 정확히 말하자면 절집에 이르는 길을 더 마음에 들어 했다. 산넨자카, 네네노미치, 고다이지, 기요미즈데라까지 이어지는 옛길에는 납작한 돌이 깔려 있는데, 양쪽으로는 기념품 숍이 빽빽하게 들어서 있어 볼거리도 많았다. 눈에 띄는 것은 호리병박. 46개의 돌계단으로 이뤄진 산넨자카의 전설과 관련이 있다. 산넨자카에서 넘어지면 3년 안에 죽는다는 전설이 있다. 액땜을 위해 호리병박을 파는 가게가 많이 생겼고, 그 전통이 지금 기념품으로 남아 있는 것이다.

기요미즈데라는 오토와 산 중턱의 절벽 위에 위치한 사원이다. 오토와 폭포의 물을 마시면 소원이 이뤄진다는 설이 내려오는데, 8세기경 이곳에 관음상을 모신 것이 사찰의 시초가 됐다고 한다. '맑은 물'이라는 뜻의 기요미즈도 이 폭포에서 유래된 이름. 경내에서 교토 시내가 훤히 내려다보였다.

✳ 붉은색의 후시미이나리 신사와 황금빛 긴카쿠지

영화 <게이샤의 추억>의 촬영지인 후시미이나리는 '신성한 여우가 지키는 곳'이라는 의미로, 신사 곳곳에서 여우 동상을 볼 수 있다. 가장 유명한 것은 센본도리이. 붉은 주칠을 한 수천 개의 도리이가 산기슭부터 꼭대기까지 구불구불 이어진다. 도리이에 새겨진 글자는 기부자들의 이름이라고 한다. 아마도 이곳이 교토에서 가장 '사진발' 잘 받는 곳일 것이다.

긴카쿠지는 고등학교 수학여행 때 들렀던 곳이다. 연못에 비친 금빛 누각의 모습이 추억 속에 웅장하게 남아 있었다. 뒷산의 셋카테이에 올라 경내를 돌아보면 극락정토를 표현한 사찰이라는 것을 알 수 있다. 기타야마 문화의 정수로 꼽히는 곳으로 유네스코 세계 문화유산으로 지정됐다. 여전히 날씨는 흐렸다. 내 안에서 상상 속에 자라온 긴카쿠지는 생각보다 초라했다. 규모도 작고 찬란한 빛으로 반짝이지도 않았다.

그러나 구름이 걷히고 연못이 반영을 보이는 순간 추억 속의 모습보다 반짝였다. 긴카쿠지를 찾은 이유는 정원 때문이었다. 아이들이 뛰어놀 수 있는 자연 공원을 기대했지만, 생각보다 엄숙하고 조용히 명상을 즐겨야 하는 곳처럼 느껴졌다. 뛰면 안 된다고 잔소리를 했더니 아이들은 어서 나가서 아이스크림을 먹자고 보챘다.

✳ 교토 인근의 온천 마을, 우지

흩날리는 비와 함께 여행하다 보니 온천 생각이 간절했다. 교토에서 자동차로 30분, 양질의 녹차 재배지로 유명한 우지로 향했다. 관광객으로 바글

바글한 교토를 벗어나 한적한 시골 마을에 들어서자 겨우 숨을 고를 수 있었다.

우지는 새를 이용해 낚시를 하던 마을이다. 만화에나 나올 법한 얘기 같지만, 실제 일본은 물론이고 중국 등지에서는 이러한 방법으로 물고기를 잡았다. 낚시꾼 역할을 하는 새가 바로 가마우지. 눈에 보호막이 있어 물속에서도 눈을 뜬 채 있으며 몸을 통째로 물속에 담그고 1분 이상 버틸 수 있다고 한다. 가마우지가 잡은 물고기를 삼키지 못하도록 목에 줄을 묶은 다음 물로 내려 보내 낚시를 하게 한 후 물 밖으로 나오면 가마우지의 입안에서 물고기를 끄집어내는 방식이다. 가마우지 낚시는 일본에서 '우카이'라고 부르는데, 그 역사가 1,300년이 훌쩍 넘었다고 한다. 우지 마을에서는 지금도 여름이면 가마우지 낚시를 체험할 수 있다. 안타깝게도 우지 마을을 여행했던 10월은 낚시철이 지나 있었다.

우지 강이 내려다보이는 료칸 하나야시키 우키후네엔Hanayashiki-Ukfune-en을 예약해뒀었다. 모든 객실이 일본 전통 다다미인데, 시설이 좋아 교토에서 쌓인 피로를 풀어내기에 충분했다. 객실이나 다실에서, 온천을 하면서도 우지 강이 보였다. 비가 그치고 기온이 더 떨어지면 강 너머 산에 곧 단풍이 시작될 것이다. 그때 다시 올 수 있으면 좋겠다고 생각했다.

마을을 좀 더 둘러보기로 했다. 우지에서 가마우지 낚시보다 유명한 것은 녹차다. 강가를 따라 찻집이 늘어서 있다. 찻집 중 일부는 체험관처럼 운영해 일본 전통 다도 체험을 할 수 있고, 마을 상점가에서는 녹차 메밀국수를 비롯해 경단, 사탕, 초콜릿, 카레, 찹쌀떡, 샴페인, 술 등 녹차로 만든 다양한 상품을 판매하고 있었다. 내가 고즈넉한 시골 마을의 정서에 취해 있을 무렵 아이들은 긴카쿠지에서 촬영하지 못한 '점프 샷'을 찍느라 바빴다.

✳ 어머니의 청춘이 담긴 그릇, 노리다케

나고야로 돌아왔다. 여행 막바지, 료칸으로 바로 이동하려다 일본의 유명 식기 브랜드 노리다케Noritake Garden의 본사가 이곳에 있다는 것을 알고는 소녀처럼 '어머! 여긴 꼭 가야 해!'를 외쳤달까. 놀랍게도 20세기 초반까지 미국과 유럽의 식기 시장에서 일본 제품은 조잡한 싸구려 취급을 받았다고 한다. 노리다케는 '좋은 품질과 저렴한 가격'이란 작전으로 100년이 넘도록 미국인의 식생활 속에 깊숙이 파고들어 성공한 케이스다. 이 때문에 미국인 중에는 노리다케를 자국의 고가 브랜드라고 착각하는 이도 적지 않다. 내게도 노리다케의 추억이 있다. 내가 태어나기도 전에 아버지는 그릇을 좋아하시는 어머니께 노리다케 세트를 선물하셨다. 어머니는 특별한 손님이 오셨을 때만 그 그릇을 꺼내셨고, 혹여 깨트릴까 이사할 때마다 가

보처럼 귀히 여기셨다. 하나 아무리 소중히 다뤄도 사라지고 깨지는 그릇들, 안타까워하시는 어머니를 보면서 언젠가 선물해 드려야겠다고 생각하곤 했다.

노리다케의 숲은 노리다케가 창립 100주년을 기념해 오픈한 곳으로, 공원과 식기박물관, 크래프트센터, 레스토랑, 숍이 모여 있다. 노리다케의 그릇은 시즌마다 새로운 시리즈가 출시되는데, 와인처럼 식기박물관에 연도별로 그릇을 전시해둔다. 깨지거나 잃어버린 그릇을 이곳에서 구입할 수 있다고 했지만, 모든 시리즈를 구입할 수 있는 게 아니고 희소성이 있는 제품은 가격이 비싸 구매하기도 어려웠다.

레스토랑의 식기 역시 모두 노리다케의 제품이었다. 식기에 어울리는 음식을 개발하고 플레이팅해 판매한다고 한다. 크래프트센터에서는 도자기의 제조 공정을 보여주고, 접시나 머그컵에 그림을 그려 나만의 작품을 만드는 체험을 할 수 있다. 완성품은 가마에 구워 수일 내에 택배로 보내주는 시스템. 잃어버린 어머니의 그릇을 찾지는 못했지만, 노리다케의 숲속 프렌치 레스토랑에서 식사를 하며 아이들에게 할머니의 이야기를 들려줬다.

✳ 나고야 근교의 온천 마을, 가마고리

이번 여행의 마지막 목적지는 가마고리Gamagori. 나고야에서 자동차로 1시간 거리에 있는 해안 도시다. 47km의 해안선을 따라 가마고리 온천, 미야 온천, 가타하라 온천, 니시우라 온천이 모여 있는데, '바다 구경은 가마고리'라는 노랫말이 있을 정도로 풍경이 빼어난 곳이다. 일부러 해안가의 료칸을 선택했다. 객실에서도 해 지는 풍경을 볼 수 있는 곳이었다. 이른 새벽에 바다가 보이는 노천탕에서 파도 소리를 들으며 온천하면서 큰 사고 없이 이번 여행을 무사히 마칠 수 있음을 감사했다. 전날까지 내리던 비가 그쳐 하늘이 맑았다. 상은이와 함께 해변을 거닐며 차분한 마음으로 여행을 정리했다. 작은 고기배조차 드나들지 않는 작은 포구가 더없이 평화롭게 느껴졌다.

가마고리 추천 여행 스폿

● **생명의 바다 과학관** 바다의 탄생과 생명의 진화를 보여주는 공간이다. 3m가 넘는 공룡의 전신 화석과 15m나 되는 플레시오사우루스의 화석 복제품, 무게 855kg의 운석 등을 전시하고 있다.

● **해변의 문학 기념관** 메이지 시대 말기에 다케시마 해안에 세워진 요리 여관인 도키와칸의 정취를 재현한 문학 역사 기념관. 노벨 문학상을 수상한 가와바타 야스나리를 포함해 가마고리 출신의 나오키상 작가 미야기다니 마사미쓰나 아쿠타와가와상을 수상한 히라노 게이치로의 작품을 전시한다. 미래로 편지를 쓸 수 있는 '시간 편지'가 인기다.

● **다케시마 수족관** 1956년 개관한 수족관으로 앞바다인 미카와만의 심해 생물을 중심으로 450종, 4,500마리의 해양 생물을 전시한다. 세계 최대 크기의 게 다카아시가니를 사육하며, 하루에 4번씩 바다사자 쇼가 열린다. 상어와 게 등을 직접 만져볼 수도 있다.

● **라구나텐보스** 수영장과 천연 온천, 쇼핑몰, 레스토랑 등이 모여 있는 테마파크. 20개가 넘는 어트랙션이 있다. 아웃렛 쇼핑몰인 라구나 페스티벌 마켓 앞의 선착장에서는 애니메이션 <원피스>의 해적선이 출발한다. 애니메이션에 등장하는 해적선 '사우전드 서니호'를 타면 <원피스>의 주인공들과 함께 가마고리 앞바다를 40분 정도 항해할 수 있다.

오사카 도톤보리의 재미난 간판.

교토 인근 우지의 가마우지 낚싯배.

나고야 근교 온천 마을,
가마고리의 바닷가.

편의점에서 사 온 주전부리.

교토 인근의 온천 마을, 우지.

가마고리의 노천 온천.

우지 강변의 녹차 관련 가게들.

도톤보리의 재기발랄한 간판.

료칸의 정갈한 식사.

3

눈 감으면 떠오르는 섬
하와이 오아후 섬 일주

기간 ＊ 2017년 7월 10일~17일, 7박 8일

장소 ＊ 하와이 오아후 섬

이동 거리 ＊ 399km

Ala Moana ➡ Pali Lookout ➡ Kailua 23km 0'45 "

Kailua ➡ Waimanalo ➡ Waikiki ➡ Ala Moana 42km 1'15 "

Ala Moana ➡ Kaena Point 68km 1'10 "

Kaena Point ➡ Ko Olina ➡ Waikele ➡ Ala Moana 70km 1'20 "

Ala Moana ➡ Hanauma Bay 18km 0'30 "

Hanauma Bay ➡ Ala Moana 18km 0'30 "

Ala Moana ➡ Dilingham Air Field ➡ North Shore ➡ Kaneohe

➡ Ala Moana 160km 5'30 "

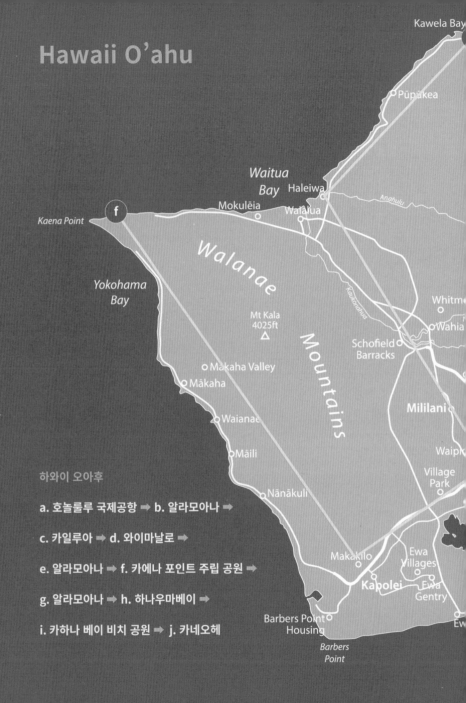

Hawaii O'ahu

하와이 오아후

a. 호놀룰루 국제공항 ➡ **b.** 알라모아나 ➡

c. 카일루아 ➡ **d.** 와이마날로 ➡

e. 알라모아나 ➡ **f.** 카에나 포인트 주립 공원 ➡

g. 알라모아나 ➡ **h.** 하나우마베이 ➡

i. 카하나 베이 비치 공원 ➡ **j.** 카네오헤

① 함께한 자동차 — 테슬라 전기차 모델 S

전기차를 처음으로 운전해봤다. 미래 지향적인 디자인에 끌렸고, 성능도 뛰어났다. 제로백은 가히 경이로운 수준! 무엇보다 이 아름다운 섬의 자연을 지키는데 도움이 된다고 하니 망설일 이유가 없었다. 단, 엔진 소리가 나지 않아 속도감이 느껴지지 않으니 운전이 서툴거나 전기차를 처음 운전해보는 이라면 각별히 주의가 필요하다.

② 렌터카 업체 — 투로 turo.com

투로는 개인 간 차량 공유 시스템이다. 렌터카 업체에 비해 가격이 저렴하고 차종도 다양하다. 지역과 날짜, 비용을 입력하면 렌트 가능한 차량 리스트를 보여주는데, 개인 차량을 빌리는 시스템이기 때문에 반납 지역이 다르다면 비추천. 앱을 다운로드한 후 현지 운전 면허증 번호(한국 면허증)를 등록해야 운행이 가능하다. 혹시 모를 불이익을 당하지 않으려면 앱 내의 차량 렌트 기록과 후기를 꼼꼼하게 살펴보자.

③ 전기 충전

쇼핑센터마다 전기 충전기가 있다. 보통 8~9시간 충전해야 하지만, 쇼핑센터 주차장 내의 급속 충전기는 2시간이면 완충이 가능하다.

④ 주차

와이키키 주변은 주차가 어렵다. 차량이 많고 도로가 좁으며 무료 주차장도 거의 없다. 당연히 불법 주차 단속도 엄격하다. 쇼핑센터나 레스토랑 등을 이용하고 건물 내에 주차하면 주차권을 주는데, 무료이거나 적은 금액을 지불하면 된다. 특이한 것은 주차 미터기가 있는 무인 주차장이다. 주차 예상 시간과 요금을 확인해 주차 미터기에 동전을 넣으면 된다. 초록색 불이 반짝이면 이전 이용자가 요금을 남기고 간 것이고, 빨간색 불이 반짝이면 추가 요금을 넣으라는 의미다. 와이키키를 제외한 지역에는 주차 공간이 많다. 호텔의 경우 주차비를 별도로 지불해야 하지만, 퍼블릭 비치와 공원은 거의 무료다.

⑤ 기타

하와이에는 유료 도로가 없다. 미국령에서는 주유소를 '가스 스테이션Gas Station'이라 부른다. '가스차가 아닌데 어쩌지?' 하는 걱정은 넣어두자. 가스는 가솔린 연료를 의미한다. 일반적으로 가스는 등급에 따라 레귤러, 플러스, 프리미엄으로 나뉜다. 기종에 따라 주유해야 할 가스가 다르지만, 렌터카에는 가격이 저렴한 레귤러를 넣으면 된다.

하와이의 빼놓을 수 없는 매력, 일몰 풍경.

✳ 천국의 다른 이름, 하와이

여행자 눈에는 잘 띄지 않지만 하와이에도 홈리스가 많다. 오아후 섬에만 서너 개의 무료 급식소가 있을 정도. 대부분 해변이나 공원에서 사는데, 샤워 시설이 잘돼 있어 겉모습만으로는 홈리스라는 걸 알아채기 어렵다. 하와이 주정부에서는 일 년에 한 번씩 항공권을 무료로 제공해 그들을 미국 본토로 보내곤 하는데, 곧 다시 돌아온다고 한다. 하와이만 한 천국이 없기 때문이다.

나 역시 여행을 할수록 하와이가 좋다. 연평균 23~27℃, 아무리 추워도 우리나라 6월 정도의 날씨고, 섬이지만 습도가 낮아 뜨거운 여름에도 그늘은 시원하다. 가정에서는 에어컨을 사용하는 경우가 드물 정도. 태풍이나 지진 같은 자연재해도 거의 없다. 게다가 미국이면서 아시안이 다수, 오히려 백인이 소수인 땅이다. 미국의 치안 시스템과 복지제도가 적용되는 것도 장점이다. 본토에서 멀리 떨어져 있는 하와이 사람들은 미국보다 더 미국임을 증명하려는 듯 크리스마스와 핼러윈, 프로야구 월드 시리즈, 프로풋볼 리그 슈퍼볼 등을 성대하게 치른다. 이 시기에 하와이를 여행하면 매일을 파티처럼 보낼 수 있다.

20여 년 전 처음 여행한 후 나는 하와이를 방문할 기회가 많았다. 그래서인지 하와이는, 특히 오아후 섬은 여행하는 기분이 들지 않는다. 이곳에서는 와이키키 해변 뒤쪽의 아파트를 숙소로 빌리고, 아주 게으르게 일상을 보내는 것을 좋아한다. 해변을 찾아 하루 정도 피크닉을 다녀오거나 이웃 섬으로 다시 여행을 떠나기도 한다.

✳ 여행할수록 깊어지는 짝사랑

서울에 산다고 해서 서울 구석구석을 다 아는 게 아니듯, 오아후 섬도 우리에게 그렇다는 걸 깨달았다. 2017년 여름, 오아후 섬 일주를 계획했다. 와이키키를 베이스캠프 삼아 동쪽의 카일루아 & 라니카이 비치에서 하루, 서북쪽의 카에나 포인트에서 하루, 남쪽의 하나우마 베이에서 하루, 북쪽의 라니아케아 비치에서 하루, 코 올리나 산맥의 호오마루이아 보태니컬 가든에서 하루씩 보낼 계획을 세웠다.

하와이안 비치 렌틀hawaiianbeachrentals.com을 통해 알라 모아나Ala Moana에 있는 아파트를 렌트했다. 하와이의 아파트 매입 가격은 뉴욕이나 샌프란시스코 버금갈 만큼 비싸지만 렌트 비용은 저렴하다. 외지인들이 노후를 위해 구입하거나 투자용으로 매입해 비어 있는 아파트가 많기 때문이다.

▎tip ▇ 합리적인 가격으로 하와이 숙소 구하기

오아후 섬은 와이키키 지역 외에 호텔을 지을 수 있는 장소가 몇 되지 않는다. 와이키키가 개발된 지 100년 남짓, 많은 호텔이 1950~60년대에 지어졌으니 대부분 시설이 낡았고, 관리가 잘된 곳들은 지나치게 고가인 경우가 많았다. 과거에 우리는 칼라쿠아 애비뉴Kalakaua Ave나 쿠히오 스트리트Kuhio Street처럼 해변에서 한 블록 떨어진 곳에 숙소를 택했었다. 시설은 낡았지만 공간이 넓고 부엌이 있어 식비도 절약할 수 있었다. 걸어서 5분 거리에 해변이 있으니 수영장 같은 부대시설이 없어도 괜찮았다. 객실 오션 뷰만 포기하면 숙박료를 훨씬 절약할 수 있는 것이다. 최근에는 아파트를 렌트한다. 아파트 렌트 기간은 최소 1개월이지만 열흘 이상 머문다면 나머지 기간을 비워두더라도 훨씬 경제적이다. 대부분의 하와이 호텔은 주차비를 따로 지불해야 하는데, 아파트 렌트비에는 주차비가 포함되기 때문. 물론 커다란 부엌이 딸려 있어 식비도 절약할 수 있다.

✳ 와이키키 단골집마다 안부 인사

시차 때문인지 새벽에 잠이 깼다. 한참 뒤척이다가 홀로 다운타운에 있는 차이나타운으로 향했다. 오랜만에 만난 친구처럼 마을 구석구석에 인사를 건네며 천천히 걸었다. 중국문화플라자Chinese Cultural Plaza 내에는 딤섬 전문점이 몇 개 있는데, 우리 가족이 가장 좋아하는 곳은 푹 람Fook Lam이다. 돼지고기, 새우, 채소, 버섯 등이 든 25가지 이상의 딤섬과 국수를 판매한다. 오전 8시부터 오후 3시까지 영업을 하는데, 이른 아침에 가도 이미 식당 안은 현지인으로 가득 차 있는 경우가 많다. 미국 딤섬은 홍콩이나 중국의 것보다 훨씬 크다. 과장 조금 보태서 상진이 주먹만 한 크기의 딤섬을 종류별로 주문해 포장했다.

숙소로 돌아와 딤섬을 나눠 먹으며 이번 여행의 첫 일정을 브리핑했다. 동해안을 따라 이동할 계획이며, 산과 바다를 모두 볼 수 있는 코스라고 얘기하자 아이들은 이미 수영복을 챙겼노라 답했다.

동해안으로 이동하기 전 코코 퍼프Coco Puff로 유명한 릴리하 베이커리 Liliha Bakery에 들렀다. 1950년에 문을 연, 70년 가까이 된 빵집이다. 첫 매장이 있던 릴리하 스트리트Liliha Street에서 이름을 따왔는데, 지금은 쿠아키니 스트리트Kuakini Street로 옮겼다. 코코 퍼프는 릴리하 베이커리를 오아후 섬에서 가장 유명한 베이커리로 만들어준 히트 상품이다. 슈크림 속에 녹차, 초콜릿 등 다양한 크림이 들어 있는데, 달콤하면서도 폭신해 아이들이 특히 좋아하는 디저트다. 상아가 좋아하는 녹차 코코 퍼프와 베이컨을 토핑한 도넛을 주문했다. 타로로 만들어 달달하면서도 쫀득한 식감이 특징인 포이 도넛도 담았다. 수영 후 바닷가에서 먹으면 더욱 달콤하게 느껴질 것이다.

▌tip ▨ 할인 쿠폰 받아 가세요!

하와이에서 가장 유용하게 사용하는 앱은 그루폰이다. 스카이다이빙, 글라이드 플라잉, 페러세일링, 제트스키, 돌고래 세일링 등의 액티비티뿐 아니라 해적 보트, 요가, 스파, 크루즈, 서핑, 낚시 등 다양한 체험과 클래스를 할인된 가격에 즐길 수 있다. 우리나라와 달리 회원 가입 없이 신용카드로 결제할 수 있다.

✴ 오아후 섬 최고의 포토 포인트, 누우아누 팔리 전망대

팔리 하이웨이Pali Highway를 따라 동쪽 해안으로 이동하려면 산을 넘어야 한다. 중턱에는 부유층이 살던 주택 단지가 있는데, 그중 하나가 대한민국 영사관이다. 과거 이승만 대통령의 집이었던 건물을 서거 후 영부인이 국가에 기부했고, 이후 지금까지 영사관으로 사용 중이라고 한다. 여러 셀러

브리티가 하와이를 사랑했지만, 이승만 전 대통령의 하와이 사랑도 만만찮았다. 또 다른 대표적인 사례는 인하대학교. 하와이 이민 50주년을 기념해 하와이 이민자들이 성금을 모금해 인천에 대학을 설립했고, '인천'과 '하와이'의 앞 글자를 따서 인하대학교라 이름을 붙였다. 이 길을 지날 때면 괜스레 영사관에 걸린 태극기를 찾곤 한다.

태극기를 지나 조금 더 달리다 보면 오른쪽에 차들이 주차되어 있는 것이 보인다. 룰루마후 폭포Lulumahu Falls로 가는 길이다. 주차장에서 폭포까지는 약 40분. 서늘한 대나무 숲과 탁 트인 들판을 지나 강을 따라 걷다 보면 원시림이 나오는데, 제주 올레처럼 핑크 리본이 길을 안내해준다. 헷갈리는 부분이 많아 길을 잃기 십상이니 혼자 가는 것은 비추. 룰루마후 폭포는 수량이 풍부한 여름이면 수영을 즐기는 이도 많다.

산보다 바다를 좋아하는 우리 가족은 폭포 트레킹을 포기하고, 누우아누 팔리 전망대Nuuanu Pali Look Out로 향했다. 해발 370m에 위치한 전망대에서는 오아후 섬의 동해안이 내려다보이는데, 날씨가 좋으면 카일루아 해변과 몰로카이 섬까지 보인다. 사방이 트여 있는 전망대는 사진을 찍기에도 좋다. 이 주변은 하와이를 통일한 카메하메하 왕의 마지막 격전지이기도 하다. 기념비에는 당시 상황을 보여주는 그림이 그려져 있다.

'바람의 산'이라 불리는 곳답게 바람이 거셌다. 기념사진을 찍으려는 상진이에게 한 아저씨가 다가와 어깨에 앵무새를 올려줬다. 어쩐지 이상한 기분이 들었지만 어깨에 가만히 앉아 있는 앵무새를 보며 아이들이 좋아하기에 나도 지켜보고 있었다. 나쁜 예감은 빗나가지 않았다. 사진을 찍자마자 다가와 5달러를 요구했다.

✳ 중산층이 모여 사는 카일루아 & 라니카이

섬을 여행할 때면 지역 날씨를 알려주는 뉴스를 꼭 체크해야 한다. 아무리 작은 섬이라도 지역별로 날씨가 다르다. 오아후처럼 중앙에 높은 산악 지대가 있는 섬이라면 더욱더. 동쪽 해변인 카일루아 베이Kailua Bay 부근은 바람이 잔잔한 오전에 방문하는 것이 좋다. 누우아누 팔리 전망대에서 내려와 카일루아로 향했다. 오바마 전 미국 대통령이 크리스마스를 보내는 곳으로 알려지며 유명세를 탄 곳이다. 미국이면서 백인이 소수 민족인 오아후 섬에서 유일하게 백인들이 모여 사는 곳, 중산층이 사는 곳이다 보니 물가도 비싼 편이다. 하지만 티미 티스 구르메 그라인더스Timmy T's Gourmet Grinders의 샌드위치를 포기할 수는 없다. 재료를 고르면 즉석에서 만들어 주는 샌드위치 전문점인데, 우리 가족 모두가 좋아하는 곳이다. 각각의 취향대로 샌드위치를 포장 주문했다.

카일루아 베이는 라니카이Lanikai 비치와 연결돼 있다. 세계의 아름다운 비치 랭킹 10위 안에 꼽히는 해변. 두 해변이 만나는 지점에 카일루아 비치 파크Kailua Beach Park가 있다. 공원을 통과해 해변 쪽으로 가다 보면 어느 순간 잔디는 백사장으로 바뀌고 강은 바다로 바뀐다. 두 물이 만나는 지점에는 물고기가 특히 많이 모여드는데, 이곳에서 아이들은 장난감 없이도 하루 종일 다양한 놀이를 한다.

무료 주차장에 차를 세우고 카일루아 비치 파크로 향하는 길, 훌라 춤을 연습하는 남녀 커플을 발견했다. 훌라 춤은 여자들의 춤인 줄로만 알고 있었는데, 남자가 추는 훌라 춤은 부드러우면서도 아름다웠다. 원래 훌라 춤은 불의 여신 펠레를 위해 언니인 피아카 여신이 춤을 춘 데서 시작된, 종교적인 의식 때 주로 남자들이 추던 춤이라고 한다. 한참 넋을 놓고 춤추는 모습을 보고 있는데, 여자 댄서가 다가와 상아에게 배워보겠느냐고 물었다. 평소의 상아라면 수줍어서 거절했겠지만, 이날은 달랐다. 1시간 가까이 레슨을 받았다. 아내는 한국으로 돌아온 후에도 훌라 춤을 가르쳐야겠다며 한동안 정보를 검색하곤 했다.

공원의 피크닉 테이블을 하나 차지하고 준비해 온 코코 퍼프와 빵, 샌드위치로 점심을 먹었다. 하와이에 있는 대부분의 공원은 취사가 가능하다. 현지 사람들은 외식을 하기보다는 취사 도구와 식재료를 가져와 바비큐를 즐긴다. 바다에서 수영하다 볕이 뜨거우면 공원에서 공놀이를 하고, 바다에서 카약을 타다가 지치면 강에서 물고기를 잡으며 놀았다. 해변과 공원의 조합은 놀이계의 '단짠단짠'이 아닐까 싶다. 오후가 되면 천국이었던 카일루아 비치 파크에 바람이 세게 불어 모래가 많이 날린다. 바람이 거셀 때는 모래가 함께 날려 피부를 따갑게 때리곤 한다. 바람이 불기 전에 짐을 챙겨 평온한 해변으로 떠났다.

✳ 시시각각 변하는 풍경, 환상의 드라이브 코스

하와이에는 재미있는 규칙이 있다. 동남아에서는 고급 리조트의 셀링 포인트인 프라이빗 비치가 하와이에는 없다. 고급 주택이 늘어서 있는 라니카이 역시 퍼블릭 비치다. 드라이브를 즐기다 도로에 차를 세우고 집과 집 사이의 골목을 통과해 해변으로 향했다. 라니카이 앞바다에는 모쿠 누이 Moku Nui 섬과 모쿠 이키Moku Iki 섬이 고깔모자처럼 놓여 있었다. 너무 많은 관광객이 집 사이로 드나들자 프라이버시가 지켜지지 않는다는 이유로 이곳 주민들이 주 정부와 법적 다툼을 벌인 적이 있다고 한다. 결과는 패소. 바다는 모두의 것이라는 결론을 다시금 확인시켜줬을 뿐이었다. 영화에 나올 법한 고급 주택과 푸른 태평양 사이를 거닐었다. 이 순간만큼은 부러운 것이 없었다.

라니카이에서 남쪽 해안선을 따라 드라이브를 즐겼다. 와이마날로 Waimanalo 비치의 풍경은 카일루아 비치와 라니카이 비치와는 사뭇 다르다. 울창한 나무 군락 사이에 난 길의 끝에 바다가 펼쳐졌다. 와이마날로 비치 파크Waimanalo Beach Park로 묶여 있는 이곳은 규모가 꽤 큰데 여행자가 적은 편이다. 캠핑을 하면 무인도에 와 있는 기분이 들곤 한다. 좋아하는 장소지만 파도가 높아 해수욕에 적합하지 않기 때문에 아빠가 된 이후에는 드라이브하면서 풍경만 감상하고 지나치는 편이다.

✳ 우리 가족만의 비밀 장소, 마카이 부두

와이마날로 비치보다 남쪽에 있는 마카이 부두Makai Pier는 알려진 관광지는 아니다. 언젠가 드라이브를 하다가 바다가 너무 예뻐서 길가에 차를 세우고 스노클링을 한 적이 있다. 부두 아래 그늘진 곳에 물고기가 많이 모이는데, 이곳에서 바다거북을 만났다. 하와이에서는 바다거북을 '호누'라고 부르는데, 평화와 장수, 행운을 상징한다. 이후로 마카이 부두 앞바다는 우리 가족의 비밀 스폿이 됐다. 이렇게 지도에 표시되어 있지 않은 스폿을 발견하고 의미를 만들어가는 과정이 자동차 여행의 묘미다. 마카이 부두에 들러 바다거북이 잘 지내는지 안부를 묻고 알라모아나의 아파트로 돌아왔다.

종일 열정적으로 노느라 수고한 아이들이 샤워하는 동안 엘프YELP로 맛집을 검색해 저녁거리를 사러 나갔다. 하와이에서는 갈비와 김치가 로컬 푸드로 인식된다. 한국 식당이 아니더라도 김치와 갈비, 밥을 판매하는 곳이 많다. 한국인이 운영하는 식당인 미스 비비큐Me's BBQ로 향했다. 하와이에 올 때마다 찾는 곳이다. 갈비와 불고기, 치킨가스, 육전, 만두, 국수, 꼬리곰탕 등 익숙한 음식을 판매한다. 메뉴 하나를 둘이서 나눠 먹어도 될 만큼 양이 넉넉한 편. 서너 가지 음식을 포장해 숙소로 돌아왔다. 비로소 아빠로서의 첫날도 끝이 났다.

▌tip ▌ 섬이라고 해서 해산물이 신선한 것은 아니다!

많은 사람이 하와이는 섬이니까 여행 중에 해산물을 먹어야 한다고 생각한다. 하지만 하와이에는 어부가 거의 없다. 하와이 사람들의 대부분은 관광업과 군수업에 종사한다. 한때 농사를 짓기도 했지만, 인건비 때문인지 현재는 대형 농장도 거의 사라지고 없다. 어업 역시 같은 이유로 거의 이루어지지 않는다. 따라서 거의 모든 식재료를 미국 본토에서 가져와야 하기 때문에 신선도가 떨어지고 가격도 비싼 편이다. 해산물도 먼바다에서 잡아 온 냉동 제품인 경우가 대부분이다.

✳ 폴리네시안이 모여 사는 와이아나에 지역

다음 날 아침, 알바트로스를 만나기 위해 서북쪽으로 이동했다. 와이키키에서 도심을 벗어나 해안 도로를 따라 달리다 보면 한순간 사막 같은 풍경이 펼쳐진다. 누우아누 팔리 전망대가 있는 열대 우림에서 자동차로 채 30분이 안 되는 거리라는 사실이 놀라울 정도. 운전을 하다 보면 10~20분 간격으로 풍경이 변하는데, 그 예측할 수 없음이 여행자를 불러들이는 것일 게다.

바뀌는 것은 풍경뿐이 아니다. 와이아나에Waianae 지역에는 폴리네시안이 많이 산다. 하와이 주 정부에서는 미국 인디언처럼 폴리네시안을 배려하는 정책을 수립한다고 하는데 실질적으로 도움이 되지는 않는 모양이다. 와이아나에 지역에 들어서면 슬럼가에 온 것처럼 공기부터 낯설다. 이 지역을 지날 때마다 마음이 편치 않다. 미국 로드 트립 때 만났던 인디언 마을과도 묘하게 겹쳐진다. 이곳에 사는 폴리네시안은 대다수가 가난하다. 알코올과 마약에 찌든 중독자도 많다. 모든 것을 빼앗고 선심 쓰듯 작은 터를 내주며 선주민을 몰아넣고 만든 정책은 과연 누굴 위한 걸까. 아이들은 아직 정복과 피지배의 삶에 대해 알지 못한다. 언젠가 여행을 하면서 자연스럽게 이를 주제로 얘기할 수 있는 날이 올 거라 믿는다. 캐나다 밴쿠버에서 만난 해피 피플과 키 웨스트 제도의 동성애자를 보면서 마약과 성 정체성에 대해 자연스럽게 대화했던 그때처럼.

✳ 알바트로스의 놀이터, 카에나 포인트 주립 공원

하와이에는 갈매기가 없다. 대신 수백 마리의 알바트로스가 산다. 오아후 섬의 가장 서쪽인 카에나 포인트 주립 공원Kaena Point State Park은 세계에서 유일하게 알바트로스를 가까이서 볼 수 있는 곳이다. 길이 끝나는 곳에 차를 세우고, 뙤약볕과 싸우며 1시간 남짓 트레일을 따라 걸었다. 알바트로스 서식지에 다다르자 펜스가 나타났다. 천적이 들어오지 못하도록 관리하는 것. 작은 쥐도 드나들지 못할 정도로 그물이 촘촘했다.

바람이 거세게 부는 이곳이 바로 알바트로스의 놀이터다. 날개를 펴면 3m나 된다는 알바트로스는 바닷물을 마시기 때문에 땅에 발을 딛지 않고도 살 수 있는데, 며칠 동안 날갯짓 한 번 하지 않고 날기도 한다. 나뭇가지에 둥지를 트는 여느 새와 달리 땅에 굴을 파고 산다. 해마다 10월이면 이곳으로 돌아와 짝짓기를 하고, 알을 낳아 부화시킨 후 새끼를 돌보다 늦은 여름 다시 떠난다고 한다. '순정'의 상징이기도 한데, 한번 짝을 맺은 상대와 백년해로하는 새로, 해마다 같은 장소에서 재회해 한 번에 한 개의 알을 낳고 부화시킨다고 한다.

바다에는 '하와이 물개'로 불리는 하와이언 몽크 실이 살고 있었다. 야행성이기 때문에 대낮에는 사람이 오든 말든 해변가에서 낮잠을 자곤 한다. 코까지 골면서 자는 모습이 정말 귀여웠다.

▋tip ▋ 카에나 포인트 하이킹

해안선을 따라 카에나 포인트까지 갔다 돌아오는 하이킹 코스는 왕복 3~4시간이 소요된다. 서쪽 루트와 북쪽 루트가 있으며 차량은 출입할 수 없다. 쉼터는커녕 나무 그늘조차 없는 이곳에 쉽게 접근하기 위해 몇몇 사람은 오토바이나 ATV를 이용하기도 한다. 그러나 도로가 없는 이유는 오아후 섬에 아스팔트가 모자라서가 아니라 알바트로스와 물개를 보호하기 위한 장치이니 꼼수를 부리지 말자. 없는 것은 나무 그늘뿐이 아니다. 화장실도 없고 음수대도 없다. 매점과 슈퍼마켓도 없으니 물과 간단한 간식을 챙기는 게 좋다. 평지임에도 흙길과 진흙길이 많으므로 신발도 편안한 걸 신어야 한다. 알바트로스가 비행하는 모습을 보고 싶다면 바람 부는 날에 가야 한다.

✳ 고급스럽고 안전한 인공 라군, 코 올리나 리조트

카에나 포인트 하이킹을 마치고 와이키키로 돌아오는 길, 코 올리나 리조트Ko Olina Resort에 들렀다. 재미 교포 골프 선수인 미셸 위의 홈 코스인 코올리나 골프장이 있는 곳으로 유명한 이 일대는 인공으로 만든 리조트 단지다. 4개의 인공 라군을 둘러싸고 4~5개의 리조트가 군락을 이루고 있다. 그러나 퍼블릭 비치이기 때문에 정문에서 주차 패스를 받으면 누구나 무료로 입장이 가능하다. 우리 가족이 코 올리나 리조트를 좋아하는 이유는 파도가 잔잔해 어린아이들도 안전하게 해수욕을 즐길 수 있기 때문이다. 하와이에 올 때면 트렁크에 항상 넣어두는 수영복과 비치 타월, 스노클링 세트를 챙겨 해변으로 갔다. 아이들은 디즈니 리조트가 들어서면서 세운 캐릭터 동상에, 아내는 해변에 있는 웨딩 채플에 반한 모양이다. 마침 일본인 부부가 소규모 웨딩을 하고 있었다. 아내는 아이들이 다 자라면 이곳에 와서 리마인드 웨딩을 하고 싶다고 했다. 잊지 않도록 기록해뒀다.

와이켈레 프리미엄 아웃렛Waikele Premium Outlet에 들러 운동화를 한 켤레씩 샀다. 우리 가족은 여행하면서 여행 중 필요한 물건이나 현지에서만 구할 수 있는 물건이 아니면 쇼핑을 거의 하지 않는다. 하지만 하와이에 오면 한 번씩 아웃렛에 들르곤 한다. 하와이는 미국 브랜드 제품이 상대적으로 저렴한데, 아웃렛은 보통 정가보다 40~50% 낮은 가격에 판매한다. 아웃렛 세일 기간이면 아내는 보물찾기 하듯 매장을 돌아 유행 타지 않는 기본 아이템을 찾아내곤 한다. 아주 저렴한 가격에. 얼마 전부터 상진이는 또래 남자아이들이 그렇듯 운동화 욕심이 생겼다. 유명 운동선수들이 신었던 모델을 갖고 싶어 하는 것. 그때마다 "네가 갖고 싶은 신발 한 켤레면 가족 모두가 신발 한 켤레씩 살 수 있다"고 얘기하곤 하는데, 언제까지 설득력이 있을지 모르겠다.

아웃렛 주차장에 있는 푸드 트럭에서 각자 마음에 드는 음식을 사서 뷔페처럼 저녁을 먹었다. 불과 몇 시간 전 카에나 하이킹을 할 때만 해도 질식할 것처럼 뜨겁고 따갑던 해가 저물고 있었다. 긴팔 카디건과 후디를 꺼내 입고 아파트로 돌아왔다.

✳ 왕들의 휴양지였던 하나우마 베이

오아후 섬 동남쪽의 하나우마 베이Hanauma Bay로 피크닉을 가는 날이다. 말굽 모양의 라군인 하나우마 베이는 산호초가 먼바다에서 오는 거친 파도를 막아줘 해수욕을 즐기기에 좋다. 왕들의 휴양지였던 곳으로, 원래 해안에 인접한 동그란 화구였는데 한쪽이 파도에 깎여 열리면서 바다와 연결돼 라군이 됐다. 물빛도 비취색으로 환상적인 뷰를 자랑한다. 아늑하고 아름다운 이곳은 하와이 해양 생물 보호 구역으로 지정돼 있어 입장료를 지불해야 하고, 입장 전 하나우마 베이의 형성 과정과 주의 사항이 담긴 동영상도 반드시 시청해야 한다. 자연 보호를 위해 화요일에는 입장 금지. 새벽 6시에 문을 여는데, 선착순 입장에 주차장이 꽉 차면 입장도 제한된다.

해안선을 따라 카에나 포인트까지 가는 길.

카에나 포인트 주립 공원의 알바트로스 둥지.

코 올리나 리조트 라군에서.

주차장 규모가 크지 않기 때문에 우리도 아침 일찍부터 서둘렀다.

피크닉 간식을 사기 위해 레오나즈 베이커리Leonard's Bakery에 들렀다. 1952 년 문을 연 이곳의 시그니처 메뉴는 포르투갈식 도넛인 말라사다Malasada 다. 한국인이 남미의 사탕수수 농장에 농부로 이주한 것이 1901년인데, 이 전에는 유럽인이 일을 했다고 한다. 포르투갈 사람들은 1880년대에 많이 이주했는데, 지금도 커뮤니티가 남아 있다. 레오나즈 베이커리는 포르투 갈 이민자 2세가 창업한 곳이다. 말라사다는 표면에 설탕과 시나몬 가루를 묻힌 달콤한 도넛으로, 현지인들이 커피와 함께 아침 식사로 즐겨 먹는다. 커스터드, 초콜릿, 코코넛, 마카다미아, 구아바 등 다양한 크림이 든 것도 있다.

하나우마 베이는 피크닉 테이블이 있지만 자연 보호를 위해 취사가 금지 되기 때문에 불이 없이도 만들 수 있는 음식을 준비해야 한다. 슈퍼마켓 푸 드 랜드Food Land에 들러 무스비와 샌드위치 재료를 구입했다.

▌tip ▉ 하와이는 세계 최대 스팸 소비 지역

하와이식 주먹밥인 스팸 무스비는 스팸을 데리야키 소스로 양념해 김밥이나 오니기 리처럼 밥을 넣고 만든다. 맥도날드나 버거킹 같은 패스트푸드점에서 아침 메뉴로 판매할 정도로 하와이에서는 스팸의 인기가 대단하다. 하와이는 제2차 세계 대전 때 미국의 전진 기지 역할을 했는데, 더운 날씨에도 오래 보관할 수 있는 스팸이 군용 음식으로 보급됐고, 이것이 발전해 우리나라 부대찌개처럼 스팸 무스비가 됐다. 연간 700만 캔의 스팸이 하와이에서 소비된다고 한다.

✳ 아름다움을 지키기 위한 자연과의 약속

매표소에서 입장권을 구입하고 자연 보호 비디오를 시청했다. 공원 내로 들어가 피크닉 테이블에 자리를 잡고 준비해 온 점심을 먹었다. 피크닉 테이블 앞으로는 바다가, 뒤로는 숲이 펼쳐졌다. 한참 풍경에 취해 있을 때 미어캣과 비슷하게 생긴 페렛Ferret이 나타났다. 이 구역 최고의 장난꾸러기, 피크닉 테이블을 옮겨 다니며 음식을 훔쳐 먹곤 한다. 페렛을 잡겠다며 상진이가 한참을 뛰어다녔다. 결과는 처참히 실패.

하나우마 베이의 바다는 잔인할 정도로 아름답고 고요했다. 물이 깊지 않고 파도가 거의 없으며 산호초가 많아 물고기가 모여들어 스노클링을 즐기기에도 좋았다. 수심이 얕아 작은 열대어만 있을 거라 생각한다면 오산. 운이 좋으면 커다란 거북도 만날 수 있다. 아이들이 좋아하는 물고기는 애니메이션에 나온 니모와 세계에서 가장 긴 이름을 가진 물고기 후무후무누쿠누쿠아프아하Humuhumunukunukuapuaha다.

지난 20여 년 동안 하와이에 올 때마다 이곳에 들렀다. 산호초는 눈에 띄게 백화되고 있다. 산호가 죽으니 예전만큼 다양한 물고기가 찾아오지도 않는다고 한다. 하와이 주 정부가 1960년대부터 이 지역을 국립 공원으로 지정해 보호하는 것도, 물고기에게 먹이를 주지 말 것, 조개를 가져가지 말 것, 몸에 선크림이나 오일을 발랐다면 입수 전에 닦아낼 것 등 환경 보호를 위해 여행자가 지켜야 할 사항이 담긴 비디오를 의무적으로 시청하게 하는 것도 모두 죽어가는 산호와 줄어드는 물고기를 보호하기 위함이다.

하나우마 베이는 오후 3~4시가 되면 피크닉 테이블이 있는 공원 언덕이 해변에 커다란 그림자를 만들어낸다. 그 그림자가 집에 돌아갈 시간이라고 말해주는 것만 같다. 한낮의 열기가 사라지기 전에 언덕 위의 공원으로 올라와 물놀이 빨래를 말렸다. 건조한 바람이 바스라질 것처럼 젖은 옷들을 말려줄 것이다.

✳ 더 카할라 호텔 앤드 리조트의 레스토랑

와이알라에 컨트리클럽Waialae C.C.에 가기 위해 고급 주택가인 카할라 Kahala에 들렀다. 많은 골퍼가 하와이에서 가장 고급스러운 골프 코스로 꼽는 곳이다. 골프를 즐기지 않는 우리 가족의 목적지는 컨트리클럽 내에 위치한 더 카할라 호텔 앤드 리조트The Kahala Hotel & Resort의 레스토랑. 호텔

내에는 하와이, 아시아, 지중해, 유럽의 퓨전 메뉴를 선보이는 '호쿠스'와 애프터눈 티와 핑거 샌드위치, 초밥, 수제 칵테일 등으로 유명한 '더 베란다', 해산물 레스토랑인 '시사이드 그릴', 이탤리언 요리를 선보이는 '아란치노 앳 더 카할라' 등 다양한 레스토랑이 있다. 더 베란다에서 퓨전 일식을 주문했다. 하와이에는 훌륭한 일식 레스토랑이 많다. 일본인들은 우리보다 반세기 앞선 1800년대 중반부터 하와이로 이주했고, 사탕수수 농장에서 일하다가 정착한 이들이 많다. 그 영향으로 하와이 곳곳에서 일본 문화를 찾아볼 수 있다.

호텔 안의 자연 수영장인 커다란 라군에는 돌고래가 살고 있었다. 돌고래쇼부터 돌고래와 함께 수영하기, 먹이 주기, 일일 조련사 체험 등 다양한 돌핀 퀘스트 프로그램을 진행한다. 식사 후 아이들에게 "돌고래 쇼를 보겠느냐"고 넌지시 물었다. 대답은 "No". 그물에 걸려 꼬리가 잘리는 부상을 당한 채 구출된 돌고래 이야기가 나오는 영화 <돌핀 테일>을 본 이후로 아이들은 돌고래 쇼를 보지 않는다. 자연 상태의 동물이 아니면 놀이도 억지라고 생각하는 모양이다.

▌ tip ▇ **다이아몬드 헤드Diamond Head 하이킹**

카할라 서쪽의 다이아몬드 헤드는 오랫동안 활동하지 않는 휴화산이다. 원래 참치 Ahi의 이마로 불리던 곳인데, 오아후 섬에 도착한 영국 선원들이 분화구가 반짝이는 것을 보고 '이곳에 다이아몬드가 있다'고 해서 붙여진 이름이다. 안타깝게도 반짝이는 것은 다이아몬드가 아닌 방해석이다. 다이아몬드 헤드는 오아후 섬을 대표하는 하이킹 코스이기도 하다. 새벽마다 정상 전망대는 일출을 보려는 사람들로 붐빈다. 다이아몬드 헤드에서 내려와 방문자 센터에 가면 유료로 트레일 완주 증명서를 받을 수 있다. 가파른 경사와 계단 구간이 있으니 가급적이면 운동화를 신는 게 좋다.

✳ 노스 쇼어로 가는 길에 만난 핫 플레이스

오아후 섬 곳곳에서 서핑을 즐길 수 있지만, 노스 쇼어North Shore는 일 년 내내 큰 파도가 들어오는 서핑 성지이자 히피들의 천국이다. 해안선을 따라 드라이브하면서 하와이 자연의 아름다움이 가장 잘 보존된 라니아케아 비치Laniakea Beach, 세계적인 서핑 대회가 열리는 선셋 비치Sunset Beach, 그리고 야생 거북의 서식지인 터틀 베이Turtle Bay까지 둘러보기로 했다. 서핑 대회를 볼 수 있을지도 모른다는 막연한 기대를 가지고 출발했다.

노스 쇼어로 가는 길에 파인애플 농장인 돌 플렌테이션Dole Plantation과 와이알루아 에스테이트Waialua Estate에 들렀다. 1900년에 세워진 돌의 첫 번째 파인애플 농장에서는 돌의 역사를 전시한 전시관과 가든, 기념품 숍 등을 운영하고 있었다. 빨간색 기차를 타고 농장 구석구석을 볼 수 있는데, 우리는 파인애플 조형물을 배경으로 사진을 찍고는 기념품 숍으로 돌아와 아이스크림을 먹었다. 세계 최고의 파인애플 경작지라는 타이틀은 필리핀으로 넘어간 지 오래다. 인건비 때문에 농부도 사라져가고 있는 듯했다. 하와이라고 하면 파인애플과 사탕수수 농장을 떠올리지만, 이미 오래전 아시아와 남미로 중심이 옮겨 갔다.

와이알루아 에스테이트는 1996년까지 돌 푸드 컴퍼니에서 운영하던 설탕 공장이었는데, 현재는 커피와 카카오 재배 농장으로 바뀌었다. 투어 프로그램을 신청하면 이곳에서 생산하는 커피를 마시면서 커피가 생산되는 과정을 견학할 수 있다. 농장 내 아웃렛에서는 비교적 저렴한 가격에 기념품과 커피를 판매한다. 과거 설탕 공장의 흔적을 그대로 남겨놓은 것이 인상적이었다.

무동력 글라이더 체험을 할 수 있는 딜링햄 에어 필드Dilingham Air Field에도 들렀다. 소형 비행기에 글라이더를 연결해 이륙시키고, 일정 고도까지 올라가면 연결을 끊어 바람을 타고 비행하는 체험이다. 안타깝게도 아이들은 너무 어려서 탑승 불가. 글라이더 앞좌석에는 파일럿이, 뒷좌석에는 나와 아내가 나란히 탔다. 딜링햄 에어 필드가 위치한 절벽으로 부는 서풍이 글라이더가 오랫동안 날 수 있는 동력이란다. 놀이공원의 바이킹처럼 올라갈 때는 아무렇지도 않은데, 내려갈 때는 발끝이 간지러웠다. 곡예 비행을 하지는 않았지만, 동력이 없는 비행기를 타고 하늘을 날고 있다는 사실이 묘하게 스릴 있었다. 청룡열차보다 무서웠다는 말에 상아와 상은이는 전혀 부럽지 않다며 고개를 절레절레 흔들었지만, 상진이는 조금 실망한 듯 보였다. 나중에 상진이가 자라서 키와 나이 제한에 걸리지 않게 되면 꼭 다시 오겠노라 약속했다.

✳ 푸드 트럭 천국, 할레이와

할레이와Haleiwa는 노스 쇼어로 가는 길에 만나는 마지막 마을이다. 좁은 시골길을 사이에 두고 기념품 숍과 서핑 숍, 슈퍼마켓 등이 나란히 서 있다. 이 마을의 명물은 푸드 트럭. 햄버거와 새우, 바비큐 등 메뉴도 다양하다. 파인애플 버거와 아보카도 버거 등 전 세계에 체인이 있는 샌드위치 전문점 쿠아 아이나Kua Aina 본점과 새우 요리 전문 푸드 트럭 지오반니 Giovanni's, 매콤한 갈비덮밥을 선보이는 로라 이모네 등 오아후 섬을 대표하는 음식들을 만나볼 수 있다.

우리 가족의 선택은 더 앨리펀트 삭The Elephant Shack. 일본인 셰프가 만드는 태국 요리 전문점으로, 푸드 트럭 스타일로 운영된다. 아이들이 좋아하는 커리를 다양하게 주문했다. 디저트도 빼먹을 수 없다. 마쓰모토 세이브 아이스Matsumoto Shave Ice Hawaii는 노스 쇼어뿐 아니라 오아후 섬 전체에서 가장 유명한 빙수 가게다. 무지개빙수를 주문하면, 곱게 간 얼음 위에 다양한 컬러의 시럽을 올려주는데 먼저 컵 사이즈를 고르고 맛을 선택하면 된다. 알록달록한 얼음이 하와이의 상징이다. 작은 구멍가게로 시작해 기업이 된 마쓰모토 세이브 아이스에서는 알록달록한 로고가 새겨진 티셔츠와 키링, 에코 백, 마그넷 등 빙수 외에도 다양한 기념품을 판매한다.

▌tip ▅ 하와이 슈퍼마켓에는 하와이 과일이 없다!

해변 도로를 따라 드라이브를 즐기다 보면 자주 눈에 띄는 것이 과일 가판대다. 하와이 과일은 당도가 높고 과질도 우수하지만, 농사짓는 사람이 없어서인지 슈퍼마켓의 과일은 하와이산이 아닌 외지에서 가져온 것이 대부분이다. 노스 쇼어 부근은 하와이에서 유일하게 하와이산 과일을 먹을 수 있는 곳. 마을 할머니들이 근처 과일 나무에서 직접 딴 것이라고 한다. 애플망고 나무를 울타리 안에 심는 사람은 많지만, 과일을 따 먹는 사람은 많지 않은 것이 하와이의 현실. 하와이 사람들은 과일 따 먹는 재미에 트레킹을 간다는 말이 있을 정도로 나무에 과실이 주렁주렁 열려도 신경 쓰지 않는다.

✳ 행운의 상징 호누의 놀이터, 라니아케아 비치

할레이와에서 빠져나와 해안 도로를 타고 북쪽으로 달리다가 라니아케아 비치Laniakea Beach에서 멈췄다. 하와이 거북인 호누의 놀이터로, 터틀 비치

Turtle Beach라고 불리기도 하는 곳이다. 호누는 근처의 프랑스령 산호섬에 둥지를 틀고 사는데, 그곳에서 알을 낳고 라니아케아 비치까지 놀러 온다고 한다. 재미있는 것은 거북이 뭍으로 올라와 자리를 잡으면, 가디언들이 다가와 이름과 나이, 체중 등이 적힌 네임카드를 꽂아준다는 것. 비슷비슷하게 생긴 거북들의 이름까지 알고 있다는 게 신기했다. 호누는 멸종 위기에 처한 동물이다. 만지거나 음식물을 주는 것이 금지된다. 호누와 2m 이상 거리를 둬야 하는데 위반하면 벌금을 물거나 체포될 수 있다고 한다. 이곳에서만큼은 자신들이 왕이라는 걸 아는지, 호누는 사람들이 다가오든 말든 잠만 잤다.

라니아케아 비치에서 북쪽으로 이동하면 와이메아 베이 비치 공원Waimea Bay Beach Park과 선셋 비치Sunset Beach의 반자이 파이프라인Banzai Pipeline이 차례대로 나온다. 두 곳 모두 유명한 서핑 스폿이라 '혹시 서핑 대회가 열리진 않을까' 기대했지만 대회는 없었다. 자동차 창문을 내리고 자유로운 해변의 온도를 느끼며 느릿하게 해변 도로를 따라 오아후 섬 북쪽 끝의 카후쿠 포인트Kahuku Point까지 이동했다.

✳ 카후쿠 포인트부터 카네오헤까지 드라이브

카후쿠 포인트 일대는 새우 양식장이 있던 곳이다. 싱싱한 새우를 즉석에서 요리해 판매하던 것이 남아 푸드 트럭 군락을 이룬 것. 사실 하와이는 빅아일랜드에 남아 있는 몇 개를 제외하고 더 이상 새우 양식을 하지 않는다. 인건비 때문이다. 미국 본토의 텍사스와 사우스캐롤라이나의 새우 양식장 노동자는 거의 동남아 사람이었는데, 기술을 배워 자국으로 가져가 새우 양식에 성공하면서 자연스럽게 양식장도 그쪽으로 옮겨 갔다고 한다.

우리 가족이 발견한 비밀 스폿은 북동해안 쪽에도 있다. 카메하메하 고속도로를 따라 드라이브를 하다가 발견한 아후푸아 주립 공원Ahupua'a State Park 내의 카하나 베이 비치 공원Kahana Bay Beach Park으로, 오아후 섬 비치 중 가장 평화롭고 고요한 곳이다. 샤워 시설과 화장실이 잘 갖춰져 있어 캠핑을 하기에 좋고, 산에서 내려와 바다와 연결되는 민물이 있어 다양한 물고기가 모여들기 때문에 스노클링을 즐기기에도 좋다. 육지 쪽으로는 계곡을 따라 트레킹 코스도 잘 정비돼 있다. 넓은 모래사장에는 해수욕을 즐기는 이들이 거의 없는데, 맞은편 공원에는 캠핑카가 가득했다.

근처에는 영화 <쥬라기 공원Jurassic Park>의 촬영지로 유명한 쿠알루아 목장Kualoa Ranch이 있다. 말을 타거나 ATV, 집라인 등 다양한 액티비티를 즐기기 좋다. 그러나 막내 상은이가 어리기 때문에 우리 가족이 이곳에서 할 수 있는 것은 풍경을 감상하고, 목장에서 말과 인사를 나눈 다음 말에게 먹이를 주는 것이 전부였다.

호놀룰루로 돌아오기 위해 카네오헤Kaneohe를 지나 팔리 하이웨이에 진입했을 때 뒷좌석 아이들은 잠에 취해 있었다. 어두워지기 전에 아파트로 돌아가기 위해 속도를 올렸다. 어두운 산길을 뚫고 호놀룰루에 다가갈수록 도시의 불빛이 별처럼 반짝였다.

✴ 알라 모아나 비치 공원에서 현지인처럼 즐기기

가끔은 아무것도 하고 싶지 않은 날이 있다. 오아후 섬 북부 일주처럼 빡빡한 일정을 소화한 다음 날이라면 더욱더. 늦은 오후가 돼서야 숙소를 나서 해변으로 향했다. 숙소 맞은편에는 하와이에서 규모가 가장 큰 쇼핑몰인 알라 모아나 센터Ala Moana Center가 있는데, 해변 쪽으로 알라 모아나 비치 공원Ala Moana Beach Park을 끼고 있다. 잔디밭에서 공놀이를 하다가 더우면 해변에서 수영할 수 있는 곳이다. 이 날을 기다려 오아후 섬에 도착한 다음 날, 아이들이 쉬는 틈을 타서 코스트코에서 스탠드업 보드까지 사뒀다. 파도가 거의 없고 수심이 얕아 아이들이 놀기에 제격. 아이들은 스탠드업 보드에 올라 카누처럼 노를 젓고, 점프대 삼아 다이빙하면서 놀았다.

며칠 동안 하와이 곳곳을 여행하느라 피부가 검게 그을린 우리 가족은 하와이 현지인이 된 것처럼 해변에 앉아 여행자들을 구경했다. 웨딩드레스와 턱시도를 입은 커플이 눈에 띄었다. 커플의 시선 끝에는 카메라를 든 사진작가가 있었다. 웨딩 촬영 중인 모양이다. 요가 클래스, 서핑 스쿨 등에서 무언가를 배우는 이도 많았다. 드넓은 공원에서 사람들은 각자 원하는 것을 하며 행복을 만들어가고 있었다. 나도 내가 가장 좋아하는 장소로 이동할 때가 됐다고 생각했다.

✳ 죽어서도 머물고 싶은 풍경, 매직 아일랜드

알라 모아나 비치 공원 끝에는 매직 아일랜드Magic Island라 불리는 라군이 있다. 주변보다 지대가 높은 언덕인데, 사방이 탁 트여 있어 와이키키 해변은 물론이고 호놀룰루 공항까지 내려다보인다. 매직 아일랜드는 내가 이 세상에서 가장 사랑하는 장소다. 언덕 위에서 이즈IZ의 노래 <화이트 샌디 비치White Sandy Beach>를 듣고 있노라면 세상의 모든 근심이 사라지는 기분마저 든다. 나는 하와이를 여행할 때면 늘 아이들을 데리고 매직 아일랜드의 언덕에 올라간다. 커다란 반얀트리 아래 벤치가 몇 개 놓여 있는데,

아이들에게 "내가 죽으면 이곳에 나의 벤치를 만들어 달라"고 얘기하곤 한다. 아이들은 질색하지만, 죽어서도 보고 싶은 풍경인 걸 어쩌겠는가.

알라 모아나 센터의 푸드 코트에서 생맥주와 저녁거리를 사서 매직 아일랜드에 자리를 잡았다. 매주 금요일 오후 7시 45분마다 힐튼 호텔에서 하는 불꽃놀이를 감상하기에 최적의 장소. 마리나에 정박된 고급 요트 너머로 펼쳐지는 불꽃놀이는 언제 봐도 설렌다. 해가 지기 전부터 현지인들이 몰려와 매직 아일랜드 잔디밭을 꽉 채우고 있었다.

▌tip ▓ 하와이 국민 가수 이즈IZ를 아시나요?

디즈니 애니메이션 <모아나>의 주인공 마우이의 모티프가 된 인물이자 하와이를 대표하는 뮤지션. 우쿨렐레의 대중화에 기여했고, 하와이 신화에 관련된 노래를 만들기도 한 그는 하와이 독립을 위해 힘쓴 독립운동가이기도 하다. 보통 '이즈'라 불리는 그의 이름은 이즈라엘 카마카위올레Israel Kamakawiwo'ole로 1959년에 태어나 1976년에 데뷔, 1997년 38세에 사망했다. 원인은 과체중으로 인한 호흡 곤란. 사망 당시 그의 체중은 348kg에 육박했다. 민간인 최초로 그의 장례식 때 하와이에 조기가 게양됐을 정도로 사랑받은 국민 가수다. 이즈의 음악은 맑고 청아한 하와이의 하늘과 바다를 닮았다. 그의 노래를 들으며 해안도로를 드라이브하는 것은 내가 가장 좋아하는 일 중 하나. 그제야 진짜 하와이와 만난 느낌이 된다.

✳ 정글 속으로, 호오마루이아 보태니컬 가든

오아후 섬 동쪽에 있는 호오마루이아 보태니컬 가든Ho'omaluhia Botanical Garden 내에는 커다란 연못이 있는데, 주말이면 오전 10시부터 오후 2시까지 낚시를 즐길 수 있다. 하와이에 올 때마다 방문하고 싶었지만 요일을 맞추지 못해 포기했던 스폿이다. 아이들이 깨기 전 일찌감치 일어나 숙소 근처의 마트에서 점심거리와 물고기 밥으로 사용할 식빵을 사 왔다.

호오마루이아 보태니컬 가든이라는 표지판을 지나 방문객 센터에 이르는 길은 깊은 정글 속으로 들어가는 기분이었다. 독특하면서도 거대한 산이 정면에 나타나자 <쥬라기 공원Jurassic Park>이나 <아바타Avatar> 같은 영화 속으로 차원 이동을 하는 느낌마저 들었다. 전날 쿠알루아 목장을 제대로 즐기지 못한 아쉬움을 날려버리기에 충분했다.

방문자 센터에 들러 낚싯대를 빌렸다. 낚싯대라고는 하지만 긴 대나무에 낚싯줄을 달아놓은 게 전부다. 렌트 비용은 무료. 과연 물고기들이 이 구닥다리 낚싯대에 속아줄지 의심스러웠다. 낚싯대를 건네준 직원은 낚시가 가능한 호수까지 가는 길을 알려줬다.

호오마루이아 보태니컬 가든은 규모가 대단히 크다. 몇 개의 강이 가든을 관통해 흐르고, 수 십 개의 크고 작은 연못이 있다. 곳곳에 캠프 사이트가 있어 피크닉을 하기에도 좋다. 낚시가 허락되는 연못까지 가는 길, 몇 개의 연못을 지나치면서 낚싯대가 초라한 이유를 알 것 같았다. '물 반 고기 반'이란 표현이 이곳에서 시작됐다고 믿을 만큼 물고기가 많았다.

✳ 난생처음 낚시의 손맛을 알게 된 아이들

이른 시간에 출발한 덕에 커다란 연못을 독차지할 수 있었는데, 낚싯대를 드리우자마자 입질이 왔다. 주홍빛의 예쁜 물고기들. 난생처음 맛본 '손맛'에 아이들은 더위도 잊은 듯했다. 현지인들 사이에 꽤 유명한 피크닉 스폿인지 시간이 흐르자 많은 사람이 모여들었고, 먹이가 많아진 물고기들은 더 이상 우리 낚싯대에 관심이 없어 보였다. 한 시간 정도 지나자 아이들은 완전히 흥미를 잃었다. 포장해 온 샌드위치를 다 먹은 상아와 상진이가 연신 집에 가자고 졸랐다. 숲속인 데다가 물가라 모기가 많았다. 상은이만 끈기를 가지고 아빠 옆에서 낚시하는 시늉을 했다. 바로 옆에 자리를 잡은 할아버지와 손자는 수확이 좋았다. 낚시 잡지 커버로도 손색없을 커다란 물고기를 꽤 많이 잡은 듯했다.

정오가 지나자 사람들이 하나둘 집으로 돌아갔고, 오후 1시가 되자 거의 보이지 않았다. 물고기들이 다시 우리 낚싯대에 관심을 보이기 시작했다.

한 마리도 못 잡아 시무룩했던 상은이가 첫 번째 낚시에 성공했다. 시큰둥하던 상아와 상진이의 관심도 돌아왔다. 넷이 나란히 서서 다시 낚시를 시작했다. 물고기를 잡는다고 해서 가져올 수 있는 건 아니다. 통에 넣어둘 수도 없다. 잡자마자 풀어주는 것이 이곳의 룰이다. 사냥이 아닌 놀이로서의 접근, 아이들은 이 점을 굉장히 흥미로워했다. 각자 10마리 이상씩 물고기를 잡았는데, 풀어주면서 아쉬워하기보다 외려 즐거워하는 듯 보였다.

낚시를 마치고 돌아오는 길, 신발에 묻은 진흙을 떼어내려는데 커다란 망고나무가 눈에 띄었다. 나무 아래는 낙과가 많았다. 누구도 신경 쓰지 않는 듯했다. 못생겼지만 완전히 익은 망고가 꽤 먹음직스러워 보였다. 주스를 만들 요량으로 몇 개를 주웠다.

▌ tip ▐ 호오마루이아 보태니컬 가든의 모기 주의보

상대적으로 건조한 지역인 와이키키에 머문다면, 하와이는 모기가 없는 섬이라고 오해할 수 있다. 그러나 호오마루이아 보태니컬 가든은 깊은 정글 속에 있다. 반드시 모기 기피제를 챙겨야 한다. 가든 내에는 매점이 없으니 시내의 대형 마트에서 구입해 가는 것이 좋다. 이뿐만 아니라 모기가 좋아하는 너무 짙은 향수나 화장품의 사용도 자제해야 한다. 물고기는 잡자마자 풀어줘야 하는데, 미끄러워서 아이들이 맨손으로 물고기를 만지는 것을 어려워하니 비닐장갑을 준비해 가면 도움이 된다.

✳ 매일이 축제, 와이키키 해변

여행자, 현지인 할 것 없이 해 질 무렵이면 사람들은 약속한 것처럼 와이키키 해변으로 나온다. 로컬 하와이언들이 흥을 돋웠다. 하늘과 바다, 사람들까지 모두 황금빛으로 물들어가는 모습을 배경으로 우쿨렐레를 연주하고 훌라 춤을 췄다. 평화롭고 안온한 분위기, 다시 한 번 이 섬에 반했다.

숙소로 돌아와 쉬다가 거리로 나왔다. 칼라카우아 거리Kalakaua Ave에서는 축제가 한창이었다. 버스킹 하는 사람들과 퍼포먼스로 흥을 돋우는 사람들, 구경꾼들이 어우러져 매일 밤 축제가 열린다. 자연스럽게 합류해 분위기를 즐기면서 모아나 서프 라이더 호텔Moana Surf Rider Hotel까지 걸었다. 1901년에 세워진, 하와이에서 가장 오랜 역사를 자랑하는 호텔이다. 와이키키 최초의 대형 호텔인 모아나 호텔이 세워졌고, 1918년 2개의 건물이 추가되면서 현재의 모습을 갖췄다. 우리가 이 호텔을 좋아하는 이유는 목조 건물 특유의 고풍스러움이 매력적인 공간을 배경으로 와이키키 해변을 바라보며 칵테일을 마실 수 있기 때문이다. 여행할 때마다 지역의 맥주를 마시며 품평하는 것이 우리 부부만의 소소한 즐거움인데, 이곳에 오면 분위기에 취해 꼭 칵테일을 마시곤 한다. 어쩐지 바다 냄새 한 스푼이 첨가된 것 같은 기분이 든다.

✳ 할라쿨라니 호텔의 럭셔리한 선데이 뷔페

다음 날 아침에 비행기로 돌아가는 여정이니, 하와이에서 보내는 마지막 날인 셈이다. 와이키키의 할레쿨라니 호텔Halekulani Hotel은 카할라 호텔과 함께 오아후 섬에서 가장 럭셔리한 호텔이다. 1917년 오픈해 100년이 넘는 전통을 간직한 곳으로 건물 구석구석, 소품 하나하나가 볼수록 매력적이다. 최고의 허니문 호텔로 손꼽히는 만큼 숙박비가 만만찮은 이 호텔을 우리 가족이 찾는 때는 일요일, 선데이 브런치 뷔페를 먹기 위해서다. 비교적 캐주얼한 식당인 오키드 다이닝 룸에서는 매주 일요일 오전 9시 30분부터 오후 2시 30분까지 오아후 섬 최고의 브런치 뷔페를 제공한다. 동서양의 요리가 풍성하게 어우러진 식탁에 클래식 라이브 연주가 더해져 마음까지 풍요롭게 한다.

우아하게, 그러나 배부르게 브런치를 먹은 후 알로하 스타디움Aloha Stadium으로 향했다. 일요일마다 벼룩시장이 열리는데, 안 쓰는 물건을 내놓는 유럽의 벼룩시장과 달리 오아후 섬을 포함한 하와이의 특산품을 판매하는 기념품 시장에 가깝다. 와이키키와 오아후 섬, 서핑 등 하와이를 연상케 하는 그림이 그려진 티셔츠와 마카다미아, 코나 커피 등 여행 기념품을 구입했다. 가공하지 않은 마카다미아는 반들반들하게 기름이 흐르고,

포장되지 않은 순도 100%의 코나 커피도 판매하고 있었다. 티셔츠는 7~8

장에 10달러, 여느 기념품 숍에 비해 신선하고, 놀랍도록 가격도 저렴했다.

아내는 현지 아주머니가 만들었다는 수공예 돌고래 퀼트 무릎 담요를 '득

템' 하고 매우 만족스러워했다.

호오마루이아 보태니컬 가든
에서의 낚시. 이곳의 물고기는
오렌지색이다.

마카이 부두에서 만난 행운의
바다거북, 호누.

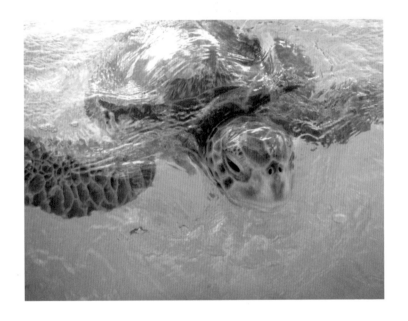

호오마루이아 보태니컬 가든의
'물 반, 고기 반' 연못.

하와이 현지에서 잡히는
생선 중 하나인 말린.

하와이 해변 도로를 따라 달리면
마주하는 풍경들.

블랙 포인트에 위치한 샹그릴라.

알라모아나 비치에서 스탠드업 보드 즐기기.

하와이 통일 군주, 킹 카메하메하 표지판.

마쓰모토 세이브 아이스 기념품.

레인보 세이브 아이스 즐기기.

마카이 부두에서 본 래빗 아일랜드.

4

리마에서 후아카치나까지
페루 버스 투어

기간 ✳ 2018년 6월 18일 05:30~23:00

장소 ✳ 페루

이동 거리 ✳ 689km

Miraflores, Lima ➡ Paracas 257km 4'00"

Paracas ➡ Huacachina 102km 2'00"

Huacachina ➡ Miraflores, Lima 330km 4'20"

Peru

페루

a. 리마 국제공항 ➡ **b.** 미라플로레스 ➡ **c.** 파라카스 ➡ **d.** 후아카치나 ➡

e. 미라플로레스 ➡ **f.** 리마 국제공항

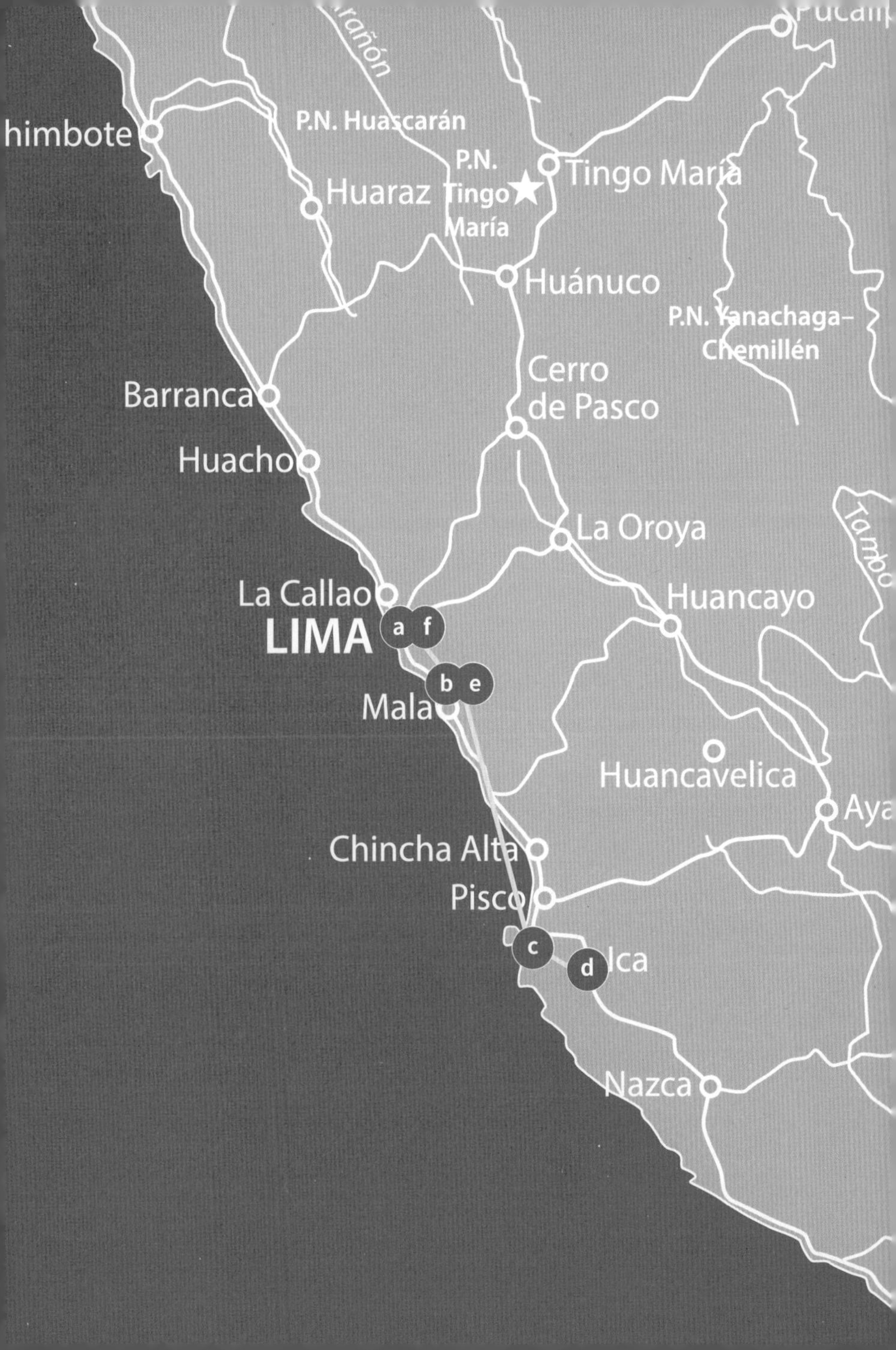

himbote
P.N. Huascarán
Huaraz
P.N. Tingo María
Tingo María
Huánuco
P.N. Yanachaga–Chemillén
Cerro de Pasco
Barranca
Huacho
La Oroya
La Callao
LIMA
Huancayo
Mala
Huancavelica
Chincha Alta
Pisco
Ica
Nazca
a
f
b
e
c
d

후아카치나 사막 둔버기 투어.

✳ 도전! 남미 여행

2018년 여름, 5주 동안 남미 7개국을 여행했다. 아르헨티나에서 우루과이, 칠레, 페루, 볼리비아, 브라질, 파라과이를 잇는 루트였다. 2016년 겨울에 남아프리카공화국을 여행하면서 자신감이 생겼고, 2017년 여름의 코스타리카 여행을 통해 이 정도의 '내공'이면 남미 여행도 가능하겠다는 확신이 생겼다. 남미는 우리 가족에게 남겨진 마지막 대륙이었다.

여행을 준비하는 데 드는 시간은 여행 설계자의 걱정의 무게와 비례하는 법. 남아프리카에서 돌아온 2016년 여름부터 차근차근 남미 여행을 준비했다. 마지막까지 확신할 수 없었던 것은 '자동차로 국경을 넘나드는 것이 옳은 선택인가' 하는 것이었다. 동유럽과 남아프리카를 여행하면서 국경을 넘을 때마다 크고 작은 문제가 발생했기 때문이다. 자동차 여행의 백미인 드라이브의 즐거움을 포기한 채 국가 간 이동은 비행기로, 도시 간 이동의 일부는 버스를 이용해야겠다는 현실적인 타협을 했다.

나는 틈틈이 여행지 정보를 스크랩하면서 국가 간 이동을 위한 저렴한 항공권을 찾았고, 아내는 여행 인프라가 좋지 못한 데다가 계절까지 반대인 곳을 안전하게 여행하기 위한 짐을 꾸렸다. 여행에 익숙한 우리 가족에게도 남미 여행은 쉬운 선택이 아니었다. 하지만 경험만큼 가치 있는 일은 없다고 생각하기에 조금 무리해서 여행을 강행하기로 했다.

＊ 한 장의 사진이 바꿔놓은 여행 루트

국가 내에서의 이동 루트를 정하는 것도 적잖이 고민됐다. 페루의 수도인 리마Lima도 그중 하나였다. 마추픽추Machu Picchu는 남미 여행의 백미다. 남미 여행자의 상당수가 그곳에 가기 위해 길을 떠난다 해도 과언이 아니다. 마추픽추에 가려면 리마에 들러야 하는데, 여행깨나 했다는 지인들도 "리마는 페루의 수도일 뿐 특별히 볼 게 없다"고 했다. 하지만 내게는 잊히지 않는 사진 한 장이 있었다. 거대한 모래 언덕에 둘러싸인 소박한 호수, 붉은 사막 아래 푸른 야자수가 신비함을 더하던 곳. 리마 남쪽의 사막 도시 후아카치나Huacachina였다. 언젠가 여행 잡지에서 후아카치나 사진을 본 후부터 리마와 주변 도시에 대한 로망을 키워왔다. 아이들에게 동의를 구했다. 리마에서 자동차로 5시간 떨어진 곳에 오아시스 마을이 있는데, 그곳에 가면 둔 버기Dune Buggy와 샌드보드Sandboard를 탈 수 있다고 말했다. 대신 그곳에 가려면 새벽에 출발해 왕복 10시간이 넘도록 자동차 안에 있어야 한다고도 했다. 고맙게도 유튜브로 둔 버기 동영상을 찾아본 아이들은 편도 10시간이 넘게 걸려도 갈 태세였다.

리마에서 후아카치나까지 이동하는 방법이 고민됐다. 리마에 할당된 기간이 길지 않았고, 당일치기로 다녀오기엔 거리가 만만치 않았다. 게다가 도로 상태도 짐작할 수 없었다. 남미를 먼저 여행한 친구는 '버스 투어'를 추천해줬다. 리마에서 출발해 파라카스, 후아카치나, 나스카 등의 여행 스폿을 지나 리마로 돌아오는 투어 버스였다. 친구는 "출발할 때 호텔까지 픽업 오고, 터미널이 아닌 관광지에서 정차하며, 루트도 다양해 선택 투어가 가능하다"고 말했다. 버스 투어를 예약한 후 칠레 산티아고에서 페루 리마로 향했다.

✳ 리마 최고의 부촌, 미라플로레스

리마는 색이 없었다. 먼지가 폴폴 날리는 흙 길, 끝없이 이어지는 흙색의 집들, 미완성의 집에서 살아가는 무색의 사람들. 흙으로 만든 벽돌로 지은 집은 흙길과 구분이 가지 않았다. 그래서 더 황량하게 느껴졌다. 선거 기간이었다. 리마 공항에서 숙소가 있는 미라플로레스까지 가는 길에 만난 유일한 컬러는 아이러니하게도 선거 벽보뿐이었다.

리마는 피사로에 의해 1535년에 건설된 도시다. 4~12월은 한류의 영향으로 도시 위로 안개가 자욱하게 깔려 꿈속 도시처럼 느껴진다. 여행자들이 머무는 곳은 해안 절벽에 세워진 부촌 미라플로레스로, 비교적 치안이 안전한 지역이다. 남미 여행에서 무언가를 선택할 때 최우선으로 고려한 것이 치안이었기 때문에, 우리도 미라플로레스의 작은 아파트를 렌트했다.

극과 극의 현실이 기다리고 있었다. 2층이나 3층으로 지어진 저택과 아파트, 정돈된 도로, 잘 가꾸어진 가로수와 정원까지. 미라플로레스에 들어서는 순간, 결계를 넘어 새로운 세계로 진입하는 느낌이었다. 렌트한 아파트는 만족스러웠다. 세련된 인테리어와 감각적인 소품, 페루 상류층 젊은이들의 감각이 배어 있는 듯했다.

그러나 완벽하다고 생각했던 아파트에 문제가 생겼다. 화장실 냄새가 심했다. 사실 남미는 하수 시스템이 낙후된 곳이 많다. 화장실마다 '휴지를 변기에 버리지 말라'는 문구가 적혀 있고, 호텔 체크인할 때도 변기 사용법에 대해 강조해 말하곤 한다. 문제점을 이야기하자 당황한 집주인이 바로 처리해주겠으니 그 사이 근처 레스토랑에서 식사를 먼저 할 것을 권했다.

✳ 미식가들이 주목하는 뉴 페루비안 퀴진

리마는 뉴 페루비안 퀴진New Peruvian Cuisine의 중심지다. 몇 해 전부터 미식 여행지로 떠오르고 있고, 세계적으로 유명한 레스토랑이 미라플로레스에 모여 있다. 페루 사람들의 소울 푸드라 불리는 세비체 외에도 페루 고산 지대와 정글에서 나는 특별한 식재료로 만든 다양한 요리가 많다. 숙소 근처에 있는 유명한 식당 '플로 아주리'로 향했다. 그곳에서 노란색 잉카 콜라 Inca Kola를 처음 만났다. 페루는 세계에서 유일하게 코카콜라가 고전을 면치 못하는 나라다. 색깔만 보면 콜라라기보다 박카스와 비슷하다. '잉카'는 왕, '콜라'는 여왕이라는 뜻을 가진 잉카 콜라에서는 풍선껌 맛이 났다. 잉카 콜라를 곁들여 모히토와 세비체, 바나나 튀김, 옥수수, 만두 등 다양한 음식을 주문해 만찬을 즐겼다. 아파트의 악취가 조금이나마 해결됐기를 바라면서.

▌tip ▧ 또 다른 황금, 뉴 페루비안 퀴진 New Peruvian Cuisine
식재료와 문화의 다양성이 식탁을 풍요롭게 한다. 페루는 서쪽으로 태평양을, 동북쪽으로 아마존을 끼고 있다. 안데스 산맥은 고도에 따라 기후가 달라 식생이 다양하고, 곳곳에 호수가 있어 생선도 자주 식탁에 오른다. 바다와 정글, 호수, 고산 지대에서 얻은, 세계 어느 곳에도 없는 진귀한 식재료가 있는 것. 문화도 자연환경만큼 다양하다. 페루 고유의 역사에 스페인과 이탈리아, 아프리카 문화가 더해졌고 19세기 무렵부터 중국과 일본의 이민자들이 더해지면서 독특한 식문화를 만들어냈다. 한정됐던 식재료를 다양하게 만든 것은 젊은 셰프들. 수백 년 동안 가지고 있던 문화적 다양성에 젊은 셰프들의 열정이 더해지면서 10여 년 전부터 리마는 페루 미식 혁명의 중심으로 떠올랐다. 매년 9월에 열리는 '미스투라 데 바로Misturita de Barro'는 남미 최대의 음식 축제로 10일 동안 50만 명이 넘는 관광객이 다녀간다. 페루는 특히 일본인 이민자들의 영향력이 크다. 일본인 2세가 대통령이 된 적이 있을 정도. 1세대 이민자들은 농장에서 일을 했지만, 자손들은 대부분 음식점을 운영한다. 세계 10대 레스토랑으로 꼽히는 곳이 리마에 있는 일본 식당이라는 것은 미식가들 사이에서 알려진 사실이다.

식사를 마치고 돌아왔을 때 냄새는 더욱 심각했다. 탈취제에 방향제, 향수가 뒤엉켜 이전보다 매스꺼웠다. 호텔이라면 방을 바꿔달라고 할 텐데, 아파트는 그럴 수도 없다. 커다란 프로젝터와 세련된 디자인의 의자, 집에 가져가고 싶을 만큼 좋았던 침구에 대한 즐거움은 사라지는 듯했다. 숙소 선택과 예약은 내 몫이기 때문에 이런 문제가 발생하면 의기소침해지곤 한다. 아이들은 개의치 않는 눈치였다. 샤워할 때 조금 참고, 평소에는 화장실 문을 닫아두면 그만이라고 생각한 모양이다. 그보다는 장난감처럼 생긴 이층 침대에 더 관심이 많았다.
막내 상은이가 산책 가는 나를 따라 나섰다. 숙소 불빛이 전구처럼 작아질 즈음 말을 건넸다. "여행은 이사하는 것과 같아. 처음에는 불편하고 무섭고 낯선데, 며칠 지나면 슈퍼 위치를 알고 사람들과 친해지면서 집처럼 편해 지고 익숙해지잖아. 지금은 새집이 많이 불편하겠지만 내일은 조금 나아 질 거야." 열 살 상은이는 아빠를 위로하는 법을 제대로 알고 있었다. 아빠 도 여행지인 이곳은 처음이고 여행에서 경험하는 모든 일이 처음이니, 아 빠가 여행에서 발생하는 모든 일에 책임지지 않아도 된다고 생각하는 모 양이다. 여행이 아이들을 성장시킨다는 걸 깨달을 때가 있다. 세상에 완벽 한 부모 매뉴얼은 없다. 그래서 우리 부부는 종종 아이들에게 고백한다. 우 리도 부모는 처음이라 실수를 한다, 노력해도 실수할 수 있으니 그때마다 얘기를 해달라고, 고쳐보겠노라고.

✳ 합리적인 여행자 버스 투어

친구가 권해준 대로 '페루 호프Peru Hop'의 버스 투어를 신청해뒀다. 페루 호프는 여행자를 위한 버스와 투어를 결합한 상품이다. 페루 리마에서 출 발해 파라카스, 후아카치나, 나스카, 아레키파Arequipa까지 이어지는 라인 과 아레키파에서 쿠스코까지, 티티카카 호수가 있는 푸노Puno와 볼리비아 의 코파카바나Copacabana를 거쳐 라파즈La Paz까지 이어지는 루트로 운행한다. 우리나라 여행자들 사이에서는 볼리비아 호프로도 잘 알려져 있는데, 대부분 쿠스코에서 푸노를 거쳐 볼리비아 라파즈로 이동할 때 많이 이용한다. 버스 투어의 장점은 루트를 정하고 금액을 지불하면 경유지에서 며칠 쉬었다가 다시 이동할 때 이용할 수 있다는 점. 다시 말해 개인의 여행 스케줄에 맞춰 버스를 탈 수 있다는 것이다. 여행자 버스라 지역 버스 터미널이 아닌 관광지 주변 정류장에서 세워주기 때문에 이동도 편리하다. 우리 가족은 리마에서 해안선을 따라 남쪽으로 이동해 파라카스와 후아카치나까지 하루에 둘러보고 리마로 돌아오는 일정을 택했다.

이른 새벽부터 아내의 움직임이 분주했다. 아내는 남미 여행을 앞두고 그 어느 여행보다 자료 조사를 많이 했다. 첫 번째는 불안한 치안 때문이었고, 두 번째는 어린아이를 데리고 남미를 여행한 기록이 거의 없었기 때문이었다. 6개월 전부터 자료 조사를 시작한 아내는 침낭과 전기담요를 챙겨야 한다고 말했었다. 나는 '남미 여행에 전기담요가 필요하다고?'라며 속으로 비웃었다. 그러나 남미에 도착한 첫날부터 아내 말을 귓등으로 흘려들은 것을 후회했다. 남미에는 난방 시설이 없다. 저녁마다 추위와의 사투가 벌어졌다. 파카를 입고 양말까지 신은 채 잠이 든 적도 있다. 버스 투어를 떠나던 새벽에는 비가 내려 꽤 쌀쌀했다. "사막에 가면 더우니 슬리퍼와 반팔 티셔츠를 챙기라"는 아내의 말에 가족 모두 고분고분했던 이유는 아내의 정보력을 절대적으로 신뢰했기 때문일 것이다.

새벽 5시 30분에 숙소로 픽업 온 버스는 시내를 돌고 돌아 1시간이 넘도록 여행자들을 태웠다. 비는 그치지 않았다. 버스에 타자마자 잠이 든 아이들과 달리 걱정이 많았다. 첫 일정이 파라카스에서 보트 투어를 하는 것인데 비 때문에 스케줄에 차질이 생길 게 분명했다. 여행 정보를 검색하고 있는데 버스가 팬아메리카 고속도로에 진입했다. 추억이 몽글몽글 피어올랐다. 고등학생 때 '죽기 전에 자동차를 타고 LA에서 팬아메리카 고속도로를 따라 칠레 끝까지 가겠다'고 했던 결심이 생각났다. 실제로 대학생 때 시도했지만 부족한 예산과 불안한 치안으로 중도에 포기해야만 했던 코스다. 당시 남미는 납치 사건이 많고 마약과의 전쟁으로 치안이 극도로 불안했다. 그러나 40년이라는 긴 세월이 흐른 뒤의 상황은 많이 달라져 있었다. 예상했던 것보다 도로 사정이 좋았다. 잠시 '렌터카를 빌렸어야 했나' 후회했다.

✳ 가난한 자들의 갈라파고스, 바예스타 섬

리마에서 파라카스까지는 3시간이 걸렸다. 파라카스에 온 대부분의 여행자는 바예스타 섬Islas Ballestas으로 향한다. '가난한 자들의 갈라파고스'라고

도 불리는 바예스타 섬은 사람이 살지 않는 무인도로 새들이 주인이다. 페루 정부는 이 일대를 국립 공원으로 지정해 보호하고 있었다. 환경세를 지불하고 바예스타 섬으로 가기 위해 20명 정도가 탈 수 있는 작은 보트로 옮겨 탔다. 보트는 기왕이면 모터 때문에 물이 많이 튀기는 뒷좌석보다 맨 앞자리를 사수하는 게 좋다. 모자와 스카프도 필수. 공기 반 새 반인 이곳에서는 새들이 환영 인사로 머리 위에 똥 세례를 퍼붓곤 하기 때문이다. 보트에는 그늘막이 없으니 선크림을 바르는 것도 잊지 말아야 한다.

보트를 타고 이동하다 보니 나스카처럼 사막 언덕 위에 거대한 그림이 나타났다. 촛대 같기도 하고 선인장 같기도 한 거대한 지상화는 850년경에 새겨진 것이라고 한다. 비가 거의 오지 않는 기후 덕분에 원형 그대로 남아 있다고. 일정상 나스카에 가지 못하는 아쉬움을 달래며 가이드의 설명에 귀를 기울였다.

30분 정도 더 달려 새들의 천국, 바예스타 섬에 도착했다. 물에서 가까운 바위 위에는 물개가 나른하게 누워 있고 반대편에는 펭귄이 줄지어 다녔다. 봉우리마다 새들이 빽빽하게 앉아 있는 모습을 보고 있노라니 다큐멘터리를 시청하고 있는 느낌이 들었다. 비슷비슷한 바위섬처럼 보이지만, 섬마다 다른 종류의 새들이 모여 산다고 한다. 바위섬은 새똥으로 뒤덮여 있었다. 새똥에는 영양분이 풍부해 천연 비료 역할을 하는데, 딱딱하게 굳어지면 캐서 '유기농 비료'의 원료로 수출한다고 한다. 물론 아찔할 정도로 냄새도 심했다.

아내는 물개가 귀엽다며 연신 사진을 찍어대고, 아이들은 펭귄과의 만남에 의미를 뒀다. 펭귄과의 만남은 남아프리카공화국과 호주에 이어 세 번째였다. 나는 풍경에 취해 있었다. 새와 동물이 아닌 섬 자체를 관찰했다. 색깔이 조금씩 달랐다. 섬마다 다른 새가 산다고 하니 똥색도 달라 다른 색을 띠는 거다. 투어 보트 사이로 작고 폭이 좁은 보트를 타고 낚시를 하는 어부가 나타났다. 그 모습을 지켜보며 동남아의 유원지처럼 변하지 않고 이 촌스럽도록 고지식한 풍경이 오래 지속되길 바랐다.

✳ 높은 사막에 둘러싸인 오아시스 마을, 후아카치나

아내가 옳았다. 오전 내내 내리던 비가 그치고, 이카에 들어서는 순간 해가 쨍쨍 내리쬈다. 파라카스에서 이카로 이동하는 두 시간 사이 겨울에서 여름으로 이동한 기분이었다. 뜨거운 모랫바람을 맞으며 사막을 달려 목적지인 오아시스 마을, 후아카치나에 도착했다. 거대한 사막 언덕으로 둘러싸인 와카치나 호수와 푸른 야자수, 사진으로 봤던 그대로다. 이 작은 시골 마을을 찾는 이유는 오로지 사막 투어. 우리 가족 외에도 둔 버기를 즐기러 온 여행자가 많았다. 점심 식사를 하고 반팔과 반바지로 갈아입었다. 아내는 지퍼백과 휴대폰 방수 커버도 챙겼다. 사막 모래가 미세해 전자 기기에 들어가면 망가지기 십상이란다. 가족 모두 군소리 없이 아내의 말을 따랐다.

SUV를 타고 즐겼넌 두바이와 달리 후아카치나의 사막 투어용 버기는 지붕도 문도 없는 오픈카다. 사륜구동 차량을 개조한 것인데, 투어 회사마다 개성이 뚜렷해 구경하는 재미도 컸다. 4인승부터 12인승까지 크기도 모양도 다양했다. 배정된 버기 운전기사는 나이가 지긋해 보였다. 사실 조금 실망스러웠다. 기왕이면 젊은 운전기사와 함께 최대한 다이내믹하게 즐기고 싶었다. 그러나 본격적인 사막 투어에 나서기가 무섭게 마음속으로 운전기사에게 사과했다. 그는 베테랑이었다. 일부러 낙차가 큰 길로 버기를 몰았다. 여행하면서 많은 사막을 경험했지만 그토록 다이내믹한 모래 언덕은 처음이었다. 급경사가 갑자기 나타나고 절벽에서처럼 뚝 떨어지길 반복했다. 샌드 보딩도 재밌었다. 버기를 타고 모래 언덕 위로 올라가 보드를 타고 모래 위를 달리는 건데, 워낙 언덕이 가파르다 보니 익스트림 스포츠 못지않았다. 주변을 돌아보니 낙하산을 지고 올라와 패러 글라이딩을 즐기는 사람도 보였다.

해가 지고 있었다. 오아시스 주변의 건물에 불빛이 켜지고 하늘은 푸른빛이 붉은빛을 쫓아 지평선으로 넘어가고 있었다. 정신을 차려 보니 사막 한 가운데, 거대한 자연 속에 노을에 물든 가족의 모습이 보였다. 버기 지붕에 올라 사막을 배경으로 기념사진을 찍었다. 사막에 길은 없다. 매일 만들고 또 매일 사라진다. 지도에는 표시되지 않는 오늘 우리의 길을 어떻게 기록해야 할까 고민했다. 해가 지자 다시 겨울이 찾아왔다.

많은 여행자가 나스카나 볼리비아로 향하는 것과 달리 우리 가족은 리마로 돌아왔다. 그리고 다음 날 쿠스코로 향했다. 스페인이 잉카 문명을 부수고 그 위에 세워진 유럽풍 도시. 아이러니하게도 정복자가 세운 건물은 지진으로 무너지고 잉카인들이 지은 건물은 유지되고 있다. 그렇게 잉카의 힘을 만나러 갔다.

페루 & 볼리비아 주요 관광지를 쉽고 안전하게 여행하는 방법
'Hop-On, Hop-Off'

한정된 시간에 남미의 많은 곳을 둘러보고 싶은 여행자에게 최선의 선택은 버스 투어 상품을 이용하는 것이다. 볼리비아 호프라고도 불리는 페루 호프는 페루와 볼리비아 지역의 관광지를 연계하는 투어 버스다. 페루 리마와 코스코, 볼리비아 라파즈를 기점으로 다양한 노선을 운행한다. 리마와 파라카스, 후아카치나, 나스카, 아레키파, 코스코, 푸노, 코파카바나, 라파즈 등 주요 도시에 정류장이 있으며, 각 정류장마다 원하는 만큼 머물다가 다음 버스를 탈 수 있다. 기한은 무려 1년이나 된다. 후아카치나 둔버기 투어, 파라카스 보트 투어, 푸노 갈대섬 투어, 코파카바나 태양의 섬 트레킹 등 각각의 도시에서 즐길 수 있는 투어 상품도 추가로 예약할 수 있다. 무엇보다 좋은 것은 안전하다는 점. 야간에 이동하더라도 짐을 잃어버리거나 강도를 당할 확률이 낮다. 2014년 아일랜드계 청년 2명이 설립한 페루 호프에서 볼리비아 호프로 확장됐다. 페루 호프peruhop.com와 볼리비아 호프boliviahop.com의 홈페이지에서 예약 및 결제가 가능하다. 공용 버스 터미널이 아닌 투어 버스 터미널에서 승하차하니 정류장 위치를 반드시 체크해둬야 한다. 투어 상품뿐 아니라 연계 교통수단과 숙소 예약까지, 투어 버스에서 운영하는 상품이 아니더라도 가이드에게 문의하면 친절하게 안내해준다.

페루의 오아시스 마을,
후아카치나.

가난한 자들의 갈라파고스,
바예스타 섬의 물개.

바예스타 섬 풍경.

바예스타 섬 투어 보트.

그림 같은 후아카치나 사막.

바예스타 섬.

리마 미라플로레스의 식당, 플로 아주리.

노란색 잉카 콜라.

후아카치나 사막 투어용 둔버기.

5

아드리아해 바람에 실려 온
발칸반도 이야기

여행 일지

기간 ✳ 2014년 6월 12일~25일, 13박 14일

장소 ✳ 오스트리아·슬로바키아·헝가리·크로아티아·보스니아·

몬테네그로·알바니아

이동 거리 ✳ 2,445km

Vienna, Austria ➡ Bratislava, Slovakia 55km 1'00"

Bratislava, Slovakia ➡ Budapest, Hungary 210km 4'30"

Budapest, Hungary ➡ Slavonski Brod, Croatia 330km 6'00"

Slavonski Brod, Croatia ➡ Zupana, Croatia 70km 1'45"

Zupana, Croatia ➡ Sarajevo, Bosnia 200km 5'00"

Sarajevo, Bosnia ➡ Budva, Montenegro 300km 6'00"

Budva, Montenegro ➡ Shkoder, Albania 90km 3'00"

Shkoder, Albania ➡ Budva, Montenegro 90km 2'30"

Budva, Montenegro ➡ Herceg-Novi, Montenegro 50km 2'00"

Herceg-Novi, Montenegro ➡ Brela, Croatia 240km
8'00"(Mountain road)

Brela, Croatia ➡ Split, Croatia 50km 1'30"

Split, Croatia ➡ Zagreb, Croatia 370km 6'00"

Zagreb, Croatia ➡ Graz, Austria 200km 3'30"

Graz, Austria ➡ Vienna, Austria 190km 3'45"

Eastern Europe

information

① **함께한 자동차 — 오펠 아스트라 SW**

거의 모든 해외 렌터카 사이트는 렌트할 차종을 선택하는 것이 아니라 차량 크기와 형태를 선택하도록 되어 있다. 도시가 형성된 지 오래된 유럽의 구도심은 주차 공간이 거의 없고 도로가 좁기 때문에 콤팩트 왜건을 예약했고, 흰색 오펠 아스트라 SW를 배정 받았다. 환경 문제가 대두되면서 거의 사라졌지만 2014년 당시에는 렌터카의 절반 이상이 디젤 차량이었다. 연비가 확실히 좋았다. 트렁크가 크고 뒷좌석 승차감도 나쁘지 않았다. 유럽은 한국에 비해 차량 크기가 두 단계 낮다. 아반테가 유럽에서는 대형 차량으로 분류된다.

② **렌터카 업체 — 메가 드라이브 렌터카**Mega Drive Rent Car

익스피디아를 통해 가격을 검색한 후 가장 저렴한 렌터카 업체를 통해 예약했다. EU 가입국의 국경은 자유롭게 넘나들 수 있지만, 동유럽은 제한적이다. 차량을 렌트할 때 여행하려는 나라의 출입이 가능한 차량인지 반드시 체크해야 한다. 우리 가족 역시 차량 문제로 여정에서 루마니아를 제외할 수밖에 없었다.

③ 주유

경유 차량의 경우 기름 탱크를 가득 채우면 1,200km까지 이동할 수 있다. 서울과 부산을 왕복한다고 가정했을 때 일반 휘발유 차량은 왕복이 힘들지만, 경유 차량은 2번 왕복이 가능할 정도로 연비가 좋다.

④ 주차

유럽 구시가는 차량을 가지고 이동하는 것 자체가 불편하다. 도로가 좁고 일방통행도 워낙 많기 때문에 내비게이션은 필수. 도심 호텔은 숙박비에 주차료가 포함되지 않는 경우가 많으니 자동차 여행자라면 도심 외곽에 숙소를 잡고 도심에 들어갈 때는 대중교통을 이용하는 것이 좋다. 오스트리아를 비롯한 유럽의 대도시에서는 편의점이나 담배 가게에서 주차권을 판매하니, 원하는 시간만큼의 주차권을 구입해 펜으로 사용 날짜와 시간을 적어 자동차 앞 유리에 끼워놓으면 된다.

⑤ 기타

여러 나라의 국경이 맞닿아 있는 유럽은 자동차 여행이 편하지만, 고속도로 운영 방법은 국가마다 다르다. 독일, 벨기에, 네덜란드, 영국은 이용료가 없으며 톨게이트도 없다. 한국의 고속화 도로라고 생각하면 된다. 이탈리아, 프랑스, 스페인은 한국과 비슷한 시스템이다. 톨게이트에서 티켓을 받고 톨게이트에서 요금을 정산하면 된다. 스위스, 오스트리아, 체코, 헝가리, 불가리아, 루마니아, 슬로베니아 등의 나라는 통행권인 비넷을 구입해 차량에 부착해야 한다. 국경에 가까워지면 비넷 마크가 나타나는데 휴게소에서 구입할 수 있다. 비넷은 보통 일주일권, 10일권, 1개월권, 1년권 등으로 나뉜다.

헝가리 부다 왕궁에서 본 부다페스트 도심.

✳ 슬로베니아에서 시작된 동유럽에 대한 호기심

2011년 여름 2주 동안 중부 유럽을 여행했다. 가장 좋았던 곳은 슬로베니아, 중세풍의 도시에 모던함이 더해진 예술의 도시였다. 시간이 부족해 들르지 못했던 오스트리아 국경에 인접한 호수 마을 블레드Bled에 가기 위해서라도 슬로베니아에 다시 가겠노라 결심했었다. 그때 처음 동유럽의 매력에 빠졌던 것 같다. 이전까지 미디어를 통해 접한, 상상 속에서 자라온 동유럽은 경직되고 불친절한 사회주의 국가였다. 순수하고 조심스러운 사람들의 태도가 그렇게 비춰졌던 것 같다.

그리고 2014년 여름, 본격적인 동유럽 여행에 나섰다. 오스트리아에서 시작해 슬로바키아와 헝가리, 크로아티아, 보스니아 헤르체코비나, 몬테네그로까지 내려갔다가 다시 오스트리아로 돌아오는 동선. 발칸반도를 이루는 국가들이 궁금했다. 두 차례의 세계 대전으로 국경선이 정해진 유럽의 여느 나라와 달리 발칸반도 국가들은 소련이 붕괴한 뒤에도 몇 차례 내전을 겪으며 국경선을 바꿔나갔다. 다양한 민족이 험준한 산악 지대에서 서로 섞이지 않고 살아온 탓에 민족 국가로 독립한 후에도 분열이 끊이지 않는 것. 이런 연유로 지금까지도 정치와 경제가 불안정한 나라도 있다. '과연 이 여행을 무사히 마칠 수 있을까' 고민하는 사이 오스트리아 빈 국제공항에 착륙했다. 예약해둔 렌터카를 찾아 슬로바키아의 수도 브라티슬라바 Bratislava로 향했다.

☀ 소박하고 단정한 도시, 브라티슬라바

슬로바키아는 슬라브족이 세운 나라다. 제2차 세계 대전 이후 소련군에 의해 사회주의 체제로 편입되지만, 1968년 민주화 운동인 '프라하의 봄'을 통해 체코슬로바키아 연방제를 실현했고, 1993년 다시 체코와 분리 독립하면서 공화국 시대가 열렸다.

여행을 떠나기 전, 우연히 주한 슬로바키아 대사관에서 일하는 사람을 만났다. 슬로바키아는 동유럽권에서 부유한 나라에 속한다고 그는 말했다. 상대적으로 인건비가 저렴한 동유럽은 서유럽의 제조 공장 역할을 하는데, 동유럽의 중앙에 자리하고 있는 슬로바키아에 가장 많이 모여 있다고 했다. 한국 기업도 여럿 진출해 있으니 한국 기업의 광고판도 심심찮게 만나게 될 거라고 했다.

'부유한 동유럽'이라고 굳게 믿었던 슬로바키아의 수도 브라티슬라바의 호텔에는 안타깝게도 에어컨이 없었다. 프런트에 물어보니 원한다면 선풍기를 가져다주겠노라 했다. 차라리 해가 완전히 질 때까지 호텔 밖에 있는 것이 나을 것 같았다. 저녁 식사를 할 겸 산책에 나섰다. 도나우 강을 끼고 있는 브라티슬라바는 오스트리아 빈에서 자동차로 1시간 거리다. 화려한 예술의 도시인 빈과는 달리 브라티슬라바의 첫인상은 소박하고 단정했다. 다음 날 아침 도나우 강 북쪽의 구시가로 향했다. 구시가에서는 어디에서든 구리 지붕을 모자처럼 쓰고 있는 팔각탑인 미카엘 문Michalská Brána이 보였다. 구시가에 있던 성문 중 유일하게 남아 있는 부분이라고 한다. 미카엘 문의 꼭대기에 올라가니 구시가뿐 아니라 도나우 강의 남쪽까지 브라티슬라바 전체가 한눈에 들어왔다. 탑 꼭대기에는 용을 죽이는 대천사 미카엘의 모습이 조각돼 있었다. 내부는 무기 박물관으로 사용 중이라고 한다.

탑에서 내려와 거리를 좀 더 돌아봤다. 오래된 석조 건물들 사이 곳곳에 동상이 세워져 있었다. 맨홀 뚜껑을 열고 몸을 상체만 밖으로 내민 남자, 카메라를 들고 무언가를 촬영 중인 파파라치, 벤치 뒤에서 여행자들의 말을 훔쳐 듣는 사람 등 유머러스한 사연을 가진 이들이었다. 그 동상들이 밋밋한 도시에 활기를 불어넣고 있었다.

▍tip ▉ 동유럽을 지나는 도나우 강

독일에서 시작해 흑해로 흘러가는 도나우 강은 슬로바키아 외에도 오스트리아, 헝가리, 크로아티아, 세르비아, 루마니아, 불가리아, 우크라이나 등을 지난다. 부르는 이름도 다양하다. 독일어권에서는 도나우Donau, 영어로는 다뉴브Danube라 부른다. 슬로바키아에서는 두나이Dunaj, 헝가리에서는 두나Duna, 크로아티아에서는 두나브 Dunav다.

✳ 동유럽의 파리, 부다페스트

점심을 먹고 브라티슬라바에서 출발해 저녁이 다 되어서야 헝가리 부다페스트Budapest에 도착했다. 부다페스트를 표현하는 '동유럽의 파리' '도나우 강의 진주'라는 수식어에 수긍이 갔다. 도심을 관통해 흐르는 강과 강 너머 언덕 위에 지어진 성, 이 도시에서 4박 5일을 머물기로 했다.

부다페스트는 도나우 강을 사이에 두고 부다와 페스트로 나뉜다. 언덕에 자리 잡은 부다는 왕궁과 관청이 있는 곳으로 왕족과 귀족, 지배층이 살던 곳. 지금도 고급 주택가가 형성돼 있다. 평지인 페스트는 서민들이 살던 곳이다. 시장이 있는 번화가로 부다페스트 사람들의 생활상을 엿볼 수 있다.

숙소에 짐을 푼 뒤 헝가리 음식을 먹으러 근처의 식당으로 향했다. 동유럽 국가의 음식은 서로 비슷했다. 민족 국가로 분열되기 전 하나의 국경선을 사용하기도 했고, 서로 영향을 많이 주고받아 비슷해지기도 했다고 한다. 채소 안에 고기를 넣고 고춧가루를 첨가해 만든 헝가리식 스튜인 굴라쉬 Gulasch를 주문했다. 매콤한 소스가 더해져 뒷맛이 깔끔해 한국인 입맛에도 잘 맞았다. 메뉴판을 보니 돈가스, 칠면조 요리 등 육류가 많았다.

✳ 곳곳에서 마주하게 되는 전쟁의 흔적

다음 날 아침 자동차를 타고 강을 따라 드라이브를 즐기다 부다페스트 동남쪽의 에체리 벼룩시장Ecseri Flea Market에 갔다. 평일에는 오전 8시부터 오후 4시까지 열리는데, 주말에는 오후 2시가 되면 모두 문을 닫는다고 한다. 아내가 탐낼 만한 예쁜 그릇과 중고 악기, 핸드메이드 인형, 골동품 같은 카메라 등 쓸모를 잃은 물건들이 다음 주인을 기다리고 있었다. 그런데 놀랍게도 총과 칼, 군모 등의 군수용품이 많았다. 동·서유럽이 만나는 곳에 위치했으니 두 차례의 세계 대전에서 헝가리 국토는 열강들의 전쟁터로 전락했을 테고, 피해를 고스란히 안아야 했을 것이다. 벼룩시장에서 본

군수용품은 그 슬픈 역사의 흔적이었다.

헝가리의 혼란스러웠던 역사가 궁금해졌다. 가끔 전쟁이나 사회주의에 대해 아이들에게 어떻게 설명해야 하나 고민할 때가 있다. 선과 악이란 이분법적 잣대로 나눌 수 없는 전쟁에 대해서, 사회주의 체제 아래 사람들의 삶은 어떻게 통제되었는지에 대해서. 물론 제2차 세계 대전 이후 사회주의 정권이 들어서고, 헝가리 혁명을 통해 자유를 되찾으려 했던 역사를 이해하기에 아이들은 아직 어리다. 하지만 최소한 부다페스트를 여행하면서 사회주의가 어떤 것인지는 얘기해주고 싶었다. 헝가리를 좀 더 이해할 수 있길 바라는 마음에 메멘토 공원Memento Park으로 향했다.

메멘토 공원은 헝가리의 사회주의 시대를 상징하는 유적지다. 1989년 사회주의 정권이 패망하고 동유럽권에 있던 사회주의 기념물은 거의 해체됐다. 헝가리는 나라 곳곳에 세워진, 사회주의를 상징하는 동상을 철거해 창고에 넣어두었다가 메멘토 공원이라는 야외 공원을 만들어 전시했다. 공원에는 레닌과 마르크스, 엥겔스를 비롯해 헝가리의 사회주의를 이끈 인물들의 동상들이 전시돼 있었다. 가장 인상적이었던 것은 스탈린의 신발 동상으로, 1956년 헝가리 혁명 당시 군중에 의해 파괴되고 남은 부분이다.

왜 이 공원의 이름이 메멘토일까 생각했다. 사회주의와 독재 정권을 기억하기 위한 장소가 아닌, 민주주의와 자유의 가치를 기억하기 위한 장소일

것이다. 천천히 공원을 거닐면서 아이들에게 공산주의와 민주주의, 사회

주의와 자유주의 등 국가 체제에 대해서 말해줬다. 나중에 레닌이나 스탈

린, 마르크스 등과 관련된 이야기를 듣게 된다면 부다페스트의 메멘토 공

원을 떠올리길 바라면서.

▌tip ■ 재미있는 역사 공부, 여행의 순기능

여행을 하다 보면 각국의 역사를 접하게 된다. 가끔은 어른들도 알고 있던 사실이 조

각처럼 툭툭 튀어나와 연결이 안 되는 경우가 많은데, 아이들은 얼마나 지루할까 생

각한 적이 있다. 생각을 바꾸게 된 것은 캄보디아를 여행한 후였다. 여행 전 킬링 필

드 관련 동영상을 보여주었는데 아이들은 꽤 충격을 받았다. 관련 유적군을 돌아보

면서 크메르 루주Khmer Rouge 시대의 폭군 폴 팟Pol Pot에 대해 알게 됐다. 몇 년 뒤 상

진이가 폴 팟에 대한 이야기를 꺼냈다. 세계사에서는 미미한 존재지만 아시아의 역

사에서는 결코 잊어서는 안 되는 인물, 상진이는 폴 팟을 기억하고 있었다. 그 무렵

학교에서 킬링 필드에 대해 배운 모양이다. 그 일을 계기로 역사든 자연이든 아이들

이 알아둬야 할 것이 있으면 유튜브에서 관련된 동영상을 찾아 보여주곤 한다. 역사

를 알면 사람들을 이해하기 쉽고, 사람들을 이해하면 그네들의 문화도 수월하게 읽

히기 때문이다.

✳ 왕과 귀족이 살던 부다 지구

부다페스트로 돌아와 점심을 먹고 시내 관광에 나섰다. 오스트리아 빈에서 본 슈테판 성당과 닮은 마차시 성당Mátyás Templom이 눈에 띄었다. 1269년 지어진 성당으로 후에 15세기 마차시 1세에 의해 첨탑이 증축되면서 마차시 성당이라 이름 붙였다. 특이하게도 성당은 성곽에 둘러싸여 있었다. 이 일대에는 원래 어부가 많이 살았고 자연스럽게 어시장이 형성되었다고 한다. 성벽에 둘러싸인 곳은 19세기 시민군이 왕궁을 지키고 있을 때 어부들이 강을 건너 침입하는 적을 막았던 곳으로, '어부의 요새Fisherman's Bastion'라고 불린다. 지금은 도나우 강과 어우러진 페스트 지구의 전경을 감상하는 전망대 역할을 한다.

언덕 위에 있는 부다 왕궁Budavári Palota으로 향했다. 13세기 후반에 지어진 부다 왕궁은 이후 여러 차례 이민족의 지배와 침략으로 파괴되고 재건되길 반복했다. 지금은 국립 미술관과 부다페스트 역사박물관, 헝가리 국립 근대사박물관으로 사용 중이다. 여행자가 많이 찾는 곳은 국립 미술관. 르네상스 이전의 중세부터 현대까지 헝가리 귀족 가문이 수집한 보물 같은 미술품이 전시돼 있기 때문이다. 부다 왕궁에서는 페스트 지구가 훤히 내려다보였다. 모자처럼 주황색 지붕을 쓰고 옹기종기 모여 있는 건물들, 옛

합스부르크 왕국의 땅이 그대로 남아 있는 느낌이었다.

도나우 강을 가로지르는 세체니 다리Széchenyi Lánchíd가 눈에 띄었다. 어부의 요새와 함께 부다페스트를 상징하는 랜드마크로, 최초로 건설된 부다와 페스트 지구를 잇는 다리다. 19세기 중반 유럽의 앞선 구조 역학과 교량 건설 기술을 보여주는 현수교로, 1948년 건설 당시 유럽에서 가장 긴 다리 중 하나였다. 영국의 토목공학자 아담 클라크의 작품. 다리 건설을 구상하고 추진한 정치가 이슈트반 세체니에서 이름을 따왔으며, 이 다리의 건설로 부다와 페스트가 통합할 수 있었다고 한다.

✳ 서민들의 삶을 엿볼 수 있는 페스트 지구

부다페스트 시내에서 가장 큰 재래시장인 그레이트 마켓 홀Great Market Hall로 향했다. 주말을 맞은 시장 안은 현지인과 여행자가 뒤섞여 인산인해였다. 1층에는 주로 주전부리와 식료품을 판매했고, 2층에는 그릇이나 전통 의상 같은 기념품을 판매하는 곳이 많았다. 시장 구경을 하면서 동유럽 전통 빵인 쿠루토슈 카라치Kurtos Kalacs를 사 먹었다. 긴 봉에 밀가루 반죽을 말아 숯불에서 구워낸 뒤 계핏가루나 설탕 가루를 묻혀 만든 빵으로, 빵 속에 다양한 재료를 넣어준다. 우리나라에서도 '굴뚝빵'이라는 이름으로 판매되는 것으로, 프라하에서 먹었던 트르들로Trdlo와 비슷했다. 그레이트 마켓 홀은 부다페스트 최고의 번화가인 바치 거리Vaci Street와 이어져 있었다. 서울 명동 같은 보행자 전용 쇼핑가인데, 거리 양쪽으로 고풍스러운 건물이 들어서 있고 건물 1층에는 기념품 숍과 식당, 카페들이 가득했다. 그 길에서 아트 페어가 열리고 있었다.

한참 동안 바치 거리를 거닐다가 자동차를 주차해둔 곳으로 돌아왔을 때, 바퀴에 족쇄가 채워져 있는 걸 발견했다. 분명히 상가 주차장에 주차했는데 왜! 자세히 보니 내가 차를 세운 맨 끝자리에는 주차 라인이 그려져 있지 않았다. 불법 주차를 한 셈이다. 차량에 붙어 있는 경고장에 적힌 곳으로 전화를 했고, 1시간 후에 교통 단속반이 와서 벌금을 현금으로 받아 갔다. 사실 교통 단속은 외국 차량 운전자에게 굉장히 흔한 일이다. 오스트리아에서 렌트한 차량이니 우리 차에는 그 나라의 번호판이 부착돼 있었고, 교통 단속반이 이를 모를 리 없다. 작은 것이라도 실수를 하면 표적이 되기 쉽다. 여행을 하면서 적잖게 이러한 돌발 상황에 놓이곤 한다. 외국인이라 겪는 불합리함에 화가 날 때도 있고, 가족들에게 미안해 힘이 빠질 때도 있다. 그때마다 아내는 "아이들이 여행을 통해 뜻밖의 상황에 유연하게 대처하는 법을 자연스럽게 배울 수 있을 거야"라며 위로하곤 한다. 처음에는 조금 당황했지만 한 시간 넘게 교통 단속반을 기다리며 이 또한 추억이 될

거라 여기고 웃어넘겼다. 어찌하겠는가, 이미 벌어진 일을. 아내의 긍정 에

너지가 큰 힘이 된다.

✳ 유서 깊은 세체니 온천에서 로마 귀족처럼

부다페스트는 로마 시대부터 온천으로 유명했다. 특히 오스만 투르크의

지배를 받던 시절에 온천 문화가 자리 잡았는데, 지금도 100개가 넘는 온

천이 남아 있다. 한국인들이 일본으로 온천 여행을 가듯 유럽인들은 헝가

리로 온다고 한다. 시민 공원City Park 내에 위치한 세체니 온천Szchenyi Baths

and Pool은 부다페스트에 남아 있는 온천 중 가장 큰 규모를 자랑한다. 역사

가 오래됐으니 시설도 노후됐을 거라 생각하며 세체니 온천으로 향했다.

그러나 온천의 시설은 매우 청결했다. 요금을 내면 캐리비안베이처럼 팔

찌를 채워주는데, 이 팔찌로 로커룸을 이용하거나 음식을 살 수 있다. 야외

온천이니 수영복 착용은 필수, 입구에는 수영복과 타월을 판매하는 작은

숍도 있었다.

세체니 온천은 실내 공간과 야외 공간으로 나뉜다. 실내에는 온천이라기

보다 다양한 테마의 탕이 있는 테라피 스파에 가깝다. 야외는 궁전 같았다.

네오 바로크 양식으로 지어진 고풍스러운 건물에서 온천을 하다니 귀족이

된 것 같은 착각이 들었다. 커다란 풀을 사이에 두고 주변에 비치 체어가 놓여 있는 풍경이 로마 시대의 야외 목욕탕 같은 분위기였다. 현지 사람들은 피크닉 바스켓을 가져와 일광욕을 즐기면서 종일 머물다 가는 것 같았다. 간식거리를 미리 준비하지 못한 우리는 내부의 스낵바에서 주전부리하며 저녁이 될 때까지 놀았다. 온천 어느 곳에도 함부로 버려진 쓰레기가 없었다. 공공시설 이용 매너가 굉장히 인상적이었다.

온천에서 나와 시티 공원의 한쪽에 있는 영웅 광장Hosok Tere에 들렀다. 헝가리의 독립을 위해 힘쓴 혁명가들을 기리기 위해 세운 곳이다. 36m 높이의 건국 천년 기념비 꼭대기에 대천사 미카엘의 동상이, 아래에는 일곱 개의 기마상이 놓여 있었다. 헝가리 건국 신화에 나오는 7개의 부족을 상징한다고 한다. 그 뒤로는 헝가리 역사 속 영웅 14인의 흉상이 세워져 있었다.

✳ 뜻밖의 공연, 헝가리 독립기념일

2014년 6월 16일이었다. 25년 전인 1989년 6월 16일, 소련 체제가 무너지면서 헝가리는 독립했다. 이를 기념해 저녁에 대광장에서 무료 공연이 열릴 거라고 했다. 유명 그룹 스콜피온스와 1980년대 국민 그룹 오메가의 공연이 예고돼 있었다. 바싹하게 튀긴 반죽 위에 토마토와 양파, 치즈 등을 올린 헝가리식 피자 랑고스Langos를 먹으며 공연이 시작되기를 기다렸다. 동양인은 우리 가족뿐이었다. 공연이 시작되고 신나게 노래를 따라 불렀다. TV 음악 프로그램에 아이돌만 나오는 우리나라와 달리 배 나온 할아버지들로 구성된 오메가의 공연이 인상적이었는지 아이들은 요즘도 가끔 오메가의 얘기를 묻는다. 더불어 성대한 행사의 규모를 보면서 헝가리인에게 독립이, 민주주의가, 자유가 어떤 의미인지 깊게 생각하고 헝가리 역사에 대해 다시 한번 찾아보는 계기가 됐다.

강을 따라 마지막 드라이브를 즐기며 야경을 감상했다. 그동안 보이지 않았던 로마 시대의 수로 시설이 보였고, 강을 따라 놓여 있는 전차의 선로도 보였다. 강가에는 야경을 즐기며 맥주를 마시는 여행자들로 가득했다. 메멘토 공원에서 봤던 도시의 상처가 평화롭고 아늑한 공기 아래 하루빨리 아물기를 바랐다.

부다페스트는 프라하와 비슷한 분위기였다. 그러나 관광객으로 붐비던 프라하와 달리 조용하고 평화로웠다. 무방비 상태에서 이상형을 만난 기분이랄까. 부다페스트를 떠나며 언젠가 꼭 다시 이 도시에 오자고 가족들과 약속했다.

✳ 두 번의 국경을 넘어 사라예보 가는 길

보스니아-헤르체코비나의 수도 사라예보Sarajevo까지 이동하는 날이다. 사라예보는 동유럽 여행을 준비하면서 가장 걱정했던 도시다. 최근까지 이어진 내전으로 치안이 좋지 않을까 봐 염려됐다. 국경을 넘는 것부터 제동이 걸렸다. 구글맵이 알려주는 길은 간단했다. 부다페스트에서 사라예보까지 고속도로를 따라 남쪽으로만 달리면 됐다. 헝가리와 크로아티아, 크로아티아와 보스니아-헤르체코비나의 국경을 넘는 루트였다.

헝가리에서 크로아티아로 넘어갈 때는 괜찮았다. 문제는 크로아티아의 국경 도시 슬라본스키 브로드Slavonski Brod에서 출국 심사 후 보스니아-헤르체코비나에서 입국 심사를 받는 과정에서 발생했다. 출입국 사무소의 직원은 영어를 한 마디도 못했다. '주파냐' '오라셰' 등 알아들을 수 없는 단어를 반복하며 입국을 허가하지 않았다. 어떻게 출입국 사무소에 영어를 할 줄 아는 직원이 한 명도 없을 수 있지, 이해할 수가 없었다. 답답함에 화를 내는 나를 앉혀두고 아내가 나섰다. 한국어에 보디랭귀지를 섞어 상황을 설명했다. 보스니아어로 얘기하는 출입국 사무소 직원과 한국어로 얘기하는 한국 아줌마, 신기하게도 대화가 통했다. "자동차로 국경을 넘으려면 자동차 보험이 필요한데, 이곳은 작은 국경이라 보험을 살 수 없으니 주변의 큰 국경으로 가라"는 의미를 아내가 알아챈 거다. 그 큰 국경이 바로 슬라본스키 브로드 동쪽의 도시인 주파냐Zupanja와 오라셰Orasje였다. 사람은 넘어갈 수 있는데 자동차는 보험이 없어 넘어갈 수 없는 국경이라니, 도무지 이해할 수 없었지만 방법이 없었다. 주파냐로 이동하는 수밖에. 나는 여전히 화가 난 채로, 또 잔뜩 긴장한 채로 주파냐의 출입국 사무소에 들어섰다. 그리고 너무 쉽게 국경을 통과할 수 있었다.

보스니아 땅에 들어서자마자 기름을 넣기 위해 주유소에 들렀다. 상아 또래의 아이들이 주유소 주변에서 축구를 하고 있었다. 주유하고 있는 사이, 그 아이들이 차로 다가와 구걸을 했다. 파리 뒷골목의 환풍구에서 잠든 거지는 봤지만, 또래의 아이들이 구걸하는 모습을 아이들이 본 것은 처음이었다. 우리 아이들은 적잖이 충격을 받았다. 그 장면이, 보스니아 경제를 대변해주는 것 같았다.

✳ 올림픽 개최 도시에서 난민의 도시가 되기까지

부다페스트에서 사라예보까지는 7시간 정도의 거리였는데, 국경에서 지체되는 바람에 12시간이 넘게 이동해야 했다. 거친 산악 지대가 이어져 속도를 낼 수도 없었다. 사라예보의 숙소에 도착한 것은 밤 11시가 넘어서였다. 약속한 시간에 나타나지 않자 숙소 주인은 우리 가족의 안전을 많이 걱정한 듯 보였다. 체크인을 도와주고는 그 늦은 시간에 객실까지 따라와 소매치기를 조심하라, 관광지를 벗어나지 마라, 아이들을 잘 챙기라 등 사라예보를 여행하면서 주의해야 할 사항을 알려줬다. 국경을 넘으면서부터 긴장됐던 마음이 주인아주머니의 친절에 조금 누그러졌다.

사라예보는 1984년 동계 올림픽을 개최했을 정도로 부유했던 도시다. 당시 보스니아는 크로아티아, 세르비아, 마케도니아 등으로 이뤄진 연방 국가 유고슬라비아로 묶여 있었다. 제2차 세계 대전 후 세계가 냉전주의로 양분됐을 때 유고슬라비아의 주석인 티토는 미국과 소련 어느 쪽에도 속하지 않은 독자적인 노선을 추구했다. 덕분에 공산주의 국가치고 유고슬라비아는 꽤 부유한 편에 속했다. 한때 올림픽까지 개최했을 정도로 여유롭던 도시에서 대체 왜 "주요 관광지가 아닌 곳에서는 지뢰를 조심하라"는 경고 푯말을 봐야 하는 걸까. 장시간 이동하느라 매우 피곤했음에도 낮에 주유소에서 본 아이들이 잊히질 않았다.

다음 날 아침 일찍 사라예보 시내를 둘러보기 위해 드라이브에 나섰다. 지난밤 어두워서 보지 못했던 도시의 민낯이 보였다. 보스니아는 가난했다. 내전은 마음까지 피폐하게 만들었다. 아파트 벽에는 총알 자국이 선명했고, 사람들은 그곳에서 살고 있었다. 보스니아 내전은 종교 때문에 벌어졌다. 종교가 다르다는 것은 곧 문화가 다르다는 의미다. 비잔틴 제국과 가까웠던 세르비아는 동방정교를, 이탈리아·오스트리아와 가까운 크로아티아는 가톨릭을 믿었다. 오스만 투르크의 영향을 받은 보스니아에는 이슬람으로 개종한 사람도 많았다. 히틀러와 스탈린도 두려워했다는, 강력한 통치자 티토가 사망하자 잠잠했던 유고슬라비아 연맹에 분열이 생겼다. 가장 힘이 셌던 세르비아가 먼저 균형을 깨뜨렸다. 크로아티아와 마케도니아 등 주변국이 무사히 독립하는 동안 보스니아는 전장이 됐다. 인구의 40%가 난민이 됐고, 미국의 개입으로 겨우 전쟁을 끝낼 수 있었다. 하지만 여전히 불안의 요소는 남아 있다. 구시가지에는 유서 깊은 고등학교가 있는데, 내전을 겪으며 학교를 종교에 따라 두 개로 나눴다고 한다. 반은 무슬림, 반은 가톨릭 학교다. 가톨릭 학교는 재단에서 지원을 받아 깨끗한 반면, 무슬림 학교 벽에는 총알 자국이 선명하게 남아 있었다. 가슴이 답답했다.

✳ 관광객을 위해 재건한 사라예보 구시가지

관광 스폿은 구시가지에 모여 있었다. 전쟁으로 폐허가 된 도시를 재건한 터라 구시가에는 새것이 많았다. 오스트리아와 슬로바키아, 헝가리를 여행하면서 오랜 역사를 가진 고성을 보다가 사라예보의 새 건물을 보니 그 차이가 더욱 또렷하게 보였다. 구시가지에 있는 식당에 들어가 아침 식사로 터키의 전통 빵인 뵈렉Burek과 요거트를 먹었다. 얇은 도우를 여러 겹 겹쳐 구워낸 터키식 페이스트리인 뵈렉의 속에는 감자와 치즈 등이 들어 있었다. 음식뿐이 아니다. 건축물부터 시샤(물담배), 커피 등 기호식품에도 오스만 투르크의 영향이 많이 남아 있었다. 구시가지와 연결된 재래시장 터는 내전 당시 폭탄 투하로 수십 명이 사망한 곳이고, 구시가지 뒤편의 언덕에는 내전으로 희생된 사람들의 공동묘지가 있었다. 얘기를 듣고 나니 구시가지를 환하게 비춘 볕까지 을씨년스럽게 느껴졌다.

그러나 조심하고 경계했던 것이 무색하게 사라예보 사람들은 숙소 주인 아주머니처럼 상냥하고 친절했다. 몬테네그로로 이동하면서 차 안에서 먹을 과일을 구입하기 위해 재래시장에 들렀을 때다. 과일 가게 할아버지는 우리 아이들에게 체리와 살구를 건네며 먹어보라고 권했다. 듣지도 말하지도 못하는 분이셨다. 보디랭귀지로 상아에게 '너만 한 손녀가 장사를 도왔었는데, 지금은 대학에 갔다'고 표현하셨다. 아마도 상아를 보고 타 도시에서 공부하고 있는 손녀가 생각나셨나 보다. 지금도 사라예보를 생각하면 아파트 벽에 선명하게 남아 있던 총알 자국과 그 과일 가게 할아버지가 떠오른다. 우리 가족의 안전을 걱정해주셨던 숙소 주인아주머니의 넉넉한 마음까지. 끝나지 않은 비극에 갇힌 도시를 따뜻한 인정으로 기억할 수 있어서 다행이다. 부디 그들에게도 평화가 깃들길 바란다.

✳ 사라예보에서 몬테네그로 부드바로 가는 길

보스니아 국경을 넘을 때의 해프닝 때문인지 몬테네그로 국경을 넘는 일이 은근히 신경 쓰였다. 왜 슬픈 예감은 틀리지 않을까. 주프시Zupci 국경 검문소에 도착하자 출입국 사무소 직원이 아내에게 남한에서 왔는지 북한에서 왔는지 물었다. 아내는 웃으면서 '리퍼블릭 오브 코리아Republic of Korea'라고 적혀 있다며 여권 표지를 가리켰다. 컴퓨터로 무언가를 조회하는 것 같았다. 그 무렵, 탈북한 북한 여성에게 수배령이 내려졌다고 했다. 금방 확인될 줄 알았던 것과 달리 1시간 이상 출입국 사무소에서 대기해야만 했다. 비자 면제 국가 리스트에 '사우스 코리아South Korea'는 있지만 '리퍼블릭 오브 코리아'는 없으니 본부에서 연락이 올 때까지 기다리라는 것이다. 이런 상황에 화를 내봐야 화난 사람만 손해다. 출입국 사무소 입구에서 깊게 숨을 내쉬며 마음을 가다듬고 있는데, 보초를 서던 군인이 웃으면서 손가락으로 무언가를 가리켰다. 그의 손가락 끝은 초소 벽에 붙어 있는 사진을 향해 있었다. 몬테네그로의 대표적인 관광지니 그곳에 꼭 들르라는 의미였다. 나도 웃음으로 답을 해줬다. 그렇게 한두 시간이 더 지난 후에야 입국 허가가 떨어졌다. 아이들은 만세를 불렀다.

무사히 국경을 넘어 몬테네그로로 들어서자 출입국 사무소에서의 해프닝을 깨끗이 잊을 만큼 아름다운 길이 이어졌다. 발칸반도의 '발칸'은 터키어로 산을 뜻한다고 한다. 그 이유를 알 것 같았다. 발 아래로 험준한 산과 호수가 펼쳐졌다. 부유한 나라라면 터널을 뚫거나 다리를 만들어 거리를 단축시켰을 텐데, 몬테네그로는 산등성이를 따라 구불구불한 길이 끊임없이 이어졌다. 이 길을 최대한 천천히 지나고 싶었다. 풍경이 좋은 곳에 차를 세워두고 한참씩 쉬면서 늑장을 부렸다. 여유롭게 드라이브를 즐기며 코토르Kotor 만을 지나 아드리아 해안 도시인 몬테네그로 부드바Budava에 도착했다.

이탈리아반도와 발칸반도에 둘러싸인 아드리아 해 도시의 올드 타운은 구조가 비슷했다. 크로아티아의 두브로브니크와 몬테네그로의 코토르와 부드바는 규모에 차이가 있을 뿐 성채 안에 교회가 있고 광장을 중심으로 집들이 늘어서 있는 구조는 같았다. 돌로 벽을 세우고 주황색 기와를 얹어 지붕을 만든 것까지 비슷했다. 특별한 것은 부드바의 경우 15세기부터 400년 동안 베네치아공화국의 지배를 받아 베네치아공화국의 언어를 함께 사용한다는 점. 주택의 문과 창문, 발코니에 나무로 만든 덧문이 달려 있는

데, 이 역시 베네치아공화국의 영향이라고 한다.

부드바의 올드 타운 성벽은 바다를 향해 열려 있었다. 이번 여행에서 처음으로 바다를 만난 우리는 올드 타운을 재빨리 훑어보고 해수욕을 즐겼다. 날씨도 따뜻했고, 파도가 잔잔해 물놀이 하기에도 좋았다.

✳ 여행 욕심 때문에 반복되는 실수

문제는 '여기까지 왔는데 기왕이면 저기까지 가볼까' 하는 욕심에서 시작된다. 몬테네그로까지 왔으니 알바니아 땅을 밟아보고 싶었다. 코소보 내전으로 인해 난민이 대규모 유입되면서 사회가 혼란하다는 사실을 알고 있기는 했다. 오랜만에 가족회의를 열었다. 알바니아의 치안이 불안하니 수도인 티라나Tirana까지 가지 말고, 국경 도시인 슈코더르Shkoder까지만 가서 분위기만 느끼고 오자는 데 의견이 모아졌다. 정말 알바니아의 공기만 맡고 기념품 자석만 하나 사 오려고 했다. 하지만 국경을 넘는 게 수월치 않았다. 다른 차량들은 고속도로 톨게이트를 지나듯 국경을 통과하는데, 우리 차는 세우더니 갓길에서 기다리라고 했다. 영문도 모른 채 1시간 넘게 차 안에서 대기했다. 문제를 해결해줘야 할 출입국 사무소 직원이 좀처럼 나타나지 않았다. 잠시 화장실에 다녀오겠다던 아내도 한참이 지나도록 돌아오지 않았다. 뭔가 잘못된 것 같아 아내를 찾아 나섰다. 아내는 화장실에 갇혀 있었다. 멀쩡하던 문고리가 고장 나면서 밖에서 문이 잠겨버린 거다. 소리도 못 지르고 내가 올 때까지 기다렸다고 했다. 초소로 가서 상황을 얘기했더니, 펜치를 주면서 알아서 해결하라고 했다. 아내를 구출해 차로 돌아온 후에도 한참 동안 대기했다. 어렵사리 알바니아 출입이 허가되긴 했는데, 왜 그토록 오랫동안 대기해야 했는지는 아직도 모르겠다.

국경을 넘자마자 구걸하는 아이들을 만났다. 상은이보다 어린 아이들이 관광객들을 상대로 기념품을 팔고 있었다. 여행하면서 가장 마주치고 싶지 않은 장면 중 하나다. 차 안에는 어색한 정적이 흘렀다.

✴ 무슬림의 규칙이 남아 있는 알바니아 슈코더르

슈코더르Shkoder는 알바니아를 흐르는 강 중 가장 긴 강인 드린Drin 강과 부나Bojana 강이 만나는 곳에 위치한 도시다. 두 강이 만나는 언덕 위에는 중세 베네치아공화국의 통치를 받던 시절에 지어진 것으로 추정되는 로자파성Rozafa Castle이 있는데, 그곳에서 시내를 내려다보면 부드바처럼 주황색 지붕의 집들이 빼곡하게 들어선 모습이 보인다. 슈코더르의 애칭은 알바니아의 이탈리아. 오래전 로마의 침략을 받았던 흔적이 도시 곳곳에 남아 있기 때문이다. 무슬림이 대부분인 알바니아에서 가톨릭의 영향을 가장 많이 받은 지역이기도 하다.

종교 때문일까. 알바니아는 지금까지 여행한 도시들과 분위기가 달랐다. 여행자를 제외하고 현지인 여자들을 볼 수 없었다. 부나 강 위의 오래된 다리 아래서 수영하는 아이들도 모두 남자. 가족이 아닌 남자와 여자가 한자리에 있는 것을 금하는 무슬림 규칙 때문인 듯했다. 여자가 셋인 우리 가족에게 슈코더르는 조금 위험한 도시처럼 느껴졌다. 그래서 다른 관광객들이 모두 올라가는 로자파 성에서도 차에서 내리지 않고 차창을 통해서만 도시를 구경했다. 그러고는 정말 기념품 자석만 사 가지고 부드바로 돌아왔다. 다른 여행자들의 기록에는 슈코더르는 치안이 좋은 곳이라는 얘기가 많다. 하지만 '무슬림' '차별' '여자' '종교 분쟁'과 같은 단어 앞에서 '겁보'가 되는 아빠의 마음을 논리적으로 설명하기란 쉽지 않다.

✳ 몬테네그로 코토르 만에 위치한 헤르체그노비

다음 날 아침 부드바를 떠나 코토르Kotor 만 북쪽의 해안 도시 헤르체그노비Herceg Novi로 이동했다. 몬테네그로 최고의 해변을 가지고 있는 곳이라는 말을 듣고, 해안가에 위치한 작은 아파트를 렌트했다. 숙박 앱으로 예약하면 무료 취소가 가능하고, 현지에서 숙박비를 지불할 수 있는 경우가 많다. 우리 가족처럼 자동차로 여행할 때는 대중교통으로 움직이는 경우보다 변수가 많은데, 이런 제도가 굉장히 유용하다. 헤르체그노비의 아파트 역시 현장에서 숙박비를 지불하는 방식을 택했다. 체크인을 마치자 주인 아주머니는 숙소 앞 식당을 추천해줬다. 이곳에서 묵는다고 얘기하면 할인을 해줄 거라고 덧붙였다.

숙소 주인아주머니가 추천해준 곳은 바닷가에 위치한, 'LEUT'라는 간판이 달린 동네 식당이었다. 인테리어가 심상치 않았다. 벽에는 권총과 총알이 전시돼 있었다. 신기했다. 과연 이곳에서 어떤 음식을 내줄까 궁금해하면서 바다가 보이는 테라스에 자리를 잡았다. 식당 주인은 당일 바다에서 건져 올린 식재료로 요리를 해준다고 했다. 일식의 오마카세처럼 정해진 메뉴 없이 그날그날 메뉴가 달라진다고. 소박한 요리였다. 자극적인 소스를 사용한 것도 아니고 플레이팅이 화려한 것도 아니었다. 그러나 맛은 기대 이상이었다. 아니, 동유럽에서 먹은 음식 중 최고였다. 신선한 재료 때문인지 과장 조금 보태 입안에서 바다가 펼쳐지는 기분이었다. 아내와 나는 연신 엄지손가락을 치켜세우며 식사를 했다. 허기가 가신 아이들은 식당 앞 바다에서 모래 장난을 했고, 나는 아내와 맥주를 한 잔씩 나눠 마셨다. 오랜만에 낯선 마을에서 현지인이 된 것 같은 포근함을 느꼈다. 먼 하늘에서 노을이 시작되고 있었다.

✳ 국경 도시 공포증

지도를 보면 크로아티아의 해안선은 보스니아-헤르체코비나의 국경에 의해 끊겨 있다. 아드리안 해를 따라 스플리트까지 가려면 국경을 세 번 넘어야 한다는 의미다. 이번 여행에서 돌발 상황은 모두 국경을 넘다가 발생했다. 목적지는 두브로브니크가 아닌 스플리트Split. 해안 도로를 따라 달리다가 마음에 드는 해변이 나타나면 그곳에서 쉴 계획이었다. 한 번이라도 국경을 덜 지나는 길을 선택해 이리노 브르도Ilino Brdo의 국경을 넘기로 결정했다. 구불구불한 산악 지대를 지나가는 길이지만, 국경을 세 번 넘는 것보다는 나을 것 같았다.

다음 날 아침, 바짝 긴장한 채로 차를 몰았다. 무사히 몬테네그로를 빠져나와 보스니아-헤르체코비나의 국경 클로부크Klobuk 입국 사무소에 도달했고, 다시 문제가 발생했다. 이번에도 자동차 보험이 원인이었다. 며칠 전에 보스니아-헤르체코비나에 입국할 때 국경 도시인 주파나에서 자동차 보험을 샀다고 했지만, 말이 통하지 않았다. 무조건 새 보험을 사야 한다는 말만 반복했다. 결국 보험 설계사가 오기를 기다려 자그마치 일주일치의 자동차 보험을 사야만 했다. 언짢은 마음으로 운전을 하는데, 생각보다 길이 너무 험했다. 산길이 이어지더니 비포장도로가 나타났고, 단일 차선으로 좁아졌다. 까마득한 낭떠러지를 옆에 끼고 크로아티아의 해변까지 한참을 달렸다.

✳ 우리가 발견한 크로아티아의 보석, 브렐라

스플리트 남쪽의 브렐라Brela는 바스카 보다Baska Voda, 마카르스카Makarska, 포드고라Podgora 등의 마을과 함께 스베티 유레Sveti Jure 산자락 북쪽에 자리 잡은 마을이다. 지금도 브렐라에 진입하던 그 순간을 잊지 못한다. 보스니아-헤르체코비나를 빠져나와 험한 산악 지대를 넘어오느라 진이 빠진 상태였지만, 날씨는 쾌청했다. 바닷가에 이르자 바위 섬 위에 홀로 서 있는 소나무가 시선을 사로잡았다. 물은 맑아서 볕이 바닥까지 닿을 것 같았다. 속도를 줄이고 창문을 열었다. 자갈 사이로 물 빠지는 소리, 파도와 함께 밀려왔다. 물러나는 돌 구르는 소리가 잔잔하게 들렸다. 길가에 차를 세우고 수영복으로 갈아입은 다음 그 바다에서 해수욕을 즐겼다. 먼 바다에 떠 있는 섬들이 큰 파도를 막아줘서인지 바다도 잔잔했다. 작은 휴양 도시인 브렐라에는 유명한 호텔 체인이 없었다. 대신 민박을 겸하는 집마다 '방 있음' 팻말이 붙어 있었다. 조금 사치를 부리고 싶었다. 마을 어귀에 세워진, 가장 좋아 보이는 호텔을 선택해 체크인 했다.

▌tip ▋ 언제든 계획을 바꿀 수 있는 자동차 여행의 묘미

크로아티아부터 알바니아까지, 아드리아 해에 맞닿아 있는 발칸반도의 서쪽은 해안선을 따라 도로가 잘 정비돼 있었다. 한쪽에는 바다가, 한쪽에는 험준한 산악 지대가 펼쳐지는 최고의 드라이브 코스다. 특히 남북으로 긴 영토를 가진 크로아티아는 해안선을 따라 보석 같은 휴양 도시가 끊임없이 이어진다. 자동차 여행을 한다면 목적지를 정해두지 말고 드라이브를 즐기다가 마음에 드는 해변이 나타나면 그곳에서 쉬어 가길 바란다. 꼭 스플리트나 두브로브니크처럼 잘 알려진 도시가 아니더라도 충분히 매력적이니까.

브렐라 해변의 여행사나 호텔 로비에서는 다양한 여행 상품을 판매하고 있었다. 배를 타고 흐바르 섬과 브라크 섬을 돌아보는 선상 투어와 비오코보 자연 공원Biokovo Nature Park 선셋 트레킹 등을 즐기는 이가 많았다. 우리는 다른 액티비티를 즐기기보다 해변에서 더 많은 시간을 보내기로 했다. 두브로브니크, 스플리트 등 크로아티아에는 화려한 리조트가 있는 유명한 해변이 많다. 그러나 우리 가족이 가장 사랑하는 해변은 브렐라다. 우리는 강아지 세 마리와 고양이 한 마리를 기르는데, 우리가 사랑하는 해변의 이름을 그 아이들의 이름으로 붙여줬다. 동유럽 여행 후 처음 입양한 강아지의 이름은 브렐라, 브렐라가 낳은 2마리의 강아지는 하와이 오아후 섬의 라니카이Lanikai 비치 이름을 따 라니와 카이로 지었다. 고양이는 마호, 세인트 마틴 섬의 비치 이름이다. 브렐라는 반려동물에게 해변 이름을 지어주는 우리 가족만의 전통이 시작된 곳이라 더욱 의미가 크다.

＊ 자그레브 반엘라치치 광장에서 월드컵 응원전

아드리아 해를 좀 더 오래 보고 싶어 스플리트까지 드라이브를 즐긴 후 크로아티아의 수도인 자그레브Zagreb로 이동했다. 자그레브는 밋밋했다. 스플리트처럼 청량하지도, 두브로브니크처럼 고상하지도 않았다. 구시가의 반엘라치치 광장Ban Jelacic Square을 중심으로 자그레브 대성당Zagreb Cathedral, 돌라체 시장Dolac Market, 성마르코 성당St. Mark Church 등의 볼거리가 모여 있지만 이웃한 헝가리의 수도 부다페스트나 오스트리아의 수도 빈을 여행한 우리에게는 조금 '밍숭맹숭'하게 느껴졌다. 다만 자그레브 대성당은 꽤 인상적이었다. 오스트리아, 헝가리, 세르비아를 연결하는 교통의 요지인 이 도시가 얼마나 부침이 많았는가를 보여주듯 외벽이 단단했다. 재래시장인 돌라체 시장도 둘러봤다. 동유럽 구시가의 주황색 지붕을 연상시키는 빨간 파라솔 아래서 과일과 채소, 꽃 등을 팔고 있었다.

숙소 체크인을 하면서 주인 할아버지와 한참 동안 대화를 나눴다. 화제는 여행. 민간 항공사 파일럿으로 퇴직하셨다는 할아버지 역시 여행을 좋아했다. 여행담을 몇 마디 주고받고 나서 할아버지는 반엘라치치 광장 주변의 음식점에서 저녁을 먹고, 광장 주변을 돌아볼 것을 추천해줬다. 월드컵 거리 응원전이 열릴 예정이니 축구를 좋아하지 않더라도 그 분위기를 느껴보라고 귀띔하면서.

2014년 6월 22일, 한국과 알제리의 브라질월드컵 조별 예선 2차전이 열리는 날이었다. 크로아티아는 1998년 프랑스월드컵에 처음 출전해 3위를 차지하며 전 세계 축구 팬을 놀라게 했던, 명실상부한 축구 강국이다. 주인 할아버지의 아바타처럼 권해준 식당에서 밥을 먹고, 시가지를 거닐다 반엘라치치 광장으로 돌아왔다. 광장에는 대형 스크린이 설치돼 있었다. 스크린 앞에는 이주 노동자로 보이는 알제리 사람이 많았다. 배낭여행 중인 듯한 한국인 청년도 두어 명 있었다. 놀랍게도 태극기를 들고 한국 팀을 응원하는 터키인 무리도 있었다. 목이 터져라 응원했지만 한국이 패했다. 경기에서 이겼다면 더 좋은 추억이 됐을 텐데.

✳ 유럽 최고의 문화 도시, 오스트리아 그라츠

다음 날 아침 슬로베니아 국경을 지나 오스트리아 그라츠Graz까지 이동했다. 그라츠는 빈에 이어 오스트리아에서 두 번째로 큰 도시이자 중부 유럽에서 가장 잘 보존된 구시가가 있는 곳이다. 이 도시에서 가장 유명한 것은 슬로스베르크Schloßberg의 시계탑이다. 1560년 세워진 것으로, 특이하게 긴 바늘이 시침, 짧은 바늘이 분침 역할을 한다. 멀리서도 시간을 확인할 수 있도록 제작된 거라고 한다. 시계탑은 훌륭한 전망대이기도 하다. 주황색 지붕의 구시가는 물론이고 강 건너의 쿤스트하우스, 무어 인셀 등의 랜드마크까지 모두 내려다보였다.

쿤스트하우스 그라츠Kunsthaus Graz는 그라츠가 2003년 유럽 문화 도시로 선정된 것을 기념해 오픈한 현대 미술관이다. 1960년대 이후의 작품을 전시하는데, 전시 작품보다 건물 자체가 더 화제였다. 미래에서 외계인이 타고 온 우주선처럼 생겼기 때문이다. 별명도 '친근한 외계인'. 영국의 건축가 피터 쿡Peter Cook과 콜린 푸르니에Colin Fournier가 설계한 작품이다. 특이하게도 쿤스트하우스 그라츠는 소장품이 없다고 한다. 현대 미술의 실험장으로 자유롭게 운영되는 것. 슬로스베르크의 시계탑에서 내려다보면 미래에서 온 것 같은 이 '친근한 외계인'이 16세기의 시계탑과 교신하는 것처럼 느껴지기도 한다.

그라츠가 문화 도시로 선정된 것을 기념하기 위해 세운 것은 현대 미술관 뿐만이 아니다. 2003년 무어 강에 인공 섬, 무어 인셀Mur Insel도 띄웠다. 미국 건축가 비토 아콘치Vito Acconci의 작품으로, 강 양쪽에서 다리로 이어져 있어 위에서 보면 두 지역이 악수하는 것처럼 보인다. 실제로 그라츠는 강을 기준으로 상류층과 서민층이 나뉜다고 한다. 이 인공 섬에 계층 간 화해의 메시지가 담긴 것이다. 구시가지를 산책하다 무어 강변의 산책로로 내려와 철골과 유리로 만들어진 무어 인셀 내부의 카페 바닥에 누워 아이스크림을 먹었다.

＊ 오스트리아 빈에서 찾은 모차르트와 시시의 초콜릿

그라츠를 떠나 빈에 도착했을 때는 해가 진 후였다. 오페라하우스 주차장에 차를 주차하고 메인 로드를 따라 걸어서 시내를 한 바퀴 돌았다. 빈에서는 어디를 가도 두 사람의 흔적과 마주쳤다. 음악 천재 볼프강 아마데우스 모차르트와 오스트리아-헝가리 제국의 황후 시시. 모차르트는 쇤브룬 궁전에서 데뷔했고, 슈테판 대성당에서 결혼했다. 오페라 극장은 그의 주 활동 무대. 지금도 호프부르크 궁전과 오페라하우스 사이의 정원에 모차르트의 동상이 세워져 있다. 시시는 합스부르크 왕국의 황제 프란츠 요제프 1세의 황후였다. 언니의 결혼식에 참석했다가 언니가 아닌 자신에게 반한 황제와 결혼한 불운한 여인으로 뮤지컬 <엘리자벳>의 실제 주인공이기도 하다. 쇤브룬 궁전은 시시가 결혼 후 살던 곳이고, 호프부르크 궁전에서도 머물렀다. 기념품 숍에 들러 모차르트와 시시의 얼굴이 새겨진 초콜릿을 샀다. 머그컵, 기념품 자석, 열쇠고리에도 그들의 얼굴이 새겨져 있었다.

다음 날은 자동차를 타고 도시 외곽으로 드라이브를 다녔다. 트립 어드바이저로 맛집을 검색해 밥을 먹고, 마음에 드는 노천카페에 앉아 차를 마셨다. 그렇게 모험과도 같았던 여행도 끝이 났다. 상대적으로 무지했던 동유럽의 현대사를 알게 된 계기가 된 여행이었다. 여행하면서 반복됐던 단어, 종교와 민족, 분열과 전쟁, 가난의 의미에 대해 아이들에게 설명하면서 비극의 시작은 '차별'이 아닐까 생각했다. 나와 다른 것을 두려워하고, 외면하다 배척하고, 무리를 형성해 나를 지키기 위해 남을 해하는 것. 이 비극의 역사가 동유럽뿐 아니라 전 세계에서 다른 형태로 반복되고 있는 것 같다.

부다페스트 에체리 벼룩시장.

헝가리 메멘토 파크의 조각상.

몬테네그로 해안 도로에서 바라본 풍경.

크로아티아 브렐라 해변.

몬테네그로 브드바 올드 타운의 성화.

부다페스트 에체리 벼룩시장.

부다페스트 세체니 온천.

크로아티아 브렐라 해변.

몬테네그로 브드바 올드 타운.

몬테네그로 브드바 해변.

6

세계의 끝
알래스카 빙하 투어

여행 일지

기간 ✳ 2016년 7월 10일~16일, 6박 7일

장소 ✳ 미국 알래스카

이동 거리 ✳ 700km

Anchorage ➡ Talkeetna 185km 2'30"

Talkeetna ➡ Seward 385km 4'30"

Seward ➡ Anchorage 200km 2'00"

Alaska

알래스카

a. 앵커리지 국제공항 ➡ **b.** 탈키트나 ➡ **c.** 수어드 ➡ **d.** 앵커리지 국제공항

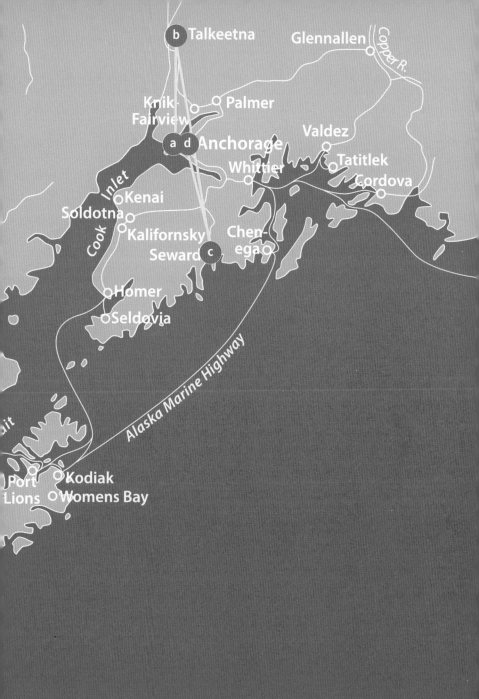

① 함께한 자동차 — 포드 토러스 왜건

자동차를 좋아하는 사람이라면 소재가 싸구려다, 마감이 후지다 등등 미국 자동차에 대한 선입견을 가지고 있을 것이다. 포드는 미국의 자동차 회사 중 가장 먼저 소비자의 목소리에 귀를 기울인 회사다. 부도 직전까지 갔던 위기를 품질 향상으로 극복하려 한 것. 덕분에 내구성이 좋아지고, 디자인도 유럽의 것 못지않게 세련되게 변했다. 운전하는 맛은 떨어졌지만 장거리 이동이 별로 없었기 때문에 큰 불편함은 없었다.

② 렌터카 업체 — 알라모 렌터카 alamo.com

알래스카 내에서만 이동할 계획이기 때문에 지역 업체를 이용하려 했지만, 미국 초기의 서부 개척 시대를 방불케 할 정도로 무법천지라는 정보를 입수하고 믿을 만한 업체를 선택했다.

③ **주유**

워낙 광활한 지역이기 때문에 앵커리지를 제외한 지역에서는 주유소를 찾기 힘들다. 마을이 나타나면 무조건 주유해 계기판의 주유 바늘이 절반 이하로 내려가지 않도록 주의하자.

④ **주차**

알래스카 여행의 성수기로 분류되는 여름에 여행했지만, 교통량 자체가 많지 않았다. 별도의 주차장이 있는 것이 아니니 방문하려는 상점이나 레스토랑 앞에 주차해도 무방하다.

⑤ **기타**

미국의 관리 시스템이 통하지 않는 땅 중 하나다. 가장 고통스러운 것은 음주운전이 암묵적으로 허용된다는 것. 안전거리를 반드시 확보해 방어 운전할 것을 권한다.

알래스카 탈키트나 경비행기 빙하 투어.

✳ 가장 낯선 미국, 알래스카

글자 사이사이에 살얼음이 끼어 있는 것 같은 알래스카는 상상했던 것보다 춥고 황량했다. 원래 러시아 영토였는데 그 가치를 알지 못한 러시아가 1867년 미국에 헐값에 팔아버렸다. 그 때문일까. 알래스카에는 러시아 특유의 삭막한 문화가 남아 있는 듯했다. 미국 영토 전체의 5분의 1을 차지하는 광활한 면적에 인구는 겨우 50만 명 남짓, 그나마도 앵커리지에만 30만 명이 모여 산다고 하니 알래스카는 어딜 가든 사람 구경하는 게 쉽지 않다.

재미있는 것은 알래스카에서는 이곳에 사는 것만으로 배당을 받는다는 거다. 예산이 풍부한 알래스카 주 정부에서 세금을 거두는 대신 주민들에게 생활비를 지급하는 것. 세금으로 용돈까지 주면서 주민들을 잡지만 버티지 못하고 이탈하는 사람이 많다고 한다. 그 사실만으로도 이곳의 겨울이 얼마나 길고 가혹할지 짐작이 된다.

알래스카에는 젊은 인구가 많다. 따뜻한 여름에 돌아와 일을 하고 가을 무렵 미국 본토로 돌아간다. 어업과 유전 관련 산업, 관광업이 발달한 알래스카는 젊은이들이 단기 아르바이트를 하고 목돈을 벌기 좋은 곳이다. 마약과 술이 흔한 것도 그 때문일 것이다. 새벽까지 많은 바가 영업을 하고, 이른 아침까지 취객들이 거리를 돌아다니는 것을 어렵지 않게 볼 수 있었다. 현지인들에게 여행 정보를 얻고 친구가 되는 것이 여행의 기쁨 중 하나인데, 어쩐지 이곳에서는 행동이 조심스러웠다.

알래스카 여행은 보통 앵커리지에서 시작하고 마무리된다. 앵커리지 공항에서 차량을 렌트해 시내로 들어갔다. 앵커리지는 알래스카에서 가장 번화한 곳임에도 불구하고 골드러시 시대 미국 서부의 무법 지대를 연상케했다. 미국 본토에 비해 물가도 비싼 편이었다. 석유 관련 사업이 아닌 이상 공업이 발달하지 않은 탓에 거의 모든 물자를 본토에서 가져와야 하기 때문이란다. 사방으로 열린 것처럼 보이지만 실제는 고립된 땅에 그들만의 방식이 있음을 느끼며 여행이 시작됐다.

＊ 디날리 빙하 투어의 전진 기지, 탈키트나

앵커리지에서 자동차로 2시간, 탈키트나Talkeetna에 도착했다. 디날리 국립 공원에 인접한 작은 마을로, 북미 최고봉인 맥킨리를 등반하는 산악인들에게 베이스캠프 같은 곳이다. 우리 가족이 탈키트나로 온 이유는 단 하나, 경비행기 빙하 투어를 위해서다. 알래스카는 미국의 모든 주 중 항공기 보유 대수가 가장 많은 곳이다. 탈키트나 외에도 경비행기 투어를 할 수 있는 곳이 있지만, 이곳 파일럿의 비행 실력이 가장 좋다는 얘기를 듣고는 망설임 없이 결정했다. 탈키트나 파일럿은 산악인들의 이동을 돕기도 하고 사고 시 구조 작업에 동원되기도 한다.

탈키트나에는 마을을 관통하는 메인 도로가 있고, 길 양쪽에 기념품 숍과 식당, 여행사가 줄지어 있었다. 여행사에서는 경비행기 투어 외에도 집라인, 하이킹, 빙하 래프팅, 버스 투어 등 다양한 액티비티 프로그램을 판매했다. 그런데 신호등이 없고, 경찰과 경찰서도 없다. 마을에 들어서자마자 카우보이 시대의 미국 서부를 떠올렸던 것도 이 때문이었다.

숙소에 체크인을 하고 순찰하듯 메인 도로를 따라 천천히 걷고 있는데, 아이스크림 가게가 눈에 띄었다. 여름이면 알래스카 전역에는 들꽃인 파이어위드Fireweed가 만개한다. 알래스카에서만 서식하는데, 그 꽃으로 만든 아이스크림을 판매한다고 했다.

마을로 돌아와 여행사에 들어갔다. 빙하가 녹은 물에서 래프팅을 할 수 있다는 말에 가족 모두 물놀이 복장을 갖춘 후였다. 위도가 높은 알래스카는 여름이면 백야 현상이 나타난다. 탈키트나도 밤 10시가 넘어서 해가 졌다.
아주 길게 하루를 쓴 기분이 들었다.

▌tip ▌ 맥킨리Mckinley가 디날리Denali라고?

알래스카의 백미, 6,194m의 북미 최고봉 디날리의 옛날 이름은 맥킨리다. 1917년
미국의 맥킨리 대통령을 기념하고자 붙여진 이름인데, 2015년 오바마 대통령이 원
주민들의 이름인 디날리로 되돌려놨다. 북극권에 가까운 기후인 디날리를 등정하는
것은 해발 8,000m의 히말라야 에베레스트 못지않게 어렵다. 이 때문에 수많은 산악
인이 이 산을 오르다 목숨을 잃었다. 고상돈 씨도 1979년 디날리 등정 후 하산 중 추
락사했고, 일본 산악인 우에무라 나오미도 1984년 하산 중에 실종됐다.

✳ 빨간 경비행기 타고 빙하 위에 안착

마을에서 멀지 않은 곳에 위치한 공항Talkeetna State Airport은 경비행기 투어
가 시작되는 곳이다. 경비행기 투어는 프로그램에 따라 가격과 소요 시간
이 다르다. 대표적인 프로그램은 경비행기를 타고 하늘에서 디날리 국립
공원을 돌아보는 것과 빙하 위에 착륙해 빙하 위를 걷는 것. 우리는 착륙이
포함된 투어를 선택했다. 체중을 재고 간단한 안전 교육을 받은 후 비행기
에 탑승했다. 하늘에서 바라본 디날리 국립 공원은 신비로웠다. 푸른 숲과

거대한 산맥을 감고 흐르는 옥빛 강, 만년설로 모자를 쓴 민둥산까지 다시 한번 대자연의 위대함에 감탄했다. 빙하는 '얼음이 흐르는 강'이라고 할 수 있다. 하늘에서 보니 얼음덩어리가 기둥 모양으로 쪼개져 이동하는 모습이 그려졌다.

그렇게 40분을 날아 드디어 빙하 위에 착륙했다. 운이 좋았다. 빙하에 착륙하는 프로그램을 신청하더라도 기상에 따라 체험하지 못하는 경우가 많다고 한다. 빙하 곳곳에서 터키블루색의 웅덩이를 볼 수 있었는데, 이는 내가 가장 좋아하는 색이기도 하다. 속살을 드러낸 주변 산맥도 과거에는 빙하로 덮여 있었다고 생각하니 대자연의 신비로움에 말문이 막혔다. 탈키트나는 래프팅을 할 정도로 더운데, 빙하 위는 온몸이 덜덜 떨릴 정도로 추웠다. 찬 공기를 한꺼번에 들이켜면 폐가 얼어 죽을 수도 있으니 추운 고지대에 가면 절대 뛰지 말라던 말이 생각났다. 아이들에게 호흡을 크게 하지 말라고 주의를 줬다. 빙하 위에서 머무른 시간은 15~20분 정도. 여행자들은 빙하를 배경으로 기념사진을 찍느라 바빴다. 파란 하늘과 시린 빙하, 그 위에 빨간 비행기. 우리 가족도 그곳에서 커다랗게 인화해 걸어두고 싶을 정도로 만족스러운 인생 사진을 건졌다.

경비행기를 타고 빙하를 보러 가는 것은 우리 가족의 버킷 리스트 중 하나였다. 모두 숨죽여 고대한 순간이기 때문인지 놀 거리와 볼거리가 풍부하지 않은 탈키트나까지 오는 동안 누구도 불만을 말하지 않았다. 여전히 들뜬 마음으로 빙하 체험에서 돌아와서 식사를 하며 지구 온난화에 대해 이야기했다. 아이들이 환경 운동가가 되길 기대하는 게 아니다. 자신이 좋아하는 동물과 자연을 지키기 위해 하지 말아야 할 것들을 이야기하다 보면 스스로 어떤 행동을 해야 하는지 알게 된다. 지시나 명령보다 자각은 힘이 강하다.

✳ 걸어서 빙하까지, 엑시트 글래시어

앵커리지에서 남쪽으로 2시간을 달려 고요한 항구 도시 수어드Seward로 향했다. 여름이면 키나이 피오르를 따라 빙하 크루즈를 즐기려는 여행자들로 북적이는 곳이다. 수어드의 다운타운 풍경은 동화 같았다. 절벽과 강 사이에 긴 나무 다리를 놓았는데, 그 다리 위에 목조 건물이 빽빽하게 들어서 있었다.

빙하를 보려면 대부분 배를 타고 바다로 나가야 하지만, 수어드는 산악 지대에 빙하가 형성돼 있어 걸어서 갈 수 있다. 케나이 피오르 국립 공원Kenai Fjords Nation Park에 속해 있는 '엑시트 글래시어Exit Glacier'는 수어드 시내에서 자동차로 20분 거리에 있었다. 숲을 따라 조성된 트레일을 따라 가다

보니 방문자 센터인 '엑시트 글래시어 네이처 센터'가 나왔다. 엑시트 글래시어의 과거 모습을 전시할 뿐 아니라, 빙하와 관련된 다양한 체험을 할 수 있어 아이들은 물론이고 어른들에게도 인기가 좋은 곳이다. 그곳에서 엑시트 글래시어까지는 경사가 급하지 않아 별도의 장비 없이 어린이도 걸어갈 수 있다.

엑시트 글래시어 네이처 센터를 지나니 길가에 숫자가 적힌 표지판이 연이어 등장했다. 숫자가 의미하는 것은 연도, 표지판이 꽂힌 자리까지 해당 연도에 빙하가 있었다는 의미다. 얼마나 빠르게 빙하가 녹고 있는지 확인하며, 또 가슴 아파하며 빙하까지 걸어갔다. 그렇게 2시간 동안 하이킹을 하면서 주변을 관찰했다. 빙하가 녹은 물은 낮은 곳으로 흐르고, 계곡이 시작됐다. 물은 생명을 잉태하고 길러낸다. 계곡 주변으로 풀과 나무가 자라면서 숲이 형성되고 있었다. 이 숲은 다시 다양한 동물의 안식처가 될 것이다. 엑시트 글래시어는 계곡 위쪽으로 다른 빙하와 연결된다고 한다. 빙하 위를 걸을 수 있다는 말에 찾아간 곳에서 빙하의 생명이 끝난 곳에서 시작되는 새로운 생태계에 대한 이야기와 지구 온난화, 기후 변화에 대한 이야기를 나눴다.

수어드는 야생 동물의 천국이다. 배를 타고 먼바다로 나가지 않더라도 부둣가에서 해달이나 바다사자 같은 동물을 어렵지 않게 만날 수 있다. 때문에 우리 부부는 굳이 인위적인 공간을 방문할 필요가 없다고 생각했다. 그러나 '알래스카 시 라이프Alaska Sea Life'를 방문한 아이들은 허름한 외관과 달리 꽤 매력적인 공간이었노라 얘기했다. 케나이 피오르 국립 공원에 살고 있는 바다 생물을 전시한 아쿠아리움인데, 해양 생물 교육·연구 기관 역할도 한다고. 내부에 바다 생물 보호 센터를 두어 다친 동물을 치료하고 재활해 야생으로 돌려보내기도 한단다. 어린 동물이 치료 받는 모습을 보고 아이들이 꽤나 좋아했다.

✳︎ 알래스카에서 만난 세 가지 색 빙하

수어드는 친구가 사는 곳이기도 하다. 그를 처음 만난 것은 오래전 하와이 여행 때였다. 큰 배를 소유한 그는 알래스카 연안에서 연어와 대게 등의 수산물을 잡아 아시아로 수출하고 있노라고 자신을 소개했다. 수산물이 나지 않는 하와이도 주요 수출 지역 중 하나라고 했다. 하와이에 어부가 없다는 사실을 깨닫기 전이라 그의 얘기가 꽤나 흥미로웠고, 우리는 이내 친구가 됐다. 당시 나는 대화가 잘 통하는 여행자였던 그에게 가이드처럼 하와이 맛집 몇 군데를 소개해준 일이 있다. 나의 추천지가 만족스러웠는지 그는 알래스카를 여행한다면 반드시 수어드에도 들르라고 얘기하곤 했다.

알래스카에 머무는 동안 우리 가족은 하늘과 바다, 빙하가 만들어낸, 밀도가 다른 푸른색에 취해 있었다. 앵커리지에서 시작해 디날리 국립 공원과 케나이 피오르 국립 공원에 이르는 길은 아이들에게 빙하가 무엇인지 보여주고 지구 온난화에 대해 얘기할 수 있는 좋은 코스였다. 그곳에서 우리는 다양한 빙하를 만났다. 빙하는 거대하고 아름다웠다. 빙하가 녹아 부서질 때 냈던 굉음은 시각으로만 기억될 빙하에 대한 추억을 청각적으로도 강렬하게 남겨줬다. 디날리 국립 공원에서는 꿈을 꾸는 것 같았다. 비행기를 타고 산꼭대기 빙하에 착륙해 세상이 하얗고 파란 두 가지 색으로 나뉘는 경험을 했다. 엑시트 글래시어 트레킹은 교육적이었다. 지구 온난화에 대한 이야기를 나누면서 어른들도 깊은 반성을 했으니까. 어쩌면 우리 가족은 더 이상 빙하를 찾아 여행을 떠나는 일은 없을지도 모른다. 하지만 지구 온난화라는 문제와 마주하게 되면 빙하를 떠올리며 행동을 스스로 검열하게 될 것 같다.

알래스카 스캐그웨이의 화이트패스 열차.

알래스카 빙하의 숨 막히게 아름다운 풍경.

알래스카 지천에 핀 들꽃,
파이어위드.

알래스카 캐치칸.

알래스카 캐치칸 마을 풍경.

박제 북극곰 앞에서.

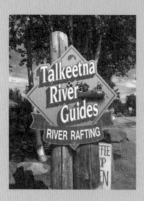

틸키트나 래프팅 안내 표시판.

디날리 중턱의 빙하 위에서.

스캐그웨이 화이트패스를 타고 가면
보이는 국경 표시.

7

꿈 같은 남아프리카
크리스마스 다이어리

여행 일지

기간 ✳ 2016년 12월 19일~27일, 8박 9일

장소 ✳ 남아프리카공화국, 모잠비크, 스와질란드

이동 거리 ✳ 2,450km

Johannesburg ➡ Hazyview 390km 5'00"

Kruger National Park 140km 8'00"

Hazyview ➡ Timbavati 110km 1'45"

Timbavati ➡ Hoedspruit 65km 1'00"

Hoedspruit ➡ Marloth Park 255km 4'00"

Marloth Park ➡ Nelspruit 110km 1'45"

Nelspruit ➡ Maputo, Mozambique 220km 13'30"

Maputo ➡ Nelspruit 220km 4'00"

Nelspruit ➡ Lobamba, Swaziland 350km+190km 7'30"+3'15"

Lobamba ➡ Johannesburg 400km 4'30"

South Africa

남아프리카

a. 요하네스버그 국제공항 ➡ **b.** 헤이지뷰 ➡ **c.** 팀바바티 자연 보호 구역 ➡

d. 후드스프루트 멸종 위기종 센터 ➡ **e.** 마로스 공원 ➡ **f.** 넬스푸르트 공항 ➡

g. 모잠비크, 마푸토 ➡ **h.** 넬스푸르트 공항 ➡ **i.** 에스와티니, 스와티니

(2018년에 스와질란드에서 에스와티니로 국호 변경) ➡ **j.** 제피스 리프 ➡

k. 에스와티니, 롬밤바 ➡ **l.** 요하네스버그

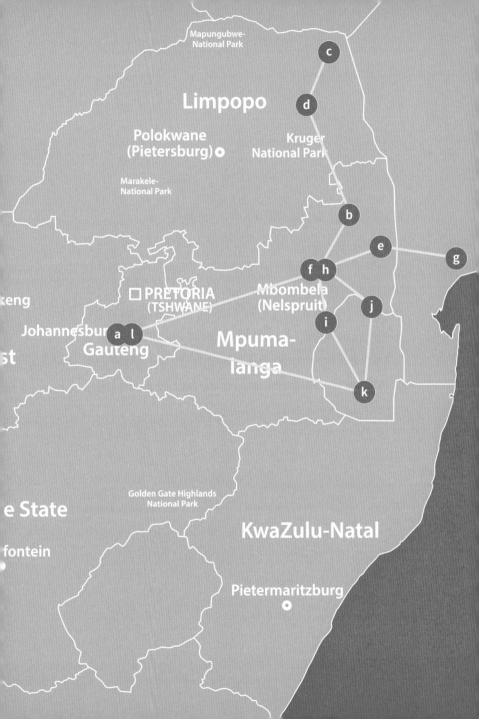

① **함께한 자동차 — 도요타 코롤라 & 폭스바겐 폴로**

이동 거리가 긴 데다가 편의 시설이 적은 지역을 여행할 계획이었으므로 적어
도 3~4일치의 물과 비상식량을 싣고 다녀야 했다. 차량 크기는 우리나라의 아
반테와 비슷하지만, 트렁크가 넓은 도요타의 코롤라를 택했다. 코롤라는 잔고
장이 없는 차량으로 유명하다. 남아프리카 지역의 여행 인프라가 좋지 못함을
감안한 것이었다. 모잠비크로 넘어갈 때는 가장 작고 저렴한 폭스바겐의 폴로
를 택했다. 짐을 차량 트렁크에 넣어둔 뒤 최소한의 짐만 꾸려 이동했다. 크리
스마스를 맞아 고속도로 통행량이 많아 수동 기어 차량을 운전하느라 팔에 근
육이 생길 정도였지만, 나쁘지 않은 선택이었다.

② **렌터카 업체**
   — 에이비스 렌터카 avis.com & 허츠 hertz.com

남아프리카는 여행 인프라가 좋지 못할 것이라고 판단, 익스피디아를 통해 가
격을 비교한 후 글로벌 브랜드의 차량을 렌트했다. 사고가 발생하거나 차량에
문제가 생기면 즉시 교체해주기 때문에 비용을 조금 더 지불하더라도 서비스가
좋은 글로벌 브랜드를 선택하는 것이 좋다.

③ 주유

남아프리카공화국의 교통 인프라는 영국의 식민 통치 시절에 영국식으로 설계된 것들이 지금까지 유지되고 있다. 고속도로 휴게소와 주유소 시설이 잘 갖춰져 있다. 물론 인건비가 저렴하기 때문에 거의 모든 주유소에서 풀 서비스를 제공한다. 백미러와 창문을 닦아주고 휴지통도 비워줬다.

④ 주차

남아프리카를 여행하면서 주차 때문에 골치 아팠던 적은 없다. 호텔마다 주차장이 있고, 숙박료에 주차비가 포함됐다. 문제는 보안과 치안이다. 모든 숙박시설은 중세의 성을 방불케 하는 거대한 성벽으로 둘러싸여 있으며, 제복을 입고 긴 총을 멘 경비원들이 출입문을 지키고 있다.

⑤ 기타

영국의 식민 통치 시절 시스템을 그대로 유지하기 때문에 남아프리카공화국의 모든 고속도로 통행료는 무료다.

남아프리카공화국 후드스프루트 멸종위기종센터에서
만난 사자 형제.

✳ 또 다른 여행으로 이어지는 여행 인연

아이의 이름이 '하와이'인 독일인 커플이 있다. 그들을 처음 만난 곳은 베트남. 당시 싱글이었던 나는 홀로 동남아 배낭여행 중이었다. 독일인 커플은 여행사에서 일하는 여자 친구 덕에 땡 처리 티켓으로 저렴하게 전 세계를 여행한다고 했다. 그들 역시 여행을 좋아하는 데다 동양 문화에 관심이 많아 금방 친구가 될 수 있었다. 4일 동안 그 커플과 동행하면서 많은 얘기를 나눴다. 가장 좋아하는 여행지가 어디냐는 질문에 나는 주저하지 않고 '하와이'라고 말했고, 그들은 그 무렵 다녀온 '남아프리카공화국'을 꼽았다. 얼마 지나지 않아 그들은 진짜 하와이로 여행을 떠났다. 큰 태풍이 오는 바람에 관광은 전혀 하지 못했다고 했다. 10개월 후 아이가 태어났고, 두 사람은 결혼해 가정을 이뤘다. 그 아이의 이름이 하와이다. 그 이야기를 들으며 나도 언젠가 남아프리카공화국에 가겠다고 결심했다.

아프리카 대륙은 최후의 보루였다. 막연히 막내 상은이가 고등학교에 입학한 후에나 여행할 수 있을 거라 생각했던 것 같다. 여행을 앞두고 그 커플에게 조언을 구했다. 아이를 데리고 여행하기에 아프리카는 위험한 곳이 맞지만, 남아프리카공화국의 케이프타운만큼은 안심해도 된다고 했다. 그 말이 '괜찮아'라는 허락처럼 들렸다.

지도를 펴고 대략의 동선을 구성해봤다. 열흘 정도면 남아공은 물론이고 모잠비크와 스와질란드까지 여행할 수 있을 것 같았다. 웹 서핑을 하며 닥치는 대로 아프리카 여행기를 읽었다. 생각보다 풍경이 좋고 안전한 곳이 많았다. 남아프리카는 거리상으로나 심리적으로 한국에서 가장 먼 곳이다. 지구 반대편, 언제 또 올지 모른다는 생각으로 버킷 리스트를 작성했다.

✳ 출국조차 순탄치 못했던 아프리카 여행

겨울 방학이 시작되는 날이었다. 보딩을 기다리는데 항공사 직원들이 우리 가족을 힐끔 보고는 수군대기 시작했다. 어딘가에 전화를 하더니 다가와 '출생증명서'를 가지고 있느냐고 물었다. 미성년자가 남아공에 입국하려면 반드시 필요한 서류란다. 무지했기에 용감했다. 필요한 서류가 있다면 항공권을 구매한 여행사에서 고지했을 텐데, 어떠한 정보도 전달받지 못했노라 답했다. 남아공 대사관에 전화해 확인해볼 것을 권했다. 당연히 항공사 직원이 옳았다. 남아공은 아동 인신매매가 빈번하게 일어나는 나라이기 때문에 부모가 동행한다 하더라도 미성년자가 입국하려면 출생증명서가 필요하단다. 오랫동안 준비한 여행이 무산될 위기의 순간, 침착해야만 했다.

아내와 역할을 분담했다. 아내는 출입국에 필요한 서류를 챙기고, 나는 다음 시간의 항공권을 알아보기로 했다. 아내가 택시를 타고 공항에서 가장 가까운 동사무소를 찾아 이동했다. 얼마 지나지 않아 발급받은 서류를 공증 받기 위해 법률 사무소가 있는 서울 여의도까지 가야 한다고 연락이 왔다. 속이 바싹바싹 타들어갔다. 나는 비행 스케줄과 빈 좌석을 체크했다. 크리스마스 시즌이 시작될 즈음이라 갑자기 5석을 확보하는 것은 불가능해 보였다. 인천-홍콩 구간은 거의 만석이었다. 그나마 다행인 건 우리가 예약한 비행기가 홍콩 경유였는데, 홍콩-남아공 구간은 밤에 출발하는 비행기라 시간적인 여유가 있다는 것 정도. 열흘 이상의 장기 여행을 할 때는 숙소와 액티비티를 당일이나 하루 전에 예약하는 경우가 많다. 그러나 이번에는 모든 일정을 예약하고 요금을 모두 지불해뒀다. 위험하기 때문에 계획대로 움직이려던 것에 외려 발목이 잡힌 거다. 아무렇지 않은 체했지만, 내 표정과 목소리에 절망이 섞여 있었나 보다. 여행사 직원과 항공사 지상 지배인이 타사까지 연계해 항공권을 알아봐줬다.

추운 날이었다. 설상가상으로 아내의 휴대폰이 방전돼 위치를 파악하기 어려웠다. 비상 상황이 발생하면 아이들은 얌전해진다. 그것이 예민해진 엄마와 아빠를 돕는 일이라는 것을 아는 듯하다. 항공사 직원의 도움으로 원래 스케줄보다 6시간 늦은 홍콩행 항공권을 구할 수 있었다. 아내는 떠난 지 4시간 후에야 공항으로 돌아왔다.

✳ 극과 극의 부부가 합심해 위기 극복

비행기가 이륙하는 순간 아내와 나는 서로를 보며 웃었다. 기적을 이뤄낸 기분이었다. 절망스러운 상황에 침착하게 대응해 해결 방법을 찾았다는 것에 의미를 두기로 했다. 만약 당황해서 서로에게 화를 냈다면 여행은 무산됐을 거다. 아이들은 부모가 문제를 해결해나가는 모습을 지켜보며 자란다. 여행은 그 모습을 가까이에서 지켜볼 수 있도록 만든다. 그래서 더욱 뿌듯했다.

부부가 함께 산 세월이 17년이 되니 두 사람의 뾰족했던 모서리가 닳은 느낌이 든다. 내게는 아내의 긍정적인 성향이, 아내에게는 나의 현실적인 시각이 옮겨 와 서로 닮아가는 중이다. 만약 결혼 초기에 같은 일을 겪었다면 나는 부정적으로 해석하고 여행 지속 여부를 고민했을 거다. 남아공까지 가는 24시간이 넘는 비행 시간이 전혀 힘들지 않았다.

▌ tip ▓ 아이와 함께 남아프리카공화국에 가려면 챙겨야 할 필수 서류

18세 미만의 미성년자가 남아공으로 입국하거나 남아공에서 출국하려면 부모의 동의가 필요하다. 부모 두 사람과 동행하는 경우에는 출생증명서를, 부모 중 한 사람만 동행하는 경우에는 출생증명서와 동행하지 않는 부모의 동의서와 여권 원본 대조필, 부모 동행 없이 미성년자만 출국한다면 출생증명서와 부모 모두의 동의서, 부모나 법적 보호자의 여권 원본 대조필, 남아공에서 미성년자를 인계 받을 사람의 신상 정보가 포함된 편지, 여권·체류 허가증·남아공신분증 중 1개의 원본 대조필이 필요하다. 부모가 아닌 성인과 동행하는 미성년자의 경우에는 출생증명서와 부모 모두의 동의서, 부모 혹은 법적 보호자의 여권 원본 대조필이 필요하다. 모든 서류는 영문으로 되어 있어야 하며, 외국어로 발행된 서류는 반드시 공증된 영문 번역과 함께 제출해야 한다.

✳ 시작부터 직면한 리얼 아프리카

입국 심사 과정부터 진짜 아프리카를 경험하는 느낌이었다. 수백 명이 입국 심사를 받는데 열려 있는 창구는 단 3개. 그나마도 직원들이 휴대폰으

로 사적인 통화를 하거나 농담을 주고받느라 줄이 줄어들지 않았다. 1시간이 넘도록 기다리면서 이러한 상황은 앞으로 여행하면서 수없이 겪을 일임을 예감했다. 여권을 보더니 출생증명서를 보여 달란다. 씨익 웃으면서 당당하게 서류를 내밀었다. 무사 입국!

기쁨도 잠시, 문제가 발생했다. 수하물을 기다리는데 세관 직원이 우리 가족을 사무실로 불렀다. 비상식량으로 가져온 라면 상자가 문제였다. 음식물 반입이 안 된다고 했다. 아이들이 있어 비상식량이 필요하다고 설명했다. 뻣뻣하던 세관 직원이 태도를 바꿨다. 자신들을 도와달라는 거다. 당황스러웠다. 영어로 주고받은 대화라 아이들도 상황을 파악하고 있었다. 얼마를 원하느냐 물었더니 알아서 결정해달란다. 어떻게 해야 할지 몰라 이리저리 왔다 갔다 하는데, 세관 직원이 CCTV에서 멀어지라고 다급하게 말했다. 불법임을 확신했다. 나도 자세를 바꿔 강하게 밀어붙였다. 포기하고 나가는데 세관 직원이 따라와 라면 상자를 던지듯이 돌려줬다. 앞으로의 여정이 걱정됐다. 이러한 상황에 아이들이 노출된 것이 못내 언짢았다. 부패한 공무원과 뒷돈을 바라는 관행이 난무한 상황, 어른들의 불법 거래를 아이들이 모르길 바랐다. 막내 상은이만 이 상황을 이해하지 못한 듯했다. 이 사건 후로 상아와 상진이는 공항에서 제복 입은 사람이 쳐다보기만 해도 경직되곤 한다.

✳ 아비규환 상태의 요하네스버그 고속도로

공항에서만 2시간이 지연됐다. 공항이 있는 요하네스버그에서 첫 번째 목적지인 크루거 국립 공원Kruger National Park까지는 자동차로 5시간이 걸린다. 우려했던 것과 달리 교통 인프라가 좋았다. 백인정권 시절 건설한 도로같았다. 남아공은 포르투갈이 발견한 이후 네덜란드와 영국의 식민 지배를 받았다. 영국으로부터 독립한 것이 1961년, 민주 총선으로 넬슨 만델라가 집권한 것이 1994년의 일이다. 아이러니하게도 이전 시절 만들어진 도로가 민주정부가 만든 도로보다 노면 상태가 좋았다. 그러나 도로 위는 무질서했다. 분명히 고속도로를 달리고 있었는데, 사람들이 갓길을 따라 걷거나 무단횡단을 했다. 적잖이 충격적이었다.

갑자기 천둥번개를 동반한 비가 내리기 시작했다. 와이퍼를 작동시켜도 앞이 보이지 않을 만큼의 폭우였다. 도로에는 연식이 오래돼 보이는, 낡은 차량의 행렬이 끝없이 이어졌다. 차량 위에는 하나같이 이삿짐으로 보이는 거대한 짐들이 실려 있었다. 요하네스버그로 진입하는 방향은 비어 있는데 우리 쪽만 주차장 같았다. 시간이 지나도 빗줄기는 수그러들지 않았다. 바람도 강하게 불었다. 해 질 무렵이 되자 교통 체증까지 더해졌다. 앞쪽에서 사고가 났다고 했다. 너무 큰 짐을 싣고 가던 옆 차선의 차량이 전

복된 것이다. 고속도로 한가운데 차량이 쓰러져 있고, 구경꾼들이 모여들어 길은 더욱 복잡했다. 갓길로 빠져나가며 순간적으로 아이들에게 눈을 감으라고 소리쳤다. 사상자가 있었다.

✳ 크루거 국립 공원 여행의 베이스캠프, 헤이지뷰

헤이지뷰Hazyview에 도착한 것은 밤 11시가 훌쩍 넘어서였다. 경상남북도를 합친 크기의 크루거 국립 공원에는 야생 동물들이 외부로 나가는 것을 방지하고 밀렵을 막기 위해 커다란 전기 울타리를 쳐놓고, 9개의 출입구를 만들어뒀다. 공원 내에 캠핑 사이트가 있지만 예약에 성공하는 것은 아이돌 콘서트 티켓 예매만큼이나 어렵다. 그래서 대부분의 여행자들은 출입구 주변에 있는 숙소를 베이스캠프 삼아 움직인다. 헤이지뷰는 독일인 커플이 추천해준 마을이었다. 숙소까지 추천해주면서 몇 호실을 렌트해야 좋은지까지 조언해줬다. 그러나 안타깝게도 그들이 권해준 숙소는 만실, 인근의 다른 숙소를 예약했다.

헤이지뷰는 낙후된 마을이었다. 여행자를 위한 호텔과 로지Lodge는 마을에서 멀리 떨어진 숲속에 있었다. 자정에 가까운 시간이었는데, 신호에 걸려 차를 세워야 할 때마다 불안했다. 경적을 울리며 따라오던 차량이 있었다. 물론 지금도 그들의 정체는 모른다. 강도였는지 단순히 장난을 친 건지, 우리가 잘못한 게 있어 바로잡아주려 했는지. 무서워서 도망을 쳤으니까. 숙소를 찾는 것이 쉽지 않았다. 마을을 몇 바퀴 돈 후에야 검문소를 발견했다. 미덥지 않았다. 아프리카에서는 가짜 검문소를 만들어 불심 검문을 하고 금품을 요구하거나 강도로 돌변하는 경우가 많다고 들었기 때문이다. 조심스럽게 여권을 보여주고 무사통과할 수 있었다. 고맙게도 정확한 숙소 위치까지 알려줬다. 문제는 남아공식 영어를 가족 누구도 알아듣지 못했다는 것. 그렇게 1시간을 더 헤매 자정이 다 돼서야 숙소에 도착했다.

치안이 좋지 않을수록 담장이 높다. 남아공 숙소의 울타리는 성벽처럼 느껴졌다. 총을 든 경호원들이 정문을 지키고 있었다. 문을 통과하자 전혀 다른 세상이 펼쳐졌다. 빈부 격차가 심각한 사회 문제를 야기한다는, 흘려들었을 뉴스가 사위를 훑고 지나갔다. 숙소는 숲속에 위치한 로지였다. 숙박비에 조식과 석식이 포함돼 있었지만 자정이 가까운 시간이라 체크인을하면서 근처에 식당이 있는지 물었다. 주방장을 시켜 스테이크와 파스타를 만들어 방으로 가져다줄 테니 기다리란다. 사람 값이 싼 나라, 우리가아프리카에 와 있음을 다시금 깨달았다.

✳ 컨디션 조절을 위해 한 템포 쉬어 가는 날

아침에 일어나 숙소 주변을 둘러봤다. 늦은 밤에 도착해 제대로 보지 못했던 풍경은 더없이 평화로웠다. 잘 가꿔진 숲에 코티지Cottage가 띄엄띄엄 둥지를 틀고 있었다. 앞에는 해먹이 걸려 있고, 한쪽에는 수영장도 있었다. 지난밤의 긴장감은 사라지고, 유럽 시골 마을에 온 것 같은 안락함마저 느껴졌다. 코티지 내부의 가구와 소품에서는 아프리카 스타일 특유의 멋이 흘러넘쳤다.

종일 숙소에 있었다. 자동차 여행에서는 컨디션 조절이 중요하다. 욕심을 부리고 강행군했다가 여행 전체를 망쳐버릴 수도 있다. 시차 적응을 위해 여행 첫날이나 둘째 날은 충분히 쉬는 편이다. 이곳에서라면 며칠씩 머물러도 좋을 것 같았다. 식사도 훌륭했다. 저녁 식사로 코스 요리가 서브됐다. 다양한 종류의 수프와 샐러드, 스테이크 위드 포테이토, 커리와 난, 달팽이 그라탱, 남아공 플래터 등 남아공 전통 음식부터 인도, 스페인 요리까지 등장했다. 종류만 다양한 게 아니라 수준도 높았다.

2016년 12월, 한국 대통령 탄핵 소식이 남아공에서도 큰 이슈였다. 남아공의 상황이 우리나라와 다를 게 없었기 때문이다. 대통령의 비리가 심각해 화폐 가치까지 떨어졌다고 했다. 우리나라 돈의 환율이 높아 여행하기 좋았지만, 그들에게는 굉장히 심각한 문제다. 5인 가족이 2채의 코티지를 사용하면서 풀코스로 조식과 석식을 포함시켰음에도 숙박비는 20만 원이 안 됐다.

✳ 야생 동물의 보고 크루거 국립 공원

숙소의 성벽을 넘어 새로운 세상을 만나는 날이다. 슈퍼마켓에 들러 물과 맥주, 와인 등 여행하면서 필요한 '생필품'을 구입해 크루거 국립 공원으로 향했다. 이 공원의 이름은 남아공 이전에 백인들이 세운 나라인 트란스발 공화국의 초대 대통령인 폴 크루거에서 따왔다. 조성된 지 100년이 넘었는데, 사파리 프로그램이 특히 훌륭하다고 전해진다.

사파리는 크게 두 가지로 나뉜다. 크루거 국립 공원처럼 국가에서 운영하는 곳이 있고, 개인이 운영하는 프라이빗 리저브가 있다. 프라이빗 리저브는 가이드와 함께 지프를 타고 동물을 찾으러 다니는 사설 사파리를 말한다. 5성급 숙소와 식사 그리고 사냥이 사파리 비용에 포함된다. 크루거 국립 공원 주변에도 여러 개의 프라이빗 리저브가 있다. 우리는 여행자가 차량을 가지고 직접 운전하면서 동물을 찾아다니는 국립 공원 사파리를 택했다. 여행사에서 판매하는 단체 투어 프로그램의 경우 가이드가 동승해 공원과 동물에 대한 이야기를 들려주기도 한다. 짧은 시간에 국립 공원의 핵심 코스를 돌아볼 수 있어 인기가 좋다. 크루거 국립 공원이 워낙 광활하기 때문에 서쪽 중앙에서 하루, 북쪽에서 하루, 남쪽에서 하루씩 보낼 계획이다.

▮ tip ▮ 사냥할 수 있는 사파리가 있다?!

인간의 정복욕은 끝이 없어 보인다. 맹수 역시 정복의 대상에 해당한다. 자연 상태라면 결코 우위에 있을 수 없겠지만, 프라이빗 리저브에서는 그들의 야망을 채워줄 요건이 성립된다. 지프를 타고 가이드와 함께 동물을 찾으러 다니는 사설 사파리인 프라이빗 리저브에는 사냥이 포함된다. 현지 사정에 밝은 가이드가 동물의 서식지에 사냥 시간에 맞춰 먹이를 놓고 총을 든 손님을 데려간다. 손님은 원하는 동물을 100% 만날 수 있고, 가까운 곳에서 볼 수 있다. 말이 사냥이지 도살에 가깝다. 몇 해 전에는 미국의 한 치과 의사가 프라이빗 리저브를 즐기며 사냥하는 모습을 SNS에 공개했다가 세계인들의 빈축을 사 결국 이사해야만 했던 사건이 있었다. 트럼프 미국 대통령의 아들도 아프리카에서 사냥하는 걸 즐긴다고 해서 비난받기도 했다.

✳ 아프리카 빅 파이브를 찾아서

숙소에서 가까운, 크루거 국립 공원 서남쪽의 파베니 게이트Phabeni Gate로 들어갔다. 입구에는 동물이 자주 나타나는 위치를 표시해둔 보드가 있었다. 먼저 다녀온 관광객들이 언제 어디서 어떤 동물을 봤는지 스티커로 표시해두면 다음 관광객이 그 정보를 참고로 사파리 투어에 나서는 것이다. 클래식한 정보 공유 방식이지만, 함께 만들어가는 정보는 또 하나의 놀이다. 문제점이 제기되고 있는 프라이빗 리저브가 생겨난 이유는 국립 공원의 단점을 보완하기 위해서일 것이다. 드넓은 공간에서 동물의 서식지를 찾기 어렵고, 찾는다 해도 가까이 다가갈 수 없는 경우가 많기 때문이다.

국립 공원을 몇 번 여행하다 보니 아이들은 이곳을 온전히 즐기기 위해 투어 전 해야 할 일을 잘 알고 있다. 크루거 국립 공원 사파리의 미션은 아프리카 빅 파이브인 사자, 코끼리, 표범, 코뿔소, 버팔로 찾기로 정했다. 전직 남아공 지폐 모델들이다. 빅 파이브는 원래 과거에는 야생에서 사냥하기 힘든 동물 5가지를 의미하는데, 요즘은 사파리에서 보기 힘든 동물로 의미가 변한 것 같았다. 40℃가 넘는 무더운 날이었다.

▌tip ▉ 남아공 화폐가 바뀌었어요

2018년 7월 남아공 화폐가 모두 바뀌었다. 아프리카 화폐는 대통령이나 독립 영웅, 동물이나 자연을 모티프로 디자인한다. 남아공의 기존 화폐 역시 아프리카 빅 파이브 동물이 등장했다. 그러나 이번에 바뀐 디자인에서는 동물이 사라지고 넬슨 만델라의 초상화가 등장한다. 뒷면에는 젊은 시절의 모습이 담겨 있다. 남아공 사람들에게 넬슨 만델라가 가지는 의미를 짐작할 수 있다.

공원 입구에서 짐 검사도 했다. 맥주와 와인을 잔뜩 샀는데, 알코올 반입이 안 된다고 해 당황했다. 공원 내 캠프 사이트를 이용하는 이들에게만 알코올 반입이 허용된다고 했다. 다행히 우리는 캠핑 사이트를 예약해둔 터라 무사히 통과됐다. 알코올 반입을 금지시키는 이유는 음주운전 때문이라고 한다. 술은 캠핑 시에만 마실 수 있다는 것을 몇 번 강조해 말했다.

매점에서 과자와 아이스크림, 사탕을 사 가지고 나오다가 원숭이를 만났다. 아기를 안고 원숭이가 편의점 앞 나무 위에 앉아 있었다. 원숭이는 장난이 심하니 조심하라는 말을 많이 들었던 터라 경계했지만, 사건은 순식간에 벌어졌다. 재빠르게 다가와서 상은이 손에 있던 과자 봉지를 빼앗아 도망쳤다. 다치지는 않았지만 너무 놀란 상은이가 울음을 터트렸다. 나무 위로 돌아가 '메롱' 하며 약을 올리듯 봉지를 뜯어 과자를 먹는 모습을 바라봤다. 약이 올랐지만 뾰족한 수가 없었다. 다음 표적은 상진이의 사탕이었다. 동생이 당하는 걸 보고 안 뺏기려고 힘을 주니까 실랑이를 벌이다 도망갔다. 반은 빼앗기고 반은 안 빼앗겼으니 나름 선방했다며 웃었다.

✳ 사파리 최고의 놀이는 동물 찾기 미션

우리 가족 앞에 가장 먼저 나타난 건 임팔라였다. 가까이서 보니 영롱한 뿔과 사슴 같은 눈망울이 너무도 매력적이었다. 차를 세우고 창문에 바짝 붙어 사진을 찍었다. 나중에 알고 보니 아프리카에서 임팔라는 동네 고양이보다 흔한 동물이었다.

두어 시간 뒤에는 물가에서 물을 마시고 집으로 돌아가는 코끼리 가족을 만났다. 아이들은 전날 공부한 아프리카 코끼리와 아시아 코끼리의 차이점에 대해 얘기하며 꼼꼼하게 관찰했다. 아프리카 코끼리는 아시아 코끼리에 비해 귀가 크고, 귀 모양도 아프리카 대륙 모양으로 생겼다. 코끼리는 귀로 열을 배출시킨다. 모세 혈관이 많아 귀를 흔들면서 체온을 유지하는 것, 아프리카가 더 더우니 귀가 큰 건 당연한 진화인 셈이다.

워낙 유명한 공원이기 때문에 철저하게 관리될 거라 생각하겠지만, 허술하기 짝이 없었다. 야생 상태의 동물은 위험하기 때문에 지켜야 할 행동 규칙이 있게 마련인데, 사전 교육조차 이뤄지지 않았다. 아이들이 코끼리 가족을 만났을 때 지켜야 할 것들을 내가 대신 읊어줬다. 길이 들면 온순한 동물이지만 자연 상태에서는 야생성이 강하니 자극하지 마라, 모성애가 강해 가족이 위협을 받으면 공격 받을 수 있으니 일정 간격을 유지해야 하며 화가 난 것 같으면 즉시 도망쳐라, 고개를 들고 귀를 세우면 집중해서 긴장했다는 것이고 그 상태에서 고개를 흔들면 공격 직전의 자세이니 도망쳐라, 코를 위아래로 흔들면 공격 임박이고 코로 소리를 뿜으면 일촉즉

발 상황이다, 그래도 사람이 먼저 위협하지 않으면 바로 공격하지 않고 주춤하면서 마지막으로 도망갈 시간을 준다 등등. 코끼리를 가까이서 보려고 후진하는 차량을 목격했다. 무슨 일이 벌어질 것만 같아서 조마조마했다.

코뿔소는 아주 먼 곳에서 찾았다. 나무 아래서 휴식을 취하고 있는 사자도 찾고, 기린도 찾았다. 목표한 동물을 만날 때마다 짜릿한 성취감을 맛봤다. 그렇게 숨은그림찾기를 하듯이 9시간 동안 곳곳을 탐험했다. 샌드위치로 점심을 때웠는데 허기도 느끼지 못할 정도로 몰입했다.

표범을 만나지 못한 것을 아쉬워하면서 공원을 빠져나왔다. 어둠이 차오르고 있었다. 그리고 기적처럼 나무에 매달려 있는 표범을 찾았다. 자세히 보지 않으면 어떤 게 나무고 어떤 게 표범인지조차 모를 정도로 헛갈렸다. 꼬리를 보고 겨우 알아챘다. 표범은 자기보다 큰 사람은 공격하지 않는다고 한다. 보고 싶었던 동물 리스트를 클리어했기 때문인지 피로도 느껴지지 않았다.

✳ 정글에서 텐트를 치고 야생 동물과 함께 캠핑

크루거 국립 공원 서쪽 중부의 팀바바티 자연 보호 구역Timbavati Private Nature Reserve을 지나 와일드 올리브 트리 캠프Wild Olive Tree Camp에서 캠핑을 하는 날이다. 커다란 텐트 안에 침대와 테이블, 난방 시설까지 갖추고 있는 글램핑장이었다. 대부분의 사설 캠프장 주인이 백인인 것과 달리 마을 주민들이 공동으로 운영하고 있었다. 해 진 후의 크루거 국립 공원은 암흑이었다. 막막하고 거대한 우주 속을 헤드라이트 하나에 의지해 헤엄치는 기분이었다. 속도를 늦췄다. 공원에서 캠핑장까지 2시간이 걸렸다. 텐트에 들어오자마자 녹초가 됐다.

숙소를 예약하며 낭만적인 상상을 했었다. 이 땅을 지배했던 백인들이 남겨놓은 풍요를 누리고, 다음 날은 아프리카의 깊은 숲속에서 별을 보며 잠드는 동화 같은 상상. 텐트 앞에서 캠프파이어를 하면서 도란도란 이야기 나누는 따뜻한 풍경. 그러나 스케줄 관리에 실패해 밤늦게 도착하는 바람에 숙소의 시설을 제대로 누리지 못했다.

다음 날 아침, 상은이와 함께 주변 산책에 나섰다. 텐트 주변에서 동물 발자국을 발견했다. 오싹해졌다. 언제 어디서 동물이 나타날지 모른다고 생각하니 나도 모르게 경계 자세가 취해졌다. 자세히 보니 전기 망으로 세운 벽이 텐트를 에워싸고 있었다. 텐트 주변에 발자국이 특히 많은 것으로 보아 지난밤에 근처까지 왔다가 돌아간 모양이었다. 동물 소리를 전혀 듣지 못하고 잠만 자고 있었다고 생각하니 다시 오싹해졌다.

✳ 야생 동물을 보호하고 치료하는
후드스프루트 멸종 위기종 센터

팀바바티 자연 보호 구역 서쪽에 있는 자블라니 캠프Jabulani Camp로 이동했다. 버려진 코끼리를 돌보기 위해 만들어진 곳으로 지금은 코끼리뿐만 아니라 아프리카 야생 동물을 보호하고 다친 동물을 치료해 자연으로 돌려보내는 역할까지 하는 곳이다. 후드스프루트 멸종 위기종 센터 HESC·Hoedspruit Endangered Species Centre에서 집중적으로 야생 동물을 케어하고 있었다. 아프리카에서 동물 사냥은 법으로 엄격하게 금지돼 있다. 마을 사람들은 다친 동물을 보면 반드시 신고를 해야 하는데, 지금은 이곳으로 데려오는 것이 관행이 된 것 같았다. 일하는 사람들은 모두 자원봉사자로, 아프리카 사람뿐 아니라 외국인도 많았다.

후드스프루트 멸종 위기종 센터에서는 어린이들을 위한 3~4주 캠프를 운영한다. 사파리 투어는 물론이고 야생 동물에게 먹이 주기, 밀렵꾼에게 해를 입은 동물 치료하기 등 동물 보호 활동을 하게 된다. 캠프에 참가하는 대신 센터를 방문해 야생 동물 보호에 대해 공부할 수 있는 프로그램을 신청했다. 야생 동물 보호에 대한 비디오를 시청한 후 가이드와 함께 지프를 타고 센터를 돌아보는 프로그램이다. 센터의 규모는 꽤 컸지만 일반인에

남아프리카공화국 후드스프루트 멸종위기종센터에서
보호 중인 코뿔소.

스와질란드 와이드라이프
보호 구역의 숙소에서 본 풍경.

와일드 올리브 트리 캠프에서의 캠핑.

게 공개되는 부분은 한정적이었다. 다친 동물은 섹션을 나누어 종류별로 보호하고 있었다.

처음에는 사방이 뚫린 지프를 타고 다니면서 동물을 가까이서 볼 수 있다는 게 즐거웠다. 그러다 끔찍한 광경을 목도했다. 뿔이 잘린 코뿔소 두 마리가 누워 있었다. 한때는 코끼리 상아가 문제였지만, 규제가 강화돼 유통이 불가능해지자 지금은 밀렵이 거의 사라졌다고 한다. 그렇다고 그릇된 욕망까지 사라진 건 아니다. 지난 10년 사이 코뿔소의 뿔 유통이 심각한 문제로 대두되고 있다고 한다. 주로 아시아에서 한약재로 유통된다고 한다. 뿔만 자르는 것도 아니다. 칼로 얼굴을 도려내 뿔을 잘라 가곤 하는데, 과다 출혈로 사망에 이른다고 한다. 최소한 죽음은 피할 수 있도록 가끔은 리저브 주인들이 일부러 뿔을 자른다고. 사람의 탐욕과 잔인함에 희생된 무고한 동물 앞에서 고개를 들 수가 없었다. 마음이 무거웠다.

✳ 우연한 만남, 여행이 주는 궁극의 즐거움

숙연해진 마음으로 크루거 국립 공원 남쪽의 마로스 공원Marloth Park으로 향했다. 친절한 남아공 부부가 마음이 불편해진 여행자들을 맞았다. 본채 앞에 작은 수영장이 있는 로지였다. 우리는 별채의 방 두 개를 렌트했다.

해가 지기 전, 아직은 더운 날씨였다. 아이들이 수영장에 뛰어들었다. 어른들은 맥주가 더 급했다. 아내와 수영장 옆 테이블에서 맥주를 마시고 있는데 얼룩말이 한 마리 지나갔다. 약속한 것처럼 모두 아무 말도 못하고 얼룩말이 지나가는 걸 쳐다보다가 동시에 웃었다. 왜 우리는 아무 소리도 내지 않았던 걸까.

로지 본채에는 위쪽이 트인 중정이 딸려 있는데, 밤이 되면 같은 숙소에 묵는 여행자들이 약속한 것처럼 중정으로 모이곤 한다. 각자 오늘 한 일을 얘기하며 정보를 교환하는 것. 크리스마스를 이틀 앞둔 날이었다. 손님은 우리 가족과 30대로 보이는 브라질 부부가 전부였다. 캠프 주인 부부가 가세해 세 가족의 수다가 시작됐다. 대화를 주도한 건 주인 부부였다. 퇴직 후 집을 지어 로지로 운영 중이라고 했다. 그들은 남아공 사회가 안고 있는 비극은 역사에 기인한다고 했다.

주인 부부에 따르면 남아공 백인은 두 부류로 나뉜다고 한다. 1994년 인종 차별 정책인 아파르트헤이트 시스템이 무너지고 넬슨 만델라가 대통령으로 추대되기 전까지 남아공은 소수의 백인이 다수의 흑인을 통치하고 착취하는 국가였다. 넬슨 만델라의 사회주의 정당은 백인의 재산과 토지를 환수해 흑인에게 나눠주려 했고, 이에 반발한 백인 부자들이 남아공을 떠났다. 남은 백인은 로지 주인 부부처럼 그때까지의 정책이 잘못된 걸 인식하고 자유 투표를 지지한 사람들뿐이다. 노부부는 자신들도 모든 걸 빼앗길 수 있지만, 아파르트헤이트는 인권 차원에서 사라져야 할 시스템이기에 정의와 인류를 지지하는 넬슨 만델라에게 투표했다고 했다. 하지만 기득권층인 백인들이 한꺼번에 빠져나가면 국가가 무너질 수 있다고 판단한 넬슨 만델라는 사유 재산 몰수를 유보했다. 주인 부부가 말한 두 부류의 백인이란 아직도 이 나라를 자신들이 통치해야 한다고 믿는 제국주의자들과 정의를 택한 사람들을 말하는 거였다. 요즘도 가끔 아프리카에 관련된 뉴스를 접할 때면 주인 부부가 생각난다. 흑인들의 편을 드는 백인, 사상적인 이방인으로 분류되는 부부는 어떤 체제 아래에서도 피해자가 되기 쉽다. 그래서인지 늘 안위가 궁금하다.

▊ tip ▦ 남아공의 치안이 불안한 이유는 정치 때문

남아공은 백인들이 지배하던 땅이다. 영국계와 네덜란드계 백인들은 이 나라의 경제와 정치를 장악하고 있었다. 백인 정권은 1948년 인종 분리 차별 정책인 아파르트헤이트Apartheid를 법으로 제정했다. 흑인에 대한 차별은 더욱 심해졌다. 흑인들이 선거권을 갖기 시작한 것은 1994년, 남아공 최초로 다인종 의회를 구성했으며 넬슨 만델라는 대통령이 됐다. 그러나 1999년 넬슨 만델라가 퇴임하자 흑인 정권도 내리막길을 걸었다. 넬슨 만델라의 동지이자 후임 대통령들이 비리 스캔들에 휘말렸기 때문이다. 흑인이 대통령이 됐지만 흑인들의 삶은 나아지지 않았다. 높은 흑인 실업률이 치안 불안의 원인으로 꼽힌다.

✳ 스릴러 영화 같았던 모잠비크 가는 길

로지 주인으로부터 들었다. 우리가 요하네스버그에 도착한 첫날 고속도로 위의 비이상적이던 자동차 행렬이 모잠비크 불법 노동자들의 귀향길이었음을. 모잠비크는 포르투갈의 식민 지배를 받았는데, 그 영향으로 크리스마스가 국가 최대의 명절이 됐다고 한다. 일 년에 한 번 고향에 가는 날이기도 한데, 열심히 돈을 모아 선물을 가득 싣고 귀향한다고. 차량에 실린 이삿짐의 정체는 가족들에게 나눠줄 선물과 커다란 전자제품. 이 로지에서 일하는 사람들도 모두 모잠비크 사람들이라고 했다.

주인 할아버지는 우리 가족이 마푸토Maputo로 가는 것을 만류했다. 크리스마스이브라 차가 많이 밀릴 거라고 했다. 100km, 자동차로 1시간이면 닿을 곳이었다. 한 나라라도 더 가고 싶은 생각에 예정대로 움직이기로 했다. 호텔도 예약해둔 상태였다. 이른 새벽부터 길을 나섰다.

첫 번째 문제는 렌터카에서 발생했다. 모잠비크 국경을 넘을 수 없는 차였다. 렌터카 업체를 검색했다. 자동차로 1시간 30분 정도 떨어진 넬스푸르트Nelspruit라는 도시가 있는데, 크루거 국립 공원을 여행하는 사람들 중 시간이 넉넉지 않은 이들은 요하네스버그와 넬스푸르트 구간을 비행기로 이동하고 공항에서 자동차를 렌트하기 때문에 차량을 구하기 수월할 거라고 했다. 넬스푸르트 공항에는 10개가 넘는 렌터카 회사가 있었다. 모잠비크에 갈 수 있는 자동차를 가지고 있는 회사는 허츠Hertz 하나. '역시 세계 1위의 렌터카 업체'라며 엄지손가락을 치켜세웠다. 기본 보험에 모든 옵션을 추가할 필요는 없지만, 창문 고장과 타이어 펑크에 대한 추가 옵션을 가입할 것을 권했다. 상술이라고 여겼다. 외려 조금이라도 저렴한 수동 기어로 선택했다. 짐을 옮겨 싣고 모잠비크로 떠났다. 반듯한 고속도로를 보면서 추가 옵션에 가입하지 않기를 잘했다고 스스로를 칭찬했다.

✳ 가족 여행 역사상 가장 힘들었던 모잠비크 국경 넘기

국경을 1시간 30분 정도 남겨둔 지점, 다른 문제가 발생했다. 첫날 요하네스버그에서 봤던 자동차 행렬을 만난 것. 첫날과 달리 우리도 그 대열에 합류해 있었다. 수동 기어를 선택한 걸 후회했다. 스스로에게 해준 칭찬도 거둬들였다. 차선이 뒤엉키면서 질서가 무너졌다. 심상치 않은 움직임이 감지됐다. 출입국 사무소 직원이 5분 간격으로 특정 차량을 빼내 먼저 통과시켜주는 게 아닌가. 심지어 경찰의 에스코트를 받아 통과하는 차량도 많았다. 다시 반복되는 부정부패의 현장! 그때라도 포기해야 했는지도 모른다. 오기가 발동했다. 차량 렌트까지 서너 시간을 까먹었기에 더욱 그랬을 것이다. 아이들에게 참고 기다리는 모습을 보여주고픈 욕심도 있었다. 국경까지는 자그마치 6시간이 걸렸다. 마음이 급했다. 모잠비크는 남아공보다도 치안이 불안하기 때문에 해 지기 전에 도착하고 싶었다.

출입국 사무소는 초라했다. 컨테이너로 된 간이 건물이었다. 출국 심사 줄도 길었다. 뙤약볕 아래서 1시간 이상을 기다렸다. 그리고 출국 심사를 받는 순간, 도장을 받자마자 상아가 쓰러졌다. 기절한 것이다. 너무 놀라 하늘이 캄캄해졌다. 맏이인 상아는 참을성이 강한 편이다. 조용히 있다가 엄마와 아빠, 동생들 사이에 문제가 발생하면 조율하는 역할을 한다. 6시간 동안 차 안의 더운 공기가 꽤나 불편했을 터였다. 곧 정신이 돌아왔지만 다리가 풀려 몸을 가누지 못했다. 그러면서도 가족들이 걱정할까 봐 연신 괜찮다고 말하는 상아, 그 모습에 더 가슴이 아팠다.

제대로 된 병원에 가려면 수도인 마푸토까지 가야만 했다. 모잠비크 입국 사무소까지 가는 길도 주차장을 방불케 했다. 형광 조끼를 입고 교통 정리하는 사람에게 사정을 얘기했고, 길을 터줘서 무사히 입국 사무소까지 갈 수 있었다. 물론 굉장히 비싼 비자 요금을 지불해야 했다. 국경 사이에 근무하는 공무원일 거라 여겼던 그들은 브로커로 각종 문제를 해결해주고 수수료를 받는 사람이었다. 당하는 줄 알면서도 아이가 아프니 그들이 원하는 대로 해줄 수밖에 없었다. 줄을 서지 않고 입국 심사대까지 갔다. 마음은 전혀 진정되지 않았고, 서류를 쓰는 손이 벌벌 떨렸다. 그 사이 상아가 기운을 차리고 있었다.

입국 사무소도 아수라장이었다. 컴퓨터가 고장 나 모든 외국인 출입이 스톱된 채로 몇 시간이 지났다. 결국 해가 진 후 수기로 등록해 입국이 가능해졌다. 입국을 도와준 브로커는 자동차 보험을 핑계로 300달러를 요구했다. 겨우 하루치의 보험임에도 불구하고.

✳ 최악의 나라로 기록될 모잠비크

국경을 통과했다. 모잠비크의 부패 경찰 얘기를 많이 들었기 때문에 바짝 긴장한 상태로 운전했다. 마푸토 근처에 가자 내비게이션이 샛길로 안내했다. 분명 1시간 10분 거리인데, 3시간이 넘도록 숙소가 나타나지 않았다. 목적지를 잘못 입력한 거다. 다시 호텔 주소를 입력했는데, GPS가 안 잡혔다. 포장되지 않은 도로는 폭탄을 맞은 수준이었고, 보이는 거라곤 자동차 헤드라이트에 반사된 야생 동물의 살벌한 눈빛뿐이었다.

아내의 인내심도 한계에 다다랐나 보다. 말을 한 마디도 하지 않았다. 우여곡절 끝에 사람들이 사는 마을로 들어서자 엎친 데 덮친 격으로 타이어까지 펑크가 났다. 정글에서 사고가 났다면 도와줄 사람이 없어 걱정했을 텐데, 도심에서 사고가 나니 치안이 걱정됐다. 동네를 몇 바퀴 돌아 사람이 없는 주택가 가로등 아래 차를 세우고 타이어를 교체했다. 차 안에서 대기하던 아이들은 잠들어 있었다.

겨우겨우 호텔에 도착해 체크인을 하고 나니 새벽 2시가 넘어 있었다. 우선 룸서비스로 샌드위치와 파스타를 주문해 먹고, 뜨거운 물로 샤워한 후에야 겨우 잠자리에 들었다. 아내가 10시간 만에 말을 했다. 아이들은 타이어 펑크가 났을 때 자는 척했노라 고백했다. 과연 여행을 지속해야 하는지 고민했다. 로지 주인의 얘기를 조금만 귀담아들을 걸, 욕심을 조금만 내려놓을 걸 하는 늦은 후회가 밀려와 제대로 잠을 이루지 못했다.

✳ 가장 비싼 값을 치른 마푸토의 공기

해변에 위치한 호텔은 럭셔리했다. 조식도 지금까지 먹어본 식사 중 단연 최고. 아이들이 좋아하는 수영장도 있고, 몇 걸음만 나가면 바다도 있었다. 하지만 그곳에 머물기엔 마음이 불편했다. 조식을 먹고 짐을 쌌다. 마푸토 시내 관광을 포기하고 남아공으로 돌아가기로 했다. 지금도 우리 가족에게 마푸토는 최악의 도시로 기억된다.

상아는 더위를 먹은 거였다. 한 백인 부부가 아이가 더위를 먹은 것 같으니 물을 머리 위에 뿌리면 응급 처치가 된다고 얘기해줬었다. 나중에 안 사실인데 남아공에서는 헬리콥터 앰뷸런스가 성공한 사업 중 하나라고 한다. 물론 부자들과 돈 많은 관광객들이 대상이다.

남아공으로 돌아오는 고속도로에는 자동차가 거의 없었고, 국경에서의 대기 시간도 없었다. 출국 심사를 받는데 전날 만났던, 형광 조끼를 입은 브로커를 다시 만났다. 웃으며 인사를 건네는 그들에게 차마 웃어줄 여유가 없었다. 반대쪽 차선은 여전히 아수라장이었다. 공항에서 차량을 반납하고, 사고에 대해 자진 신고했다. 원래 렌트했던 차량으로 갈아타고 스와질란드로 향했다.

▍tip ▦ 타이어 펑크 사건의 뒤끝 공제

렌터카 업체는 차량 파손 비용을 그 자리에서 결제하지는 않는다. 차량을 렌트할 때 받은 신용카드 넘버와 보증금이 있으니 정산 후 차액을 입금해 주는 방식이다. 잡혀 있는 보증금이 꽤 많고, 타이어가 펑크나고 휠도 파손이 된데다 보험의 추가 옵션을 들지 않은 상태이기 때문에 거액이 청구될 거라 생각했다. 빨리 처리가 되지 않았기 때문에 여행에서 돌아와 이메일을 여러 번 보냈는데, 처리되는 데 3개월 정도가 걸렸다. 금액은 합리적이었다. 대형 브랜드의 렌터카 업체이기 때문에 가능한 일이었다. 소형 업체는 '부르는 게 값'인 경우도 많다.

✳ 세 번째 거쳐 가게 된 도시, 넬스푸르트

날씨가 좋았다. 기분도 좋아졌다. 해 지기 전에 스와질란드의 수도 음바바네Mbabane에 도착할 수 있으리라 확신했다. 스와질란드는 해발 1,375m의 고원에 위치한 국가다. 남아공에서 음바바네까지는 몇 개의 산을 넘어야 했다. 국경 도시인 스와티니Swatini로 가는 길가에는 '국경이 닫혀 있을 수 있다'는 사인이 걸려 있었다. 긴가민가했지만 앞차를 따라가자고 결론을 내렸다. 그리고 1시간 뒤, 앞 차량은 국경에서 일하는 사람이며 그의 집이 그곳이라는 걸 알았다.

국경은 닫혀 있었다. 크리스마스이브이기 때문이란다. 원인도 결과도 이해할 수 없었지만, 우리의 이해를 필요로 하는 일이 아닌 듯했다. 가장 가까운 국경 도시는 제피스 리프Jeppes Reef였다. 스와질란드로 가려면 넬스푸르트로 돌아가야 한단다. 그리하여 계획에도 없던 넬스푸르트를 세 번째 방문하게 됐다. 해가 뉘엿뉘엿 넘어가고 있었다. 차 안에서 급하게 가족회의를 열었다. 아이들이 자랄수록 여행 중 가족회의가 자주 열린다. 선택해야 할 일이 생기면 함께 의논하고, 아이들의 의견을 반영할 수 있도록 하는 것. 이는 아이들의 자존감을 높여주는 데도 도움이 된다. 제2의 모잠비크 사태를 맞아서는 안 되기에 신중해야 했다. 스와질란드에 갈 것인가, 말 것인가. 만장일치로 가야 한다고 결론이 내려졌다. 전날의 사건 사고로 인해 나는 잔뜩 위축돼 있었지만, 가족들은 '어쩔 수 없는 일'이라고 생각하는 듯했다.

✳ 스와질란드로 가는 길

넬스푸르트에서 국경 도시인 제페스 리프까지는 2시간이 걸렸다. "메리 크리스마스"라고 인사를 건네는 사람들, 공무원은 친절했고 일 처리 속도는 빨랐다. 남아공 차량의 출입이 가능했고 보험도 남아공 것으로 커버가 됐다. 기분 좋게 국경을 통과하고 산길을 달리는데 폭우가 쏟아졌다. 고도가 높아지면서 기온이 떨어져 히터까지 켜야 했다. 전날은 40℃가 넘어서 더위를 먹었는데, 하루 사이에 10℃도 안 되는 길을 달리고 있는 거다. 아마도 구름 속에 있었을 거다. 안개 때문에 앞이 전혀 보이지 않았다. 농부가 끌고 가던 물소를 칠 뻔한 사태까지 발생했다. 내비게이션을 최대한 확대해서 길을 머릿속으로 그리며 천천히 이동했다. 옆자리에 앉은 아내가 나섰다. 구글맵을 보면서 눈으로 보이지 않는 길을 읽어냈다. "50m 앞 우회전, 좌회전" 하며 내비게이션 역할을 3시간 동안 한 결과, 음바바네를 지나 최종 목적지인 롬밤바Lombamba에 도착할 수 있었다.

오는 길에 주유소에서 만난 아주머니들의 표정에서 스와질란드의 이미지가 결정됐다. 비에 쫄딱 젖은 낯선 동양 아저씨를 바라보는 시선이 굉장히 밝고 따뜻했다. 모잠비크에서의 악몽을 덮어주기에 충분한 미소였다.

▌tip ▐ 에스와티니가 된 스와질란드

남아공, 모잠비크와 국경을 접하고 있는 작은 왕국 스와질란드는 자연환경이 아름다워 아프리카의 스위스라 불린다. 2018년 독립 50주년을 기념해 국호를 에스와티니 Kindom of eSwatini로 변경했다. 스와티족의 땅이라는 의미. 남아공 내부에 위치해 레소토와 함께 '남아공 세입자'로 불리기도 한다. 경제도 남아공에 종속돼 있는데, 남아공 화폐는 스와질란드에서 사용할 수 있지만, 스와질란드 화폐는 남아공에서 사용할 수 없다. 우리나라 여권이 있으면 무비자로 입국이 가능하다. 남아공에서 스와질란드에 입국할 때는 통행료를 지불해야 하고, 스와질란드에서 남아공으로 갈 때는 통행료가 없다.

✳ 아프리카에서 맞이한 첫 번째 크리스마스

예약해둔 밀웨인 와이드라이프 보호 구역Mlilwane Wildlife Sanctuary 내의 캠핑장으로 향했다. 이글루처럼 생긴 아프리카 전통 가옥에서 묵고 싶었지만, 5인 가족이 사용하기에는 너무 좁아 어쩔 수 없이 캐빈을 선택했다. 캐빈의 인테리어는 아프리카풍이었고, 베란다에는 바비큐 시설도 있었다.

전통 가옥에서 묵지 못한 것이 내내 아쉬웠는데, 밤이 돼 기온이 급격히 떨어지자 오히려 다행이라는 생각이 들었다.

크리스마스이브가 끝나가고 있었다. 잠들기 전 주변 산책에 나섰다. 누군가가 피워놓은 모닥불 앞에 앉았다. 마음이 편안해졌다. 여행을 준비할 때부터 아프리카에서 크리스마스를 맞이하리란 걸 알고 있었다. 어디서 어떻게 보내야 가족들에게 특별한 선물이 될지 많이 고민했다. 고민 끝에 선택한 것이 모닥불이었다. 이 캠프 내에는 멧돼지가 산다. 뉴스에 나오는 괴팍한 멧돼지가 아닌, 애완견 같은 느낌의 아프리카 멧돼지다. 인터넷에서 모닥불을 쬐고 있는 멧돼지 사진을 보는 순간 이 캠프장을 예약했는데, 안타깝게도 멧돼지는 나타나지 않았다. 운 좋은 여행자가 촬영한 사진이었나 보다.

미국에서는 크리스마스에 가족들이 벽난로 앞에 앉아 마시멜로를 구워 먹는 풍습이 있다. 어제까지 뜨거운 여름에 있다가 겨울로 넘어와 모닥불 아래서 마시멜로가 아닌 주유소에서 산 스낵을 먹으며 맞이하는 크리스마스라니. 바람에 날아가고 모닥불에 타버릴, 한없이 가벼운 농담들을 주고받으며 한참 동안 앉아 있었다. 1시간 정도 지나자 긴 총을 멘 경비원이 모닥불 너머에 자리를 잡고 앉았다. 그와 우리는 피부색처럼 언어도 달랐다. 상진이가 스낵을 건넸다. 자정이 넘은 시간, 모닥불을 피울 만큼 추운 아프리카에서, 총을 멘 흑인 경비원과 반바지에 담요를 두른 아시안들이 함께 크리스마스를 맞고 있었다. 손에는 같은 스낵이 들려 있었다.

아침 일찍 일어나 상은이와 산책에 나섰다. 그리고 드디어! 지난밤 모닥불을 피웠던 자리에 잠들어 있는 멧돼지 가족을 발견했다. 조심스럽게, 그러나 재빠르게 상은이가 캐빈으로 돌아가 가족들을 깨웠다. 멧돼지들은 정말 강아지처럼 자고 있었다. 사람이 다가가도 전혀 의식하지 않은 채. 이곳에서는 굉장히 흔한 아침 풍경이라고 한다.

✳ 여행의 마무리는 요하네스버그에서의 호캉스

아침 식사를 마치고 자동차로 주변을 둘러봤다. 크루거 국립 공원처럼 다양한 동물이 살고 있지는 않지만, 풍경이 정말 예뻤다. 밀웨인 와이드라이프 보호 구역 내의 캠핑장은 지금까지 묵었던 아프리카의 숙소와 풍경이 달랐다. 고산 지대이기 때문인지 새가 특히 많았다. 초식 동물이 있는 사파리라 맹수들을 막는 전기 망 같은 것도 없었다. 무엇보다 아름다웠던 건 크리스마스를 맞아 피크닉 온 현지인들, 그들과 이곳에서 더 머물고 싶었지만 다음 일정을 소화해야 했다.

여행이 끝나가고 있었다. 에르메로Ermelo와 베달Bethal을 거쳐 다시 요하네스버그로 돌아가는 400km의 길, 도로는 한산했다. 뒷좌석의 아이들은 아내에게 크리스마스 선물로 받은 크레파스와 스케치북으로 노느라 지루할 틈이 없어 보였다. 무탈한 도로 위에서도 계속 치안이 걱정됐다. 숙소는 부촌 안에 있는 호텔을 예약해뒀다. 기왕이면 밖에 나가지 않고 안전하게 '호캉스'를 즐길 계획이었다.

숙소까지 가는 길에 보이는 거리 풍경은 암담했다. 판자촌이 끊임없이 이어졌다. 남루한 입성의 사람들이 그 사이를 지나다녔다. 교차로에서 신호에 걸려 정차할 때마다 마음이 조급해졌다. 물건을 팔려는 사람들이 모여들었다. 위태롭고 위험해 보였다. 닫힌 자동차 문을 다시 한번 더 단단히 걸어 잠그며 마음도 한 번 더 닫고 있음을 깨달았다. 호텔과 연결된 쇼핑몰 푸드 코트에서 저녁을 먹고, 식료품 매장에 들러 주전부리를 사 호텔로 돌아왔다. 어두워진 호텔 밖은 위험하다는 말에 가족 모두가 동의했다.

☀ 아프리카에서도 딤섬을 찾아내는 뚝심

여행 마지막 날, 요하네스버그에 차이나타운이 있다는 정보를 입수하고 딤섬을 먹으러 갔다. 규모가 크지는 않았다. 유명하다는 딤섬 집에 들어서니 그동안 아프리카를 여행하면서 한 명도 보지 못한 아시안 무리가 나타났다. 중국인들이었다. 큰 규모의 딤섬 집과 만족스럽지 못한 위생 상태, 홀을 가득 채운 중국인들 그리고 딤섬의 맛까지, 여기가 중국인지 남아공인지 헷갈릴 정도였다.

요하네스버그에는 중국인 노동자가 굉장히 많았다. 중국이 정치적으로 아프리카를 점령하기 위해 전략적으로 중국인을 이곳으로 보낸다는 얘기를 들은 기억이 났다. 꽤 심각한 얘기였는데, 지난 일주일 내내 먹은 스테이크에 질려가던 가족에게 이 순간 딤섬만큼 중요한 건 없었다. 밥과 국수, 딤섬이 있는 이곳이 천국이란 생각마저 들었다.

요하네스버그 관광은 가족 모두가 원치 않았다. 스와질란드에서 이곳까지 오는 길에 느낀 불안함이 잔상으로 남아 여러 가지 의미로 괴롭기 때문일 거다. 밥을 먹고 호텔로 돌아와 여행의 마지막 날을 보냈다.

남아프리카공화국 헤이지뷰 숙소 해먹에서의 휴식.

가까이에서 교감을 나누었던 기린.

남아공 크루거 국립 공원의 코끼리.

밀웨인 와이드라이프 보호 구역에 사는 멧돼지 가족.

스와질란드 밀웨인 와이드라이프 보호 구역.

빅 파이브가 그려진 남아공의 이전 지폐들.

스와질란드 밀웨인 와이드라이프
보호 구역의 전통 가옥.

모잠비크 마푸토로 가는 길 위의 모습.

스와질란드 와이드라이프 보호 구역에서
동물들과 함께한 식사 시간.

나무로 만든 아프리카 민예품.

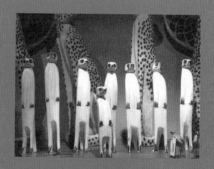

8

부모님 모시고
일본 구마모토 료칸 여행

여행 일지

기간 ＊ 2015년 10월 10일~13일, 3박 4일

장소 ＊ 일본 구마모토 현

이동 거리 ＊ 460km

Fukuoka ➡ Minami Aso 130km + 150km 2'30" + 3'00"

Minami Aso ➡ Mount Aso 20km 0'40"

Mount Aso ➡ Tsuetate Onsen 60km 2'30"

Tsuetate ➡ Fukuoka 100km 2'30"

Kumamoto

구마모토

a. 후쿠오카 국제공항 ➡ **b.** 구마모토, 히로사키 ➡ **c.** 구마모토, 미나미아소 ➡

d. 아소산 ➡ **e.** 쓰에타테 온천 ➡ **f.** 후쿠오카

① 함께한 자동차 — 미쓰비시 델리카

다섯 식구만 여행할 때는 연비와 이동 편의성, 주차 등을 고려해 세단이나 왜건을 렌트하는데, 부모님을 모시고 갈 때는 다인승 차량을 빌린다. 미쓰비시 델리카는 7인승 미니밴으로 천장이 높아 뒷좌석 승차감도 좋은 편이다. 일본의 미니밴은 폭이 좁고 천장이 높은 박스 형태가 많다. 공기 저항을 많이 받기 때문에 연비는 좋지 않지만, 넓은 주차 공간을 필요로 하지 않아 실용적이다. 단, 운전하는 재미가 전혀 없다.

② 렌터카 업체 — 토쿠 www2.tocoo.jp

토쿠는 글로벌 자동차 브랜드는 물론이고 지역 업체의 차량을 모두 검색해주는 일본 렌터카 가격 비교 사이트다. 거의 모든 렌터카 회사는 자동차 제조사가 자사 차량으로 운영하는 계열사로 출발했다. 미국과 유럽은 이러한 구조가 해체된 지 오래지만, 일본에는 아직도 남아 있다. 니폰렌터카, 닛산렌터카, 도요타렌터카가 3대 대형 렌터카 업체로 꼽힌다. 최근 미국의 버짓Budget이 일본 렌터카 시장에 진출하면서 공격적인 마케팅을 펼치고 있으니 참고하자.

③ 주유

우리나라 시골을 여행한다고 생각하면 된다. 시내처럼 촘촘하게 주유소가 있지는 않지만, 기름이 떨어질까 염려할 필요는 없다.

④ 주차

지방의 료칸은 주차 시설을 갖추고 있으며, 숙박비에 주차비가 포함된다. 료칸 등급에 따라 발렛 서비스까지 무료로 제공하는 경우가 많다.

⑤ 기타

고속도로 통행료는 여전히 비싼 편이지만, 도시 여행과 달리 구간 통행료를 지불해야 하는 경우가 많지 않아서 ETC 카드를 사용하지 않았다. 일본은 자동차 운전석이 우리나라와 반대이기 때문에 사거리에서 우회전할 때, 주차장에서 도로로 진입할 때 각별히 유의해야 한다. 또 운전석 위치만 바뀔 뿐 액셀러레이터와 브레이크 위치는 같다는 점도 명심하자.

* 갑자기 떠난 초가을의 료칸 여행

아내가 수술을 했다. 일주일 정도 입원 치료가 필요했고, 그 사이 부모님이 오셔서 아이들을 돌봐주셨다. 퇴원 후가 문제였다. 아내 성격상 가족들 챙기느라 자신의 건강은 뒷전이 될 게 뻔했다. 이럴 때 남자들과 아이들은 피해주는 것이 상책이다. 퇴원한 아내를 장모님께 부탁하고, 부모님과 아이들을 데리고 일본으로 떠났다.

내게 일본은 외국인의 시점으로 여행하지 않아도 되는 곳이다. 고등학생 시절을 일본에서 보냈기 때문에 현지인들만 알고 있는 여행 정보에 빠삭한 편. 우리의 하드코어 여행 스타일을 잘 알기에 '함께 여행하자'고 하면 부모님은 손사래를 치시는데, 일본 여행만큼은 따라 나선다. 맛있는 음식을 먹고 따뜻한 료칸에 몸을 담그고 있노라면 걱정거리가 다 사라지는 기분이라나. 그렇게 갑자기 결정된 여행의 목적지는 구마모토. 몇 개의 료칸을 둘러볼 생각이다. 10월 중순, 뜨거웠던 계절이 한풀 꺾이고 가을이 절정을 향해 가고 있었다.

후쿠오카 공항에서 아소산 남쪽의 예약해둔 료칸이 있는 미나미아소 초까지는 2시간 남짓한 거리, 저녁 식사 시간까지는 여유가 있었다. 천천히 가을이 익어가는 풍경을 감상하며 목적지에 도착했을 때, 뭔가 잘못되었음을 깨달았다. 논 한가운데로 우리를 안내해준 내비게이션. 료칸 전화번호를 잘못 입력한 것이다. 내비게이션에 료칸 전화번호를 제대로 다시 입력하니 예상 도착 시간은 밤 9시 30분 즈음, 저녁 식사로 가이세키 요리를 주문해둔 터라 료칸에 전화를 걸었다. 료칸 주인은 외려 우리를 걱정하며 조심히 오라고 위로해줬다.

운이 좋게도 그날 료칸에서는 마을 주민의 연회가 있었고, 덕분에 늦은 시간이었음에도 식사를 할 수 있었다. 말고기로 유명한 구마모토답게 료칸에서 준비해준 거의 모든 요리의 재료가 말고기였다. 말고기는 소고기와 맛이 비슷한데 기름기가 적고 칼로리가 낮은 편. 낯선 음식의 등장으로 당황하신 게 역력한 부모님과 달리 모험심 많은 상진이와 고기를 좋아하는 상아는 거부감 없이 잘 먹었다.

오래된 료칸이었다. 대욕장은 5명이 들어가면 꽉 차는 크기였고, 별도의 노천탕은 없었다. 아이들은 공동 화장실을 사용하는 것을 꽤나 불편해했다. 그러나 나는 불만보다 고마움이 앞섰다. 친절한 료칸 주인 덕에 가족들이 굶지 않고 식사할 수 있었으니까.

▌tip▐ **합리적인 료칸 선택 기준**

대가족이 료칸에 숙박하려면 작은 방을 두 개 예약하는 것보다 한방에 묵는 것이 좋다. 그래야 큰 방을 배정받을 수 있다. 료칸 이용료는 숙박비보다 온천탕 사용료와 음식 값이 더 큰 비중을 차지하기 때문에, 방 크기에 따라 가격 차이가 크지 않다. 우리 가족은 1인당 5,000~10,000엔 정도의 료칸을 선호하며, 조식과 석식을 포함해 5인 가족의 료칸 요금이 30,000엔을 넘지 않는 곳을 선택하는 편이다. 시설이 좋은 료칸에 머물고 싶을 경우 석식을 제외하면 비용을 절반으로 줄일 수 있다. 대형 료칸이라면 식사를 가이세키 요리와 뷔페 중 선택할 수 있다. 가이세키 요리는 료칸에 따라 편차가 심하기 때문에 리뷰를 꼼꼼하게 체크해야 한다.

✳ 한라산을 닮은 구마모토 현의 상징, 아소산

밤의 습도가 완전히 사라지기 전, 조금은 쌀쌀한 공기가 좋아 이른 아침 아소산에 올랐다. 구마모토 현의 상징인 아소산은 세계 최대 규모의 칼데라 호가 있는 활화산이다. 때문에 나는 구마모토가 제주도, 아소산은 한라산과 비슷하다는 느낌을 받곤 한다.

아소산으로 가는 111번 도로는 '아소 파노라마 라인'이라 불릴 정도로 경치 좋은 도로로, 구마모토 현 최고의 드라이브 코스로 꼽힌다. 안개가 짙은 날이었다. 고도가 높아질수록 시정 거리가 짧아졌다. 다이칸보Daikanbo 전망대에 오르면 인포메이션 센터와 화산 박물관, 작은 스낵바가 있다고 료칸 주인이 얘기해줬는데, 안개 때문에 아무것도 보이지 않았다. '산은 고도에 따라 날씨 변화가 심하니 정상에 도착하면 운해가 낮게 깔려 있을 거'라고 기대하며 올라갔지만, 바로 앞도 보이지 않았다. 아쉬운 마음에 화산 박물관이라도 들를 생각이었다. 아소 화산 박물관Aso Volcano Museum은 아소산은 물론이고 전 세계의 화산과 관련된 자료를 전시해둔 곳이다. 이 지역의 식생과 생태, 광물의 분포와 역사를 알 수 있을 뿐 아니라 나카타케 화구에 설치된 특수 카메라를 통해 실시간으로 화구 상태를 관찰할 수 있어 많은 여행자가 찾는다.

그런데 전망대에서 아소 화산 박물관을 향해 뒤를 도는 순간, 거짓말처럼 안개가 걷히기 시작했다. 바로 아래 목장에서 소들이 무리 지어 풀을 뜯고 있었다. 미사여구가 필요 없는 평화롭고 아름다운 풍경, 아소산이 우리에게 건네는 환영 인사처럼 느껴졌다.

분화구가 끓고 있는 나카타케 정상에는 가지 못했다. 2015년 9월 13일 아소산에서 대규모 폭발이 있었고, 그로 인해 나카타케 분화구로 향하는 길은 2018년 봄까지 닫혀 있었다. 지금도 나카타케 분화구는 날씨와 바람, 화산

가스 등에 따라 출입이 통제되곤 한다. 분화구까지 올라가려면 아소화산 화구 규제 정보 홈페이지aso.ne.jp/~volcano/를 사전에 반드시 확인해야 한다.

✳ 아소산 중턱에 자리 잡은 온천 마을, 쓰에타테

호텔과 달리 료칸은 같은 곳에서 하루 이상 묵는 경우가 드물다. 다른 효능을 가진 온천수와 가이세키 요리를 체험하기 위함일 것이다. 우리도 다른 지역에 있는 료칸을 예약해뒀다. 구불구불한 산길을 따라 한참을 달려 구마모토 현과 오이타 현 경계에 있는 쓰에타테Tsuetate 온천 마을에 도착했다. 산길을 가로질러 강이 흐르고 강을 끼고 양옆으로 늘어선 료칸과 호텔이 마을의 옛 영화를 보여주는 듯했다.

쓰에타테 온천 마을은 일본의 대표적인 온천 관광지로, 1,800년 전 츄아이 천황의 아이를 임신한 신구 황후가 출산을 위해 방문해 갓난아이를 목욕시켰다는 기록이 있는 곳이다. 100℃ 정도의 고온 알칼리성 투명 온천으로 신경통이나 피부 질환을 완화시키고, 메타규산을 함유하고 있어 피부 미용에도 탁월한 효과가 있다고 알려져 있다. 1980년대까지 일본인들 사이에서 신혼여행지로 유명했던 곳이지만, 현재는 관광객들의 발길이 뜸한 편이다.

쓰에타테 온천의 료칸은 20개가 안 된다고 한다. 소규모 가정집 분위기의 료칸이 많고, 대규모 온천 호텔이 몇 개 들어서 있었다. 마을에 도착한 것은 낮 12시가 조금 넘은 시간, 예약한 료칸의 로비가 비어 있었다. 불도 꺼져 있었다. 내비게이션의 악몽이 되풀이되나 걱정하고 있을 때, 매니저로 보이는 사람이 나타났다. 사무적인 표정으로 "지금은 브레이크 타임이며 체크인은 3시부터"라고 말했다. "안전상의 이유로 짐은 맡아주지 않는다"고도 덧붙였다. 료칸은 체크아웃 시간도 호텔보다 이른 오전 10시 전후였다. 연박하는 숙박객이 드물기 때문에 아예 료칸 문을 닫아놓고 재정비 시간을 갖는 듯했다.

료칸 밖으로 나와 동네 구경에 나섰다. 음식점과 기념품 숍 등이 잘 정비된 여느 온천 마을과 달리 리얼한 현지인의 생활을 엿볼 수 있었다. 쓰에타테 온천의 원탕이 멀지 않은 곳에 있었다. 이 마을에서 가장 먼저 원천이 발견된 곳으로 지금은 작은 공동 욕탕으로 사용되고 있었다. 마을 곳곳에서는 수증기가 피어나고 있었다. 그리고 오후 3시가 가까워 오자 거짓말처럼 마을이 활기를 찾기 시작했다. 도로에는 차량이 가득하고, 유카타를 입고 삼삼오오 짝을 지어 산책을 하는 이들로 거리가 북적였다.

온돌 문화가 없는 일본은 목욕 문화가 발달했다. 욕조가 있는 가정에서는 매일 물을 데워 목욕을 하고 따뜻한 상태로 잠이 들곤 한다. 욕조의 물은 온 가족이 함께 사용하기 때문에 욕조에 몸을 담그기 전에 세신을 해야 한다. 온천도 마찬가지. 목욕의 개념이 한국과 다르다. 한국은 탕에 들어가 때를 불린 다음 세신을 하는 게 일반적이다. 일본에서 온천은 피로를 풀려는 목적이 크다. 탕에 들어가기 전 비누로 깨끗이 몸을 닦는다. 몸을 닦은 타월은 깨끗하게 헹궈 몸을 가리고 탕에 들어가고, 탕 속에 있을 때는 머리 위에 올려두거나 바가지 안에 넣어두는 게 좋다.

✳ 계곡을 따라 이어지는 매력적인 노천탕

쓰에타테를 대표하는 온센 히젠야Tsuetate Kanko Hotel Hizenya에는 한국어를 하는 스태프가 있을 정도로 한국인 여행자가 많았다. 문 연 지 300년이 넘은 대형 료칸이다. 규모가 크기 때문에 료칸 내에서 길을 잃지 말라는 의미로 체크인 할 때 한글로 된 안내도를 한 장씩 나눠준다. 유카타로 갈아입고 온천탕으로 이동하는데, 한국인 스태프가 다가와 '기쇼노유' 노천탕이 좋다고 귀뜸해줬다. 히젠야는 큰 규모만큼이나 다양한 온천 시설을 갖추고 있었다. 11개 줄기의 풍부한 원천으로 운영되는 5개의 온천 시설, 25개의 다양한 온천 욕조를 운영 중인 것. 그중에서 가장 인기 있는 온천 시설이 기쇼노유였다.

로비에서 미니버스를 타고 기쇼노유로 이동했다. 100% 천연 온천으로 크고 작은 바위탕, 원통 욕조 모양 온천, 나무 욕조, 1인 욕조 등 다양한 온천이 계곡을 따라 형성돼 있었다. 산속에 위치한 온천 마을이라 조금 쌀쌀했는데, 온천하기에는 더없이 좋았다. 인근 온천 호텔 2~3군데가 공동 운영하는 온천이라고 한다. 삼림 노천탕인 다마노키 온천 역시 쓰에타테 강이 흐르는 모습을 보며 온천할 수 있어 인기가 좋았다. 재미있는 것은, 쓰에타테 온센 히젠야가 오이타 현과 구마모토 현의 경계에 자리 잡아 오이타관과 구마모토관의 행정구영이 다르다는 점. 아이들은 온천보다 지하 아케이드에 있는 게임 룸과 볼링장, 공연장 등에 관심이 더 큰 듯했다. 식사 후 부모님을 룸에서 쉬시도록 하고, 아이들과 볼링을 쳤다.

▌ tip ▉ 남녀 혼탕이 있다고? 그렇다!

일본에는 아직도 혼탕이 남아 있다. 샤워 시설이 없는 작은 집이 많기 때문에 대중탕도 흔하다. 어렸을 때 가장 충격적이었던 장면이 있다. 커다란 탕 사이에 커튼을 쳐서 남탕과 여탕을 나눠놨는데, 목욕비를 받는 아주머니가 그 커튼 중간에 앉아 계셨다. 한국에서 남자 화장실을 아주머니들이 청소하시듯, 지금도 일본 온천에서는 남탕도 아주머니들이 청소하신다. 온천욕을 마치고 나와 옷을 갈아입다 보면 너무도 건조한 표정으로 청소를 하고 바가지를 정리하며 남탕 안을 돌아다니는 아주머니들을 만나게 된다. 아직도 익숙해지지 않는 문화다.

✳ 3대가 함께 여행하는 것의 의미

조부모님은 일찍 돌아가셨다. 내가 초등학생 때라 할머니와 할아버지에 대한 기억이 거의 없다. 우리 아이들에게는 같은 아쉬움을 물려주고 싶지 않다. 그래서 부모님과 처가에 늘 부탁드리곤 한다. 건강하게 오래 살면서 손주들과 많은 추억을 남겨달라고. 물론 자주 만나서 시간을 함께 보내야 한다고도 말씀드린다.

5년 전, 건강하다고 믿었던 아버지가 쓰러지신 적이 있다. 길을 걷다가 갑자기 다리에 감각이 없어지면서 발생한 사고였다. 아버지는 상실감이 크셨다. 감각이 둔해져 걷는 게 힘드니 좋아하시던 운동도 할 수 없었다. 실의에 빠진 아버지의 특효약은 상진이. 아버지는 애교가 많은 상진이를 특히 예뻐하신다. 상진이를 데리고 자주 찾아뵈면서 아버지가 삶의 의지를 되찾을 수 있도록 자극을 줬었다. 효과가 있었는지 아버지는 꾸준히 운동을 하셨고, 지금은 외려 건강해지신 느낌이다. 주변에서는 기적이라고 했다.

솔직히 부모님을 모시고 여행하려면 힘든 게 많다. 아이들과 부모님의 건강과 취향을 모두 고려해 여행을 계획해야 하기 때문이다. 그러나 만족감 역시 두 배가 된다. 최고의 선물은 '성원 투어'에 참석한 가족들의 만족스러운 웃음이니까.

3대가 함께 여행할 때 고려할 것

● **걷는 구간을 최소화할 것** 건강한 분이더라도 시차와 기후 등에 의해 체력이 떨어지고 면역력이 저하되는 경우가 많다. 걷는 구간을 최소화한 동선 설계가 필수다. 주기적으로 등산을 하신다고 해도 덥거나 추운 날씨라면 걷는 시간을 줄여야 한다.

● **식사 시간을 지킬 것** 커피 한 잔으로 아침 식사를 대신하는 경우가 많은데, 부모님과 함께라면 식사 시간을 반드시 지켜야 한다. 현지 음식이 어르신들 입맛에 맞지 않는 경우도 더러 있으니 볶음 고추장과 김, 누룽지, 컵라면 등을 반드시 챙기자. 컵라면을 뜯어 면과 스프만 따로 담으면 짐 부피를 줄일 수 있다. 우리 가족은 부모님과 여행을 할 때 전기밥솥을 가져간 적도 있다. 접어서 부피를 줄일 수 있는 보냉 가방을 챙기는 것도 좋다.

● **만성 질환 영문 처방전을 챙길 것** 심장병, 뇌졸중, 관절염, 만성 호흡기 질환, 암 등 만성 질환이 있다면 순식간에 병의 상태가 악화될 수 있으니 각별한 주의가 필요하다. 여행 전 전문의와 상담해 여행지나 현지 기후에 따라 약을 처방 받아야 한다. 복용할 약은 넉넉하게 챙기고, 일부 국가에서는 복용 중인 약의 반입이 안 될 수도 있으니 영문 처방전도 받아 챙겨 가야 한다. 아이를 동반할 경우에는 체온계와 어린이용 해열제를 챙기는 것도 잊으면 안 된다.

쓰에타테 기쇼노유 노천탕 앞에서.

료칸 여행의 또 다른 즐거움,
가이세키 요리.

안개가 자욱한 아소산 정상에서.

계곡을 따라 이어지는 쓰에타테 온천.

9

나이를 잊은 피터 팬
미국 플로리다 상륙기

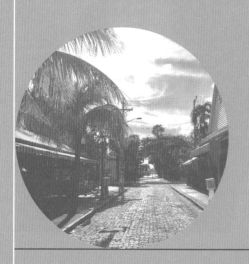

여행 일지

기간 ✳ **2015년 6월 6일~20일, 14박 15일**

장소 ✳ **미국 플로리다 주**

이동 거리 ✳ **1,850km**

Detroit Airport ➡ Dearborn 20km 0'20"

Dearborn ➡ Detroit Airport 20km 0'20"

Orlando ➡ Kissimmee 30km 0'30"

Kissimmee ➡ Cape Canaveral 125km 1'30"

Cape Canaveral ➡ Kissimmee 105km 1'10"

Kissimmee ➡ Crystal River 160km 2'00"

Crystal River ➡ Kissimmee 160km 1'45"

Kissimmee ➡ Clearwater Beach 150km 1'45"

Clearwater Beach ➡ Kissimmee 150km 1'40"

Kissimmee ➡ Miami Beach 370km 4'00"

Miami Beach ➡ Key West 290km 4'30"

Key West ➡ Miami Airport 270km 4'30"

Florida

플로리다

a. 올랜도 국제공항 ➡ **b.** 키시미 ➡ **c.** 케이프 커너배럴 ➡

d. 키시미 ➡ **e.** 크리스털 리버 ➡ **f.** 키시미 ➡ **g.** 클리어워터 비치 ➡

h. 키시미 ➡ **i.** 마이애미 비치 ➡ **j.** 키 웨스트 ➡ **k.** 마이애미 국제공항

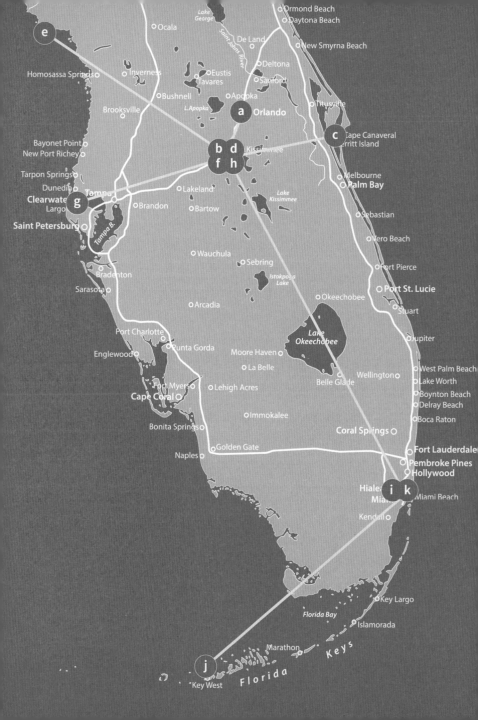

① 함께한 자동차 — 현대 소나타

현대 소나타와 도요타 캠리, 닛산 맥시마 중 소나타를 택했다. 차량 사이즈는 비슷하지만 내부 좌석이 소나타가 가장 넓기 때문이다. 키시미와 마이애미에 숙소를 정해두고 일일 투어를 다닐 계획이라 짐을 숙소에 넣어둘 요량으로 수납이 좋은 왜건보다 승차감이 좋은 세단을 택했다.

② 렌터카 업체 — 지역 업체 NU

올란도 공항에는 두 가지 방식의 렌터카 업체가 있다. 차량을 공항 내에서 인도받는지, 밖에서 받는지에 따라 가격 차이가 크다. 공항 밖 업체가 현저히 저렴하기 때문에 셔틀버스를 타고 공항 밖으로 이동했다. 경쟁이 워낙 치열하므로 자동차 보험에 부가 서비스를 포함시키려고 하는데 현혹되지 말고 원래 계획했던 대로 진행할 것을 권한다.

③ 주유

코스트코 회원 카드가 있다면 반드시 챙기는 게 좋다. 미국의 코스트코에는 보통 주유소가 함께 있는데, 여느 주유소에 비해 저렴한 편이다.

④ 주차

마이애미를 제외한 지역은 주차비가 저렴하거나 무료다. 마이애미 지역은 대
도시처럼 불법 주차를 수시로 단속해 견인을 하니 공영 주차장을 이용해야
한다.

⑤ 기타

플로리다에는 유료 도로가 많다. 차량을 렌트할 때 우리나라 하이패스와 같은
기능을 하는 패스를 사용할 것이냐고 묻는다. 차량 반납 후 등록한 신용카드에
서 자동으로 인출되는 방식이다. 만약 비용을 줄이고 싶다면 편의점에서 교통
패스를 구입해 사용하는 게 좋다. 가장 저렴한 것은 선 패스Sun Pass. 선 패스 홈
페이지sunpass.com에서 패스를 활성화하고, 차량 번호판을 기입하면 된다. 신
용카드로 잔액을 충전하면 사용한 만큼 요금이 빠져나간다. 직접 패스를 구매
했다면 차량을 반납할 때 패스를 반드시 제거해야 한다.

플로리다 디즈니월드의 야간 퍼레이드.

✳ 내 인생의 스프링 브레이크, 플로리다

우리 가족은 플로리다를 사랑한다. 디즈니월드, 시월드, 레고랜드, 유니버설 스튜디오 등 아이들이 좋아하는 테마파크가 모여 있는 데다 바다와 면해 있어 어른들도 쉬면서 재충전하기에 이만한 곳이 없다. 어렸을 때 가장 부러웠던 말 중 하나가 방학 때 "디즈니월드에 다녀왔다"는 얘기였다. 예나 지금이나 디즈니랜드는 어린이들의 꿈의 공간이다. 하지만 나의 현실은 디즈니랜드에 갈 만큼 여유롭지 못했다.

미국 이민 후 부모님은 뉴저지 주에서 작은 상점을 운영하였는데, 많은 한국인 이민자가 그렇듯 주말도 없이 일하셨다. 꼬장꼬장한 동양 출신의 중년 아저씨에게 휴가 개념이 있을 리 만무하다. 돈보다 마음에 더 여유가 없었을 것이다. 대학에 입학한 후 드디어 나도 '스프링 브레이크'를 즐길 수 있게 됐음에 기뻐했다. 스프링 브레이크란 봄 방학을 말하는데, 미국 대학생들이 봄 방학 때마다 플로리다나 멕시코에서 내일이 없는 것처럼 지칠 때까지 노는 문화도 포함한다. 두 번인가, 대학생 때 친구들과 플로리다로 자동차 여행을 떠난 적이 있다. 그러나 나에겐 흑역사만 늘었다. 내일이 없는 것처럼 놀겠다는 결심이 무색하게, 백인 위주의 문화에 잘 어울리지 못하고 구경만 했던 거다. 플로리다 여행을 앞두고 아이들만큼 나도 고무돼 있었다.

세계적인 휴양지니까 플로리다는 당연히 물가가 높을 거라고 생각할 것이다. 그러나 수요 이상으로 공급이 많고 경쟁이 치열하기 때문에 렌터카부터 숙박 시설, 레스토랑까지 비용이 뉴욕의 절반밖에 되지 않는다. 디즈니 월드에 가기 위해 우리 가족은 올란도 근처의 아파트를 렌트했다. 방 2개, 화장실 2개, 거실, 부엌이 있는 132제곱미터(40평대) 복층 아파트의 렌트비가 하루에 100달러. 그 무렵 뉴욕 출장 때 모텔급 호텔에 머물면서 1박에 300달러를 지불했던 것에 비하면 꽤 저렴한 편이다.

▌tip ▊ 플로리다 아파트 렌트비가 저렴한 이유

플로리다는 미국 내에서 비교적 늦게 개발된 지역 중 하나다. 늪지대를 간척해 집을 지었기 때문에 부동산 가격 자체가 저렴한 데다 은퇴 후 삶을 위해 별장으로 사둔 곳이 대부분이라 비어 있는 집이 많다. 공급이 수요를 초과하다 보니 올란도 근처에는 미분양 아파트도 많다. 대형 호텔 체인에서는 이러한 미분양 아파트를 단지째로 매입해 숙박업소로 운영하곤 한다. 개인 소유의 아파트 렌트가 플로리다에서는 합법이기 때문에 호스텔닷컴이나 부킹닷컴 같은 숙박 앱에도 등록돼 있다. 물론 호텔 공급량은 턱없이 부족하다.

✳ 플랜 B가 필요한 경유 항공편

디트로이트에서 경유하는 항공편을 예약했다. 환승하는 데 2시간 정도 여유가 있었다. 입국 심사 줄이 얼마나 긴가가 변수였다. 문제는 인천에서부터 발생했다. 출발부터 40분이 지연됐다. 같은 항공사에서 운항하는 디트로이트-올란도 노선은 4개. 예약한 항공기를 놓치더라도 우리에겐 2번의 기회가 더 있었다.

과속은 자동차만 하는 게 아니다. 30~40분 정도 늦는 것은 기장의 운항 기술로 따라잡기도 한다. 비행기는 정시에 도착했지만 입국 수속 줄이 너무 길었다. 안내 직원에게 사정했으나 돌아오는 건 "너희만 바쁜 것이 아니다"는 냉정한 답변. 항공사 직원에게도 부탁했다. 자신의 책임이 아니라는 말을 남기고 사라졌다. 모두의 무관심 속에 연결 비행기를 놓쳤다. 항공사에서는 저녁에 출발하는 항공편으로 스케줄을 바꿔줬다. 일정이 틀어지게 된 것이 못마땅해 물었다. "도착 시간이 4시간을 초과하면 손해 보상 청구를 할 수 있는데, 6시간 넘게 지연된 것을 어떻게 보상해줄 것이냐?"고. 사과 한 마디 없이 목적지 도착 후 고객 서비스 센터로 신청하라는 답을 들려줬다. 죽일 놈의 개인주의, 미국다운 대처였다.

연결 비행기를 놓쳐 여행 계획에 차질이 생겼지만 크게 당황하지 않았다. 예상치 못한 상황이 아니다. 한국에서 출발해 디트로이트로 가는 항공기는 중국이나 일본을 경유하는 경우가 많고, 연착은 빈번하게 발생하는 일이기 때문에 미리 플랜 B를 준비해놨다. 미국은 렌터카 취소 수수료가 없다. 스케줄에 차질이 생길 경우를 대비해 디트로이트 공항에서 24시간 동안 이용할 자동차를 예약해뒀다. 갈 곳도 검색해뒀다. 공항에서 자동차로 15~20분 거리에 있는 헨리 포드 뮤지엄Henry Ford Museum. 디트로이트 공항은 거의 모든 렌터카 업체가 공항 외부의 렌터카 단지에 있었다. 수하물을 목적지로 부친 다음 셔틀버스를 타고 공항을 빠져나가 렌터카 업체로 향했다.

요즘 미국 렌터카 업체는 운영 시스템이 조금 변했다. 차종을 지정해 예약하던 과거의 방식에서 벗어나 섹션을 나누어 대여 비용이 같은 차량끼리 그룹을 지어둔다. 예약자는 해당 섹션에서 마음에 드는 차량을 골라 직접 타보고 선택할 수 있다. 사소한 변화지만 자동차를 직접 고르면서 아이들은 자동차에 관심을 더 갖게 됐다.

플로리다는 멀다. 한국 출발 직항 노선도 없다. 그러나 미국 허브 공항까지만 이동하면 미국 내 국내선 항공권 가격은 큰 차이가 없다. 4~5시간만 더 투자하면 저렴한 항공권으로 플로리다에 갈 수 있는 것. 항공권은 우리나라 국적기와 미국 항공사의 가격 차이가 제법 크다. 전자는 직항이고, 후자는 일본이나 미국의 허브 공항을 경유해야 한다. 직항을 이용하면 비행시간을 6~8시간 줄이는 데 30~40%의 비용을 더 지불하는 셈이다. 5인 가족인 우리는 차액이 5배, 무시할 수 없는 금액이다. 미국 대도시에 갈 때는 시간과 비용의 가치를 판단해 항공사를 선택하는 게 좋지만, 소도시로 이동할 계획이라면 외항사를 선택하는 게 이득이다. 물론 서비스 면에서 차이가 있다. 외항사는 아시아 여러 나라에서 승객을 모아 미국으로 출발하기 때문에 연착이 잦다. 미국 내 연결 항공편을 예약할 때 환승 시간을 넉넉하게 계산하는 게 좋다. 미국 항공사에서 승객을 억지로 끌어내린 사건이 있었다. 그것이 터닝 포인트가 돼 최근에는 서비스 질이 많이 개선됐다.

✳ 자동차의 도시에 들어선 핸리 포드 뮤지엄

시카고를 윈디 시티, 맨해튼을 빅 애플, LA를 천사의 도시라 부르는 것처럼 디트로이트는 모타운Mo-Town으로 불린다. 모터 타운, 자동차의 도시라는 의미다. 우리가 디트로이트를 찾은 2015년은 한때 미국 자동차 산업의 중심이었던 디트로이트가 파산하고 10년이 채 지나지 않았을 때였다. 금융계에 종사하는 친구들은 파산 이유 중 하나가 주민들이 재산세를 지자체에 내지 못했기 때문이라고 했다. 미국은 재산세를 일정 기간 납부하지 못하면 주택이 경매 처리된다. 새로운 여행 파트너가 된 차를 운전하며 내가 좋아하는 마빈 게일의 노래를 틀어놓고 모타운에서 유령 도시가 되기까지 디트로이트에 얽힌 얘기를 아이들에게 들려줬다.

호랑이는 죽어서 가죽을 남기고 헨리 포드는 박물관을 남겼다. 헨리 포드 박물관은 미국 최대의 박물관 복합 단지인 그린필드 빌리지에 있는 박물관 중 하나다. 1929년 학습용으로 사용하기 위해 세운 곳으로, 개관 3년 후인 1932년부터 일반인에게도 공개했고, 2004년부터는 포드 자동차가 공장 견학 프로그램을 운영하기 시작했다.

세계 최초의 억만장자였던 자동차 왕 헨리 포드의 취미 생활은 오래된 기계와 역사가 깃든 건물 수집. 박물관에는 토머스 에디슨의 실험실, 린드버그의 스피릿 오브 세인트 루이스호, 존 F. 케네디가 피격 당할 때 탔던 리무진, 1971년 달에서 주행했던 자동차, 조지 워싱턴이 막사에서 사용하던 베개, 링컨이 마지막으로 앉았던 피 묻은 의자, 마크 트웨인이 사용하던 전화기 등 진귀한 자료가 전시돼 있었다.

말 이후 개발된 탈것의 역사에 대한 전시도 흥미로웠다. 증기 기관차와 자동차, 기차, 비행기 그리고 고속도로와 모텔, 주유소 등 자동차로부터 파생된 것의 역사까지 전시해뒀다. 역대 미국 대통령이 탔던 리무진을 모아둔 컬렉션은 자동차를 테마로 미국의 현대사를 풀어놓은 재미있는 전시를 본 느낌이었다. 아이들을 위한 체험관까지 갖추고 있어 핸리 포드 뮤지엄을 모두 돌아보려면 적어도 3~4시간이 필요하다. 아이가 있는 가족이라면 꼭 가봐야 할 곳으로 추천하고 싶을 만큼 만족스러웠다.

디트로이트 공항으로 돌아와 올란도행 비행기를 타고 다시 서너 시간 이동했다. 공항에서 차량을 렌트해 예약해둔 아파트가 있는 키시미Kissimmee로 향했다. 키시미는 올란도 옆의 대규모 아파트 단지로, 일주일 이상 머무는 가족 단위 여행자가 많은 곳이다. 플로리다를 여행할 때 대부분의 여행자가 마이애미에 숙소를 구한다. 하지만 올란도는 주요 관광지로의 접근성이 좋으면서 숙소 비용은 마이애미의 절반 수준이다. 숙소가 저렴하면 식당과 마트 물가도 저렴하게 마련이다.

▎**tip ▎ 올란도에서 자동차를 렌트할 때는 로컬 업체를 공략하라!**

실제 이동 거리는 길지 않지만, 대중교통이 촘촘하지 못하기 때문에 플로리다를 여행할 때 자동차 렌트는 필수다. 멀리 가봐야 마이애미와 키 웨스트이고 대부분은 올란도 내에서만 이동, 플로리다 주를 넘어가지 않는다. 이런 경우 로컬 렌터카 업체를 공략하면 여행 경비를 절약할 수 있다. 기왕이면 올란도 공항 안에 있는 업체보다 밖에 있는 렌터카 업체를 선택할 것. 플로리다에서 가장 큰 공항은 올란도와 마이애미에 있는데, 올란도에서 렌트해 마이애미에서 반납하더라도 추가 비용을 받지 않는 경우가 많으니 예약 전에 꼼꼼하게 체크하는 것이 좋다.

＊ 세상의 모든 테마파크가 모여 있는 올란도

올란도에는 디즈니월드 외에도 유니버설 스튜디오, 시월드, 레고랜드, 펀스폿 아메리카 키시미, 개톨랜드 등 20개가량의 테마파크가 있다. 그러다 보니 식당과 숙박업소 다음으로 많은 것이 티켓 판매 부스다. 디즈니랜드는 캘리포니아, 파리, 도쿄, 홍콩, 상하이 등에도 있지만 디즈니월드는 전 세계에 딱 하나, 올란도에만 있다. 이곳에 오는 거의 모든 가족 단위 여행자들의 목적지도 디즈니월드. 수요가 많다 보니 입장권을 할인 판매하는 티켓 부스는 드물다. 만약 디즈니월드 외의 테마파크와 투어 상품을 이용할 계획이라면 대형 마트나 여행사에서 판매하는 패키지 할인 티켓을 구입하는 것이 좋다. 하지만 디즈니월드만 갈 계획이라면 홈페이지 disneyworld.disney.go.com에서 직접 구입해도 티켓 가격에 큰 차이가 없다. 대형 마트에서 구입할 경우 1인당 5달러 정도 저렴한데, 우리처럼 5인 가족이라면 무시할 수 없는 금액. 대형 마트에 들러 디즈니월드 2일 관람권을 구입하고 물과 간식, 식료품을 샀다.

숙소로 향하는 길, 세뇨르 프로그Señor Frog's의 익살맞은 초록 개구리가 눈에 띄었다. 멕시코와 카리브해, 남미는 물론이고 미국 전역의 관광지에 있는 스포츠 바 콘셉트의 패밀리 레스토랑 체인이다. 이곳에서 저녁을 먹기로 했다. 흥겨운 음악으로 시끌벅적한 실내에는 게임하는 사람, 노래 부르는 사람, 음식 먹는 사람들이 어우러져 축제 분위기를 만들고 있었다. 파티 분위기 물씬 풍기는 인테리어에 풍선으로 만든 모자를 쓰고 저녁을 먹고 있자니 이미 테마파크 투어가 시작된 느낌이었다.

✳ 시차 적응을 위한 휴식

올란드에서의 두 번째 날, 전날 마트에서 사 온 재료로 점심을 해결하고 시차 적응을 위해 종일 수영장에서 보냈다. 플로리다는 더웠다. 한낮에는 수영장에 몸을 담그고 있어도 머리가 뜨거울 정도였다.

올란도 주변에는 다양한 레스토랑이 있다. 파인 다이닝보다는 뷔페 형식의 패밀리 레스토랑과 패스트푸드점이 대부분. 해 진 후 저녁 식사를 하러 근처의 골든 코럴Golden Corral로 향했다. 미국 남부에서 가장 흔한 뷔페 레스토랑 중 하나다. 무려 150종류의 음식이 준비되는데, 가격은 성인 1인당 10달러 수준으로 저렴하다. 그루폰에서 할인 쿠폰을 수시로 발행하기 때문에 더 저렴하게 이용할 수 있다. 프라이드치킨으로 대표되는 달고 기름진 미국 남부 음식을 마음껏 먹을 수 있기 때문에 여행 중 골든 코럴의 간판이 보일 때면 자동으로 침이 고인다. 와플 위에 프라이드치킨을 올리고 시럽을 부어 먹는 프라이드치킨 위드 와플, 그레이비 소스를 올린 딥 프라이드 스테이크와 비스킷 등 다이어트할 때 피해야 할 음식으로 가득하다. 몸에 대한 죄책감 없이 정크 푸드를 마음껏 먹는 일, 이 또한 여행의 즐거움 아니겠는가.

＊ 유니버설 스튜디오의 <블루 맨 쇼>

저녁 즈음 유니버설 스튜디오로 향했다. 영화를 주제로 만든 테마파크인 유니버설 스튜디오는 유명한 영화의 세트와 특수 촬영 장면, 스턴트 쇼 등을 관람할 수 있다. 투어를 신청하면 트램을 타고 영화 속에 등장했던 세트를 돌아볼 수 있는데, 우리 가족이 유니버설 스튜디오를 찾은 이유는 <블루 맨 쇼Blue Man Show>를 보기 위해서였다. 대사 없이 음악으로 채워진 무언극으로, 스튜디오 내의 블루 맨 쇼 전용 극장에서 공연한다.

<블루 맨 쇼>와는 인연이 있다. 쇼를 시작한 1980년대 후반만 해도 좌석이 100개가 안 되는 소극장에서 공연했다. 나는 뉴욕의 소극장인 '어퓨어퓨

브로드웨이'에서 처음 봤는데, 공연을 보고 완전히 반해버렸다. 얼굴을 파랗게 분장한 사람 셋이 등장해 대사나 표정 변화 없이 음악과 코미디, 과학적인 시각 효과만으로 마음을 사로잡을 수 있다는 게 놀라웠다. 지금 그들은 브로드웨이에 진출하고, TV 쇼에도 출연할 정도로 성공했다. 라스베이거스와 올란도에 전용 극장을 두고 전 세계로 투어를 다닌다고 한다. 아이들에게 보여줄 기회를 엿보던 차에 올란도에서 만난 것이다. 맨 앞자리를 선택했다. 나눠주는 판초를 입은 아이들은 '블루 맨'들이 뿌리는 물과 음식을 함께 던지면서 공연을 즐겼다. 지금도 아이들은 미국을 여행할 때면 <블루 맨 쇼>를 공연하는 극장이 가까이에 있는지 체크해봐 달라고 말하곤 한다.

입장권 구입부터 앱 다운로드까지, 디즈니월드 완전 정복

● 4개의 테마파크로 이뤄진 디즈니월드

디즈니월드는 크게 매직 킹덤, 앱콧센터, 애니멀 킹덤, 할리우드 스튜디오의 4가지 테마파크로 나뉜다. 가장 먼저 개장한 곳은 매직 킹덤Magic Kingdom으로, 1971년 문을 열었다. 매직 킹덤은 디즈니의 상징인 신데렐라 성을 배경으로 낮에는 퍼레이드가, 밤이면 불꽃놀이가 펼쳐지는 곳이다. 앱콧EPCOT: Experimental Prototype Community of Tomorrow 센터는 미래 과학을 주제로 만든 테마파크다. 지구본 모양의 스페이스십 얼스Spaceship Earth가 이곳의 상징. 세계 각국의 문화를 체험할 수 있는 공간으로 꾸몄다. 애니멀 킹덤Animal Kingdom은 동물과 자연이 테마다. 커다란 호수를 중심으로 아프리카와 아시아, 디스커버리 아일랜드, 다이노랜드 USA, 오아시스 등 각기 다른 조건의 자연환경을 재현해놨는데, 사파리 체험도 할 수 있다. 호수 중앙의 섬에 심은 커다란 '생명의 나무'가 애니멀 킹덤의 상징이다. 가까이서 보면 생명의 나무에 수많은 동물이 섬세하게 조각돼 있는 것을 확인할 수 있다. 할리우드 스튜디오Hollywood Studio는 디즈니 애니메이션과 영화를 상영하는 공간이다. 마법사의 모자를 테마로 지었으나 지금은 철거된 상태. 최근 몇 년 동안 가장 인기 있는 프로그램은 <겨울왕국> 뮤지컬이다. 매직 킹덤, 앱콧, 애니멀 킹덤, 할리우드 스튜디오 순으로 사람이 많이 모인다.

● 입장권 구매 요령

디즈니월드 홈페이지disneyworld.disney.go.com에서 구매할 수 있다. 4개의 테마파크를 하루에 1개씩 골라 입장할 수 있는 '월트 디즈니월드 매직 유어웨이 베이스 티켓'의 경우 2일 권부터 10일 권까지 다양한 옵션이 있다. 티켓은 첫 입장으로부터 14일간 유효한데, 입장권마다 조건이 다르니 예약할 때 사용 조건을 꼼꼼히 체크해야 한다. 티켓 가격이 만만치 않다 보니 키시미나 올란도에는 암표상이 많다. 가장 흔한 수법은 7일만 사용한 10일 권을 저렴하게 양도한다면서 접근하는 것. 하지만 3일 권을 저렴하게 사용하고자 그 티켓을 구매한다면 낭패를 볼 것이다. 지문 출입 시스템으로 바뀐 지 오래다.

● 필수 앱, 마이 디즈니 익스피리언스

워낙 규모가 크기 때문에 동선을 잘 짜는 것이 중요하다. 마이 디즈니 익스피리언스My Disney Experience 앱은 디즈니월드 내 공연 스케줄과 4개 테마파크의 개장과 폐장 시간, 지도, 어트랙션 정보와 대기 시간 등을 알려준다. 홈페이지에서 계정을 만들고 앱을 다운로드해 로그인하면 된다. 사용법은 간단하다. 먼저 가장 보고 싶은 공연이 열리는 시간을 체크한 다음 이 시간과 겹치지 않도록 패스트 패스Fast Pass로 어트랙션을 예약하자. 패스트 패스란 대기 시간 없이 정해진 시간에 어트랙션을 이용할 수 있는 티켓으로, 별도의 입장권 없이 누구나 이용할 수 있는 서비스다. 하루에 사용할 수 있는 횟수가 정해져 있으니 패스트 패스로는 인기 많고 웨이팅이 긴 어트랙션을 공략하는 게 좋다. 앱에서 원하는 어트랙션을 선택하고 'Get Fast Pass+'를 클릭해 예약할 수 있다. 예약과 취소를 반복할 수 있다.

● 무료 셔틀버스 운행

만약 디즈니 리조트를 숙소로 예약했다면 올란도 국제공항에서 무료 셔틀버스인 매 지컬 익스프레스를 이용할 수 있다. 디즈니월드 내에는 다양한 테마 리조트가 있는 데, 룸의 개수만 2만 5,000개가 넘는다. 가격은 1박에 100~600달러 수준. 셔틀버스 와 모노레일, 페리 등을 이용해 리조트와 테마파크를 오갈 수 있다. 예약은 디즈니월 드 홈페이지에서 할 수 있다.

✳ 디즈니월드의 하이라이트, 매직 킹덤

드디어 디즈니월드에 입성하는 날, 우리 부부도 나이를 잊고 동심으로 돌아갈 수 있는 날이 밝았다. 오픈 1시간 전부터 매직 킹덤에 줄을 섰다. 전날 이미 앱을 다운로드해 어트랙션 인기도와 웨이팅 시간, 어트랙션 사이의 거리, 퍼레이드 시간 등을 고려해 꼼꼼하게 동선을 짜뒀다. 한 손에는 휴대용 선풍기를, 다른 손에는 얼린 물병을 들고 살인적인 더위에도 대비했다. 아내는 새벽부터 일어나 샌드위치를 만들고 간식도 준비했다. 디즈니월드 내에도 식당과 스낵바가 많지만 가격이 굉장히 비싸다. 국내 테마파크와 달리 음식물 반입이 가능하기 때문에 음료와 간식, 간단한 식사를 준비해 가는 게 좋다.

상진이가 좋아하는 <스타워즈> 쇼가 이날의 하이라이트였다. 영화 <스타워즈> 캐릭터로 분장한 스턴트맨들이 거리를 거닐며 퍼포먼스를 보여줬다. 만면에 미소를 띤 상진이는 제다이가 된 것처럼 늠름한 포즈로 배우들과 사진도 찍었다. 신화적인 주제와 거대한 우주의 스케일, 개성 강한 캐릭터와 사악한 반전까지 <스타워즈> 세계관에 매료된 어른들도 상진이와 같은 표정으로 퍼레이드를 지켜보며 연신 사진을 찍어댔다.

우리가 구입한 티켓은 하루에 하나의 테마파크만 입장할 수 있는 것이었

는데, 재입장도 가능했다. 질리기 직전까지 놀다가 키시미로 돌아와 저녁
을 먹고 불꽃놀이를 보기 위해 다시 매직 킹덤으로 돌아갔다. 신데렐라 성
을 배경으로 펼쳐지는 화려한 레이저 쇼와 캐릭터의 향연, 음악과 함께 불
꽃으로 피어나는 스토리텔링에 박수가 절로 나왔다. 아이들보다 아내의
얼굴이 더 상기됐다.

✳ 미래 기술과 디즈니의 만남, 앱콧센터

다음 날에는 앱콧센터로 향했다. 이노베이션과 테크놀로지가 테마로, 어
른들을 위한 공간이라고 해도 과언이 아니다. 앱콧센터의 상징인 스페이
스십 얼스Spaceship Earth를 지나면 호수를 둘러싸고 월드 쇼케이스가 펼쳐
진다. 멕시코, 중국, 노르웨이, 영국, 프랑스, 모로코 등 국가관을 돌면서
여권에 도장 찍듯 스탬프를 수집하는 것이 주요 즐길 거리. 디즈니에 머
무는 동안은 지루하지도, 화가 나지도 않게 만드는 것이 전략이라는 디즈
니월드는 미래 기술과 과학도 즐기면서 체험할 수 있도록 앱콧센터를 설
계했다.

이곳에서 가장 인기 있는 어트랙션인 소린Soarin'은 거대한 스크린에 펼쳐
지는 광활한 풍경 위를 실제로 글라이더를 타고 나는 기분이 들었다. 하늘

을 날 때는 바람이 불고, 숲속을 지날 때면 흙과 나무 냄새가 뿜어져 나왔다. <겨울왕국>을 테마로 2016년에 오픈한 프로즌 에버 애프터Frozen Ever After는 아렌델 왕국을 재현해놨다. 노르웨이 양식의 배를 타고 울라프와 안나, 엘사 등의 <겨울왕국> 속 주인공들을 만날 수 있다. 지구본 모양의 스페이스십 얼스 역시 단순 조형물이 아니었다. 열차를 타고 내부를 이동하면서 지구의 과거와 현재, 미래를 영상으로 만날 수 있다.

앱콧센터에서 아내와 내가 가장 좋아한 공간은 무중력을 체험할 수 있는 우주관, 미션 스페이스Mission Space였다. 1억 달러가 넘게 든, 세계에서 가장 비싼 어트랙션이다. 우주인이 되어 로켓이 발사되는 순간을 체험하기 위해 2시간을 기다렸다. 무중력을 체험하면서 구토하는 사람도 적지 않다고 한다. 가까운 미래에 실제로 우주여행을 할 수 있게 되기를 바라면서 중력이 사라진 순간의 느낌을 나른하게 즐겼다. 미래 기술을 소개하는 GM관도 흥미로웠다. 디트로이트의 헨리 포드 뮤지엄과 달리 앱콧센터의 GM관은 미래형 자동차가 테마. 자동차를 타고 테스트 트랙을 달리는 체험을 할 수 있다.

앱콧센터는 미국 최대의 번영기인 1980년대에 지어졌다. 기업의 후원으로 지어져서인지 미국이 보유한 기술과 미래 기술을 예측해 보여주는 테마관이 많았다. 코닥, 앱손, GE 등 세계적인 기업이 스폰서였지만, 지금까지 후원하는 것은 GM과 코카콜라뿐이라고 한다.

✳ 인디언 레스토랑에서 만난 할머니의 온정

밤이 되면 일루미네이션 쇼가 펼쳐지는 앱콧센터에서 나와 저녁 식사를 하러 인디언 레스토랑에 갔다. 주인인 인도 할머니가 우리 가족에게 계속 말을 걸었다. 할머니의 미소가 꽤 정겨웠기에 거부감 없이 이야기를 나눴다. 주인 할머니는 자신의 할머니가 한국인이라고 말씀하셨다. 할머니가 인도에 건너온 후 자신의 할아버지와 결혼하셨다고. 우리 가족에게 친근하게 대해주신 이유가 그제야 이해됐다. 동시에 어떻게 그 시절에 한국인이 인도에 갈 수 있었는지 궁금했다. 미국에서 만난, 서툴게 영어를 사용하는, 한국인 할머니를 둔 인도 할머니. 기분 때문인지 할머니의 음식에서 따뜻함이 느껴졌다.

이로써 이틀간의 디즈니월드 대모험을 마쳤다. 다음에 오면 할리우드 스튜디오에도 갈 생각이다. 새로운 어트랙션이 추가되길 지금부터 기도해야지.

✳ 관광 수단이 된 늪지대의 교통수단, 에어보트

플로리다는 늪 위에 지어진 도시다. 때문에 싱크홀 현상이 심심찮게 발생하고, 모기와 악어도 많다. 도시로 개발되기 전 이 늪지대의 교통수단은 에어보트. 보트에 대형 팬을 달아 그 저항으로 전진하는데, 팬 앞에 방향을 조절할 수 있는 판을 대놨다. 그루폰으로 액티비티를 검색하다가 올란도에서 자동차로 20분 떨어진 곳에 늪지대가 남아 있고, 그곳에서 어부들이 에어보트 투어 프로그램을 운영한다는 사실을 알아냈다. 늪을 탐험하기로 했다.

에어보트의 팬 소리가 얼마나 큰지 투어 내내 무전기가 달린 투박한 헤드셋을 반드시 착용해야 했다. 헤드셋에서는 플로리다에 서식하는 동물에 관한 가이드의 해설이 끊임없이 이어졌다. 늪의 생태는 예상했던 것보다 다양했다. 평생 봐야 할 악어와 새를 하루에 다 본 기분이랄까.

가장 흥미로웠던 것은 소였다. 자연에서 완전 방목되는 소를 본 것은 처음이었다. 가이드의 설명에 따르면 이곳의 소들은 자연 교배해 송아지를 낳고, 잡아먹히지 않은 채 평생 살다가 자연사하는 경우가 많다고 한다. 소를 잡아 배에 실어 옮기는 비용이 워낙 비싸기 때문에 누구도 그 소떼를 돈벌이로 보지 않아 자연에서 끝까지 살 수 있는 것이다. 세상의 많은 일이 경제 논리에서 크게 벗어나지 않는다. 1년에 한 번 정도 송아지를 잡아 파는 땅 주인도 더러 있다고는 한다. 자유롭게 살다 간 소의 유골이 사방에 널려 있었다. 문득 소의 수명이 얼마나 될까 궁금했다. 오로지 식용으로 길러지는 소의 수명을 정확히 아는 사람이 있기는 한 걸까.

✳ 악어와의 특별한 추억이 깃든 티셔츠

아이들은 올란도 같은 대도시에서 겨우 20분 떨어진 곳에 이토록 광활한 정글이 펼쳐져 있다는 것을 신기해했다. 모자와 선크림, 모기약, 얇은 긴팔 셔츠 등 나름대로 꼼꼼하게 더위에 대비했으나 에어보트 투어를 하는 동안은 정말이지 미치게 더웠다. 아침 일찍 출발하지 않았다면 더위를 먹어 구급차를 불렀을지도 모른다.

2시간 동안의 투어를 마치고 에어보트 주인이 운영하는 악어 농장을 둘러볼 수 있었다. 크기별로 분류해 사육하고 있었는데, 관광객을 위해 악어의 입을 묶어놓고 사진 촬영을 할 수 있는 섹션도 마련해뒀다. 상진이와 상아는 작은 악어를, 나머지 가족은 커다란 악어를 안고 기념사진을 찍었다. 순조롭게 투어를 마치나 싶었는데, 악어가 상은이한테 소변을 발사했다. 상진이와 상아는 물론이고 어른들도 상은이를 놀리느라 신났는데, 정작 '당한' 상은이는 덤덤했다. 지금은 작아서 못 입는 그 티셔츠를 상은이는 아직도 간직하고 있다. 계절이 바뀌어 옷을 정리할 때마다 펼쳐 보여주며 "악어가 쉬를 한 특별한 티셔츠"라고 말하며 제 몸에 대보고 웃는다. 확실히 아이들에게는 어른의 방식으로는 이해할 수 없는 세계가 존재한다.

✻ 우주인과 함께 NASA의 비밀 공간으로

디즈니월드 앱콧센터의 우주관에 매료됐던 우리는 동쪽 해안에 위치한 케네디 우주 센터Kennedy Space Center를 방문하기로 했다. 올란도 동쪽의 케이프 커너배럴Cape Canaveral로 향했다. 미국의 우주선 이착륙 소식이 들려올 때마다 세계의 이목을 집중시키는 곳이다. 정문을 통과하자마자 로켓 정원이 펼쳐졌다. 머큐리 레드스톤Mercury Redstone, 머큐리 아틀라스6Mercury Atlas 6, 타이탄2Titan 2 등 이곳에서 쏘아올린 로켓이 전시돼 있었다. 케네디 우주 센터를 두고 왜 '미국의 자부심'이라 부르는지 알 것 같았다. NASA에서 운영하는 시설이기 때문인지 보안 구역이 많았다.

케네디 우주 센터는 과학관이라기보다 테마파크에 가깝다. 가장 인기 있는 것은 버스 투어. 보안 구역 내의 발사체 연구소와 조립 빌딩, 발사대, 연료 탱크 등을 관람할 수 있는 프로그램이다. 케네디 우주 센터의 방문자 센터Visitor Complex에서 출발해 45분 동안 케네디 우주 센터 구석구석을 돌아봤다. 중요한 스폿을 지날 때마다 버스 운전기사가 로켓 발사의 역사와 인류의 달 탐사, 우주선에 얽힌 이야기 등을 들려줬다.

투어 버스가 마지막으로 멈춘 곳은 아폴로·새턴VApollo·Saturn V 센터. 1950년대 구 소련이 세계 최초의 인공위성인 스푸트니크Sputnik를 발사하고, 유리 가가린Yuri Gagarin이 세계 최초의 우주 비행을 한 이야기, 1966년부터 1972년까지 진행된 미국의 달 탐사 계획인 아폴로 프로젝트, 인간의 달 착륙을 가능하게 해준 새턴V 로켓 등 인류의 우주 탐사에 대한 콘텐츠로 가득했다. 로켓 발사 통제 센터에서 진행된 카운트다운 시뮬레이션도 흥미로웠다.

아틀란티스 우주 왕복선Space Shuttle Atlantis 전시관에는 엄청난 규모의 우주 왕복선 실물이 전시돼 있었다. 1985년에 처음 발사해 2011년에 임무를 마치고 돌아온 우주 왕복선이다. 우주인 복장을 한 사람이 우주와 우주선에 대해 설명해주고, 아틀란티스 우주 왕복선을 조립하고 실험하는 영상도 상영됐다. 우주선 조종 체험과 동작 인식 기술을 활용한 게임 형식의 국제 우주 정거장 건설 체험, 우주 비행사 시뮬레이터를 타고 착륙과 도킹 훈련도 할 수 있었다. 이날 이후로 올란도에 가면 무엇을 하고 싶으냐는 물음에 망설임 없이 케네디 우주 센터를 외쳤던 상진이는 한동안 "장래 희망은 우주인"이라고 말하곤 했다. 현직 우주인들과 찍은 사진을 여전히 소중하게 간직하고 있다.

올란도로 돌아와 저녁을 만들어 먹었다. 며칠 동안 프라이드치킨과 피자, 햄버거, 중화요리, 바비큐 등 기름진 음식만 먹었더니 한국 음식이 그립던 터였다. 아파트는 취사 시설이 갖춰져 있기 때문에 스테이크나 파스타처럼 조리법이 간단한 요리를 해 먹기 좋다. 아내는 재료가 제대로 갖춰져 있지 않은 상황에서도 백숙과 떡국, 닭볶음탕, 해물탕 등을 뚝딱 만들어내곤 한다. 식사를 마친 후 에너지가 넘치는 상진이와 상은이를 데리고 아파트 단지 주변을 산책했다.

✳ 크리스털 리버로 매너티를 만나러 가는 길

테마파크를 제외하고 올란도에 볼거리가 있느냐고 묻는 이들에게 시트러스 카운티에 있는 크리스털 리버Crystal River를 소개해주고 싶다. 도시를 가로질러 바다로 이어지는 크리스털 강이 흐르는데, 이곳에 국제 보호 동물로 지정된 아메리칸 매너티American Manatee가 서식한다. 언젠가 유튜브를 통해 나무 그늘 아래에서 잠든 매너티의 귀여운 동영상을 본 후로 버킷 리스트에 적어뒀었다.

매너티에게는 반전 매력이 있다. 길이가 평균 3~4m가 넘는데 수중 식물의 잎사귀를 먹고 사는 초식 동물이라는 점, 두터운 지방층의 몸집이 무색하게 추위에 민감해 수온이 19℃ 아래로 내려가면 폐렴에 걸려 죽는다는 점, 특이한 꼬리 모양 때문에 19세기까지 뱃사람들이 인어라고 믿었다는 점, 스타벅스 컵에 새겨진 사이렌Siren 전설의 주인공이라는 점 등등. 아메리카 매너티는 주로 플로리다 남동쪽의 키 웨스트에서 서식하다가 플로리다 서해안으로 올라와 겨울을 난다. 그러나 기후가 온난해지면서 수온이 크게 차이 나지 않자 여름이 와도 이동하지 않는 매너티가 많아졌다고 한다. 큰 기대 없이, 하지만 꼭 매너티를 만나게 해달라는 간절한 소망을 담고 크리스털 리버의 내셔널 야생 동물 보호 지역Crystal River National Wildlife Refuge으로 향했다.

✳ 멕시코만에서 매너티와 함께 수영을

크리스털 리버에는 투어 에이전시가 많았다. 우리 가족은 상품별로 상세 조건을 비교해보고 그루폰에서 미리 투어를 예약해뒀다. 매너티에 대한 설명과 함께 수영할 때 주의해야 할 점을 영상으로 시청한 다음 잠수복으로 갈아입었다. 배를 타고 매너티가 쉬고 있을 맹그로브 숲으로 향했다. 드디어 나타난 매너티 무리! 크기가 압도적이었다. 무게도 500~1,500kg이나 나간다고 한다. '바다소'라는 이름과 달리 매너티는 코끼리과에 속하는데, 사람들이 만지기 전에는 결코 움직이지 않을 정도로 게으르고 순하다. 얼마나 안 움직이면 살아 있는 동물 몸에 이끼가 끼겠는가.

놀라운 것은 매너티 무리가 완전한 자연이 아닌, 사람들과 공존하고 있다는 사실이었다. 크리스털 리버의 내셔널 야생 동물 보호 지역 바로 뒤는 주택가였다. 두바이의 팜 아일랜드처럼 집 앞까지 수로가 이어져 개인 배가 있는 사람들은 앞마당에서 배를 타고 바다로 나갈 수 있는 구조. 매너티는 그 집 앞의 수로에도 살고 있었다.

처음에는 남의 집 앞마당에서 꼼짝도 안 하는 야생 동물이 있다는 게 신기했다. 그런데 다시 생각해보면 매너티 입장에서는 텃새를 부릴 만도 하다. 크리스털 리버는 사람보다 먼저 매너티가 자리 잡은 곳이다. 매너티의 집에 상의 없이 사람들이 집을 짓고 사는 거니까 굳이 본인들이 자리를 피해 줄 필요가 없는 것. 기념품 숍에 들러 귀여운 매너티 인형을 한 마리씩 안고 올란도로 돌아왔다.

▓ tip ▓ 매너티와 함께 수영을 할 때 주의할 것

매너티는 순하고 착하지만, 위험 신호를 감지하면 어떻게 변할지 모른다. 함께 수영을 즐기려면 몇 가지 원칙을 반드시 지켜야 한다. 매너티가 놀랄 수 있으므로 프리 다이빙과 스쿠버 다이빙은 금지, 오직 스노클링만 가능하다. 너무 가까이 가지 말고 일정 거리를 유지하는 게 좋으며, 절대 두 손으로 만져서도 안 된다. 만약 매너티가 다가오면 한 손으로 누르면서 위로 물장구 쳐서 밖으로 도망가야 한다. 영화를 흉내 낸다고 매너티를 밟거나 위에 타는 것도 당연히 금지. 먹이를 주는 것도 위험하다.

✳ 영화 속 장소를 찾아 클리어워터 비치로

<돌핀 테일Dolphin Tale>은 꼬리가 그물에 걸려 구조된 돌고래와 소년의 우정을 그린 영화다. 플로리다 해안에서 구조된 돌고래는 클리어워터 해양수족관으로 옮겨졌고, 생물학자들은 꼬리를 잃은 돌고래에게 인공 꼬리를 선물한다. 실화를 바탕으로 제작된 이 영화를 본 후 아이들은 클리어워터에 가고 싶어 했다. 나 역시 플로리다 여행을 계획하며 디즈니월드 다음으로 아이들에게 보여주고 싶었던 곳이기도 하다. 플로리다 서해안 중부의 대도시 탐파Tampa를 거쳐 클리어워터 비치Clearwater Beach로 향했다.

투명한 바닷물과 곱고 흰 모래 사이로 가장 먼저 피어60Pier 60이 눈에 띄었다. 피어Pier란 육지에서 바다로 쭉 뻗어 건설된 부두를 말한다. 배가 정박하는 곳인데, 나무와 시멘트로 만들어진 피어60은 빈티지한 멋이 있었다. 주변으로 선원과 여행자를 위한 편의 시설과 기념품 숍들이 모여 있었다. 하지만 피어60을 따라 걷기 위해선 1달러의 입장료를 지불해야 한다. 8달러를 내면 낚싯대도 빌려준단다. 지나치게 상업적인 정책이 마음에 들

헤밍웨이가 사랑한 키 웨스트의
슬로피 조스 바.

키 로어 마테쿰베 북쪽 로비스의
대왕 물고기 먹이주기.

키 웨스트의 유명한 키 라임 파이 베이커리.

크리스털 리버에서 만난 아메리칸 매너티.

지 않았다. 입장을 포기하고 해변 산책로를 따라 산책하는 것을 선택했다.

케네디 우주 센터가 있어 첨단 도시 분위기를 풍겼던 플로리다의 동해안

과 달리 차분한 바닷가 마을의 분위기를 만끽하며 돌고래 투어가 시작되

는 선착장으로 이동했다. 스케이트보드를 타는 사람들이 산책하는 우리

가족을 연신 앞질렀다.

✳ 돌고래 없는 돌고래 투어에 도전

본격적인 투어에 앞서 가이드의 오리엔테이션이 진행됐다. 돌고래의 특징

과 투어 중 지켜야할 주의 사항을 알려주고는, 만약 돌고래를 만나지 못하

면 환불해주겠노라 자신 있게 말했다. 배를 타고 돌고래가 좋아하는 파도

를 찾아 다녔다. 그러나 3시간 정도 진행된 투어에서 우리가 만난 돌고래

는 겨우 4마리. 가이드는 돌고래가 아닌 해안가에 지어진 셀러브리티들의

집을 소개하는 데 더 많은 시간을 할애해야 했다.

투어를 마치고 나오니 '자연 속의 동물을 보호해야 한다는 수업을 들었다'

는 문구가 적힌 수료증을 줬다. 가이드는 이상하리만치 돌고래가 없는 날

이었다고 하면서 다음에 반드시 다시 와달라고 했다. 돌고래 떼를 만나지

못한 것은 아쉬웠지만, 투어는 만족스러웠다. 배 위에서 본 해안선이 정말

아름다웠기 때문이다. 정말 우리가 운이 없었던 모양이다. 인터넷에는 수백 마리의 돌고래 떼를 만났다는 인증 글이 파도처럼 끊이지 않았다.

클리어워터 비치는 '세계 최고의 선셋 비치'로 선정될 만큼 해넘이가 아름다운 곳이다. 넓은 백사장과 긴 해안선 위로 오랫동안 박명이 이어진다. 해가 수평선에 가까워질수록 사람들이 해변으로 모여든다. 가장 많은 여행자가 모이는 곳은 피어60 공원Pier 60 Park으로, 매일 오후 5시부터 9시까지 '피어60 페스티벌'이 열린다. 하지만 해가 지기 전에 올란도로 돌아왔다. 낭만도 좋지만, 우리 가족의 여행 제일 원칙은 안전이니까.

✳ 마이애미 비치 남쪽의 클래식한 거리

키시미에서 자동차를 타고 동남쪽으로 3시간 30분 거리를 달려 베이스캠프를 마이애미로 옮겼다. 많은 여행자가 마이애미 비치 중에도 라군이 있는 미드 비치에 숙소를 정하는데, 우리는 남쪽의 사우스 비치에 잡았다. 미드 비치 뒤쪽의 베이 쇼어Bay Shore에는 고급 호텔과 명품 쇼핑센터가 모여 있고, 남쪽에는 옛 마이애미의 분위기가 남아 있는데, 우리 가족이 좋아하는 것은 후자이기 때문이다.

마이애미 비치는 1930년대에 해변으로 개발됐다. 루머스 공원Lummus Park

에서 시작해 사우스 포인트 비치South Point Beach까지 이어지는 오션 드라

이브 로드Ocean Drive Road를 따라 아르데코Art Deco 스타일의 건물이 이어진

다. 알파치노가 출연한 영화 <스카페이스Scarface>의 배경이기도 했던 이

지역이 본격적으로 주목을 받기 시작한 것은 TV 시리즈 <마이애미 바이

스Miami Vice>를 통해서다. 도시의 운명이 바뀌었다는 표현이 맞는지도 모

른다. 이후 오래된 건물은 재개발할 수 없도록 보존 구역으로 지정됐다.

4~5층짜리 건물은 대부분 1층은 식당으로, 나머지 층은 부티크 호텔로 사

용 중이다. 파스텔컬러로 무장한 아름다운 건축물에 오래됐지만 아기자기

하고 감각적인 숙소, 개성 넘치는 레스토랑과 바, 클럽까지 모여 있는 이곳

의 분위기를 나는 정말 사랑한다. 라틴 음악의 비트와 밤마다 모여드는 고

급 클래식 카, 생동감 넘치는 거리 풍경은 1950년대 쿠바의 아바나를 재

연한 느낌이 든다. 거리를 거니는 것만으로도 즐거워지는 어른들의 파라

다이스다.

✳ 작지만 짙은 쿠바의 향기, 리틀 아바나

마이애미 비치에서 다리를 건너 칼레 오초Calle Ocho에 있는 리틀 아바나

Little Havana로 향했다. 키 큰 야자수와 라틴 음악, 화려한 색감의 벽화, 짙은

커피 향, 시가를 문 사람들, 드문드문 들려오는 스페인어까지 이곳이 진정 미국인지 헷갈린다. 1950년대 쿠바에 사회주의 혁명이 거세게 불기 시작하면서 두려움을 느낀 사람들이 쿠바를 탈출해 미국에 정착하면서 타운을 형성했다. 1959년 사회주의 혁명 이후 미국은 쿠바와 단교했고, 이후 2015년 국교가 정상화되고 쿠바 여행이 일부 허락되기까지, 미국인에게 리틀 아바나는 쿠바 문화를 즐길 수 있는 유일한 곳이었다. 최근 남미 부자들의 부동산 투자가 늘면서 마이애미의 주류로 떠오르고 있지만, 터줏대감은 리틀 아바나에 모여 사는 쿠바 사람들이다. 리틀 아바나의 쿠반 커뮤니티로부터 문화가 형성되고 전파되는 듯했다.

세계에서 가장 유명한 쿠바 식당 베르사유Versailles에서 저녁을 먹기로 했다. 프랑스 베르사유 궁전처럼 화려하지만 마음은 심플하다는 의미로 지은 이름이라고 한다. 도착하자마자 웨이팅 리스트에 이름을 적고 한참을 기다렸다. 이곳의 공용어는 스페인어로, 미국에 있는 식당임에도 직원들의 영어가 서툴렀다.

어른들은 쿠바 스타일로 모히토를, 아이들은 밀크셰이크를 주문했다. 애피타이저로 스페인식 튀김만두인 엠파나다와 감자튀김을 주문하고 샹그리아와 와인을 추가했다. 그리고 쿠바식 샌드위치 쿠바노스Cubanos 오리지널을 주문했다. 재료 본연의 맛을 살리기 위해 향신료나 소스를 거의 사용하지 않는다고 한다. 어마어마한 크기의 쿠바노스에 든 것은 진짜 햄과 치즈, 구운 돼지고기가 전부였다. 빵도 꽤 거칠었다. 둘러보니 지역명이 들어간 칼레 오초 스페셜Calle Ocho Special을 주문한 테이블이 많았다. 쿠바노스의 미국식 해석인 것 같았다. 그들의 접시에는 햄과 치즈, 타조 고기, 베이컨, 토마토, 상추, 마요네즈가 든 샌드위치에 바나나 튀김이 함께 서브돼 있었다.

다음 날 아침, 잠에서 깨자마자 쿠바식 커피를 마시러 숙소 근처 카페에 갔다. 전날과 다를 거라는 기대로 쿠바노스도 주문했지만 마찬가지였다. 쿠바 음식은 내 입맛에 맞지 않는 걸로 결론 내렸다. 카페에 앉아 지나가는 사람들을 구경했다. 마이애미에 LGBTQ(성 소수자)가 많다는 얘기를 들은 기억이 났다. LGBTQ 커뮤니티에는 예술가와 지식인이 많은 편인데, 그들이 이 낡고 오래된 동네를 감각적으로 변신시켜놨을 거다. 처음에는 크리스천의 저항이 만만찮았지만, 동네가 세련되고 감각적으로 변하는 것을 확인한 미국 사회는 더 이상 그들의 정착을 반대하지 않는다고 한다. 아이들과 여행을 하다 보면 종종 LGBTQ에 관한 질문을 받곤 한다. 감추고 가려야 할 것으로 치부하고 음지로 내모는 국내 풍토와 달리 서양은 자유롭게 자신의 정체성을 드러내는 경우가 많기 때문이다. 우리 가족도 이곳에서 처음으로 LGBTQ에 대한 이야기를 아이들과 나눴다.

어니스트 헤밍웨이의 소설 <노인과 바다>에는 오랫동안 물고기를 한 마리도 잡지 못한 노인이 바다에서 청새치와 사투를 벌이고 만신창이가 되어 누워 있을 때, 소년이 찾아와 커피를 건네는 장면이 나온다. '뜨겁게 해서 우유와 설탕을 듬뿍 넣어 주세요.' 스페인 지배의 영향인지, 쿠바에서는 아침이면 에스프레소에 우유와 설탕을 넣은 카페 콘 레체Cafe Con Leche를 주로 마신다. 그 외의 시간에는 진한 에스프레소에 알이 굵은 설탕을 듬뿍 넣어 마시는데, 설탕이 녹으면서 끝으로 갈수록 단맛이 강해지는 것이 특징이다.

✳ 마이애미 사우스 비치에서 리얼 베이케이션

플로리다 반도의 내로라하는 비치를 여럿 가봤다. 어디를 가도 모래가 곱고 물이 깨끗해 해수욕을 즐기기 좋고, 비치마다 조금씩 분위기가 달라 사람 구경하는 재미도 있다. 마이애미 비치는 24시간이 모자랐던 올란도 여행을 마치고, 키 웨스트로 가기 전 휴식을 취하기 위해 들른 곳이다. 탐났던 부티크 호텔에서 머물지는 못했다. 커플 위주의 숙소가 대부분이라 5인 가족에게는 부적합했기 때문이다. 대신 1930년대 아르데코 스타일로 지어진 사보이호텔에서 머물렀다. 거실과 룸 사이에 화려한 프렌치 도어가 있고, 발코니가 있어 낭만을 더했다. 오래된 호텔이지만 실외 수영장과 루프톱 테라스 등의 시설 관리도 꽤 잘돼 있었다. 객실에는 작은 키친과 미니 바는 물론이고 아이팟 도킹 스테이션까지 갖추고 있었다.

마이애미 비치는 활력이 넘쳤다. 아침마다 쿠바식 커피를 마시고 수영을 하다가 한낮에는 해변의 카페에 앉아 지나가는 사람들을 구경했다. 사보 이호텔이 위치한 오션 드라이브 로드는 유명세만큼 물가도 비싸기 때문에 우리는 종일 호텔에서 쉬다가 음식을 포장해 와 호텔에서 먹곤 했다.

중화요리는 정말 최고였다. 미국에 중국 음식이 전해진 건 19세기 무렵, 철로 공사에 투입된 중국인들이 현지 재료로 음식을 만들어 먹으면서부터다. 이들이 식당을 운영하면서 미국 전역에 중화요리가 퍼졌다. 중국 본토에 비해 고기가 많이 들어가는 것이 특징. 미국에서 어린 시절을 보낸 나는 닭고기에 녹말가루를 입혀 튀긴 다음 소이 소스를 부어 먹는 제너럴 소이 치킨과 각종 채소와 고기를 넣어 국수와 함께 볶은 로메인, 버섯과 닭고기, 죽순, 두부, 대파 등이 든 시큼하고 매콤한 산라탕 등을 먹고 자랐다. 그래서 아이들에게 나의 소울 푸드를 소개하면서 옛 얘기를 들려줄 생각으로 미국식 중화요리를 잔뜩 주문했다.

호텔 주변에는 밤이 되면 펍으로 변신하는 카페가 많았다. 저녁을 먹고 메인 로드를 따라 천천히 걸으며 젊은이들이 파티를 여는 모습을 지켜보기도 했다. 그렇게 꼬박 이틀 동안 아무것도 하지 않은 채 휴식을 취했다.

✳ 바다 위의 고속도로를 지나 미국 최남단으로

체크아웃 후 마이애미 시내의 차이나타운에 들러 딤섬을 먹고 남쪽으로 차를 몰았다. 목적지는 미국 최남단의 섬 키웨스트Key West, 1번 고속도로가 끝나는 곳이다. 마이애미에서 키 웨스트로 향하는 고속도로 주변에는 대형 아웃렛과 쇼핑센터가 많다. 팔메토 베이Palmetto Bay와 파인크레스트Pinecrest의 경계에 이르렀을 때, '아메리칸 걸American Girl' 간판이 보였다.

아메리칸 걸은 맞춤 인형을 제작해주는 곳이다. 피부색부터 얼굴형, 헤어스타일, 헤어 컬러 등을 고르면 세상에 하나뿐인 인형이 탄생하는데, 아이들은 대부분 아바타처럼 자신과 닮게 주문한다고 한다. 상아가 상은이보다 어렸을 때 폭발적인 인기를 누렸던 아이템. 상아를 닮은 인형을 보고 상은이도 자기 인형을 갖고 싶다고 말하곤 했다. 아메리칸 걸 내부는 어린이 인형 백화점에 가까웠다. 인형용 음식점과 미용실, 옷가게 등이 있고 식당에도 인형용 의자와 테이블이 놓여 있었다. 즐거워하는 상은이의 모습을 보며 어쩌면 훗날 상은이는 디즈니월드보다 이곳을 더 또렷하게 기억할지도 모른다고 생각했다.

키 라르고Key Largo부터 최남단의 키 웨스트까지 플로리다 키스라 불리는 산호 군도를 잇는 1번 고속도로의 다른 이름은 오버시즈 하이웨이Overseas

Highway. 섬 사이를 잇는 42개의 구름다리가 바다 위를 나는 듯한 기분을 느끼게 해준다. 가장 긴 다리는 세븐 마일 브리지Seven Mile Bridge로, 키 마라 톤Key Marathon과 키 로어Key Lower 사이의 11km를 잇는다. 자동차로 3시간 걸린다는 내비게이션의 안내와 달리 속도가 나지 않았다. 상당 부분이 1차 선인 데다 대부분이 관광객이라 추월을 하거나 경적을 울리지 않았다. 하 지만 도로 양쪽으로 펼쳐지는 바다와 하늘을 향해 쭉 뻗은 야자수, 청량한 물빛에 청아한 공기까지 더해져 전혀 지루하게 느껴지지 않았다. 약간의 오르막과 내리막이 반복될 때마다 오르막에서는 하늘로 날아가는 기분이, 내리막에서는 바닷속으로 다이빙하는 기분이 들었다. 마이애미에서 키 웨 스트까지는 자전거 도로가 잘 정비돼 있어 최상의 라이딩 코스로 꼽힌다.

＊ 헤밍웨이가 사랑한 키 웨스트

느지막한 오후에 키 웨스트에 도착해 체크인을 하고 마을을 둘러봤다. 여 행을 하면서 가끔 운 좋은 상황이 생기곤 하는데, 이날도 그랬다. 6월 둘째 주와 셋째 주 사이에 키 웨스트에서 열리는 게이 축제의 마지막 날이었던 것. 축제의 하이라이트인 퍼레이드가 열리고 있었다. 상은이가 물었다. 왜 무지개가 그들의 상징이냐고. 무지개는 차별하지 않고 차별받지 않을 자유와 권리의 다양성을 의미한다고 답해줬다. 텔레토비 이야기로 이어졌다. 보라돌이는 남자아이인데 보라색을 좋아해 게이라는 설이 있다. 머리 위에는 중성을 의미하는 트라이앵글이 있고, 늘 빨간 핸드백을 가지고 다닌다. 핑크 비키니를 입은 남자와 키스하는 남자를 보면서 조심스럽게 아이들의 반응을 살폈다. 아이들이 즐기기에는 수위가 조금 높아 걱정스러운 우리 부부와 달리 아이들은 재미있는 옷차림을 한 사람들의 행진으로 받아들이는 듯했다.

어렸을 때 미국에 살면서 먹었던 '슬로피 조'를 판매하는 슬로피 조스 바 Sloppy Joe's Bar에서 저녁을 먹었다. 슬로피 조란 햄버거용 고기를 케첩에 볶아 빵 사이에 넣어 먹는 샌드위치를 말한다. 학창 시절 학교 급식으로 자주 나오던 저렴한 패스트푸드다. 바의 한쪽에는 1933년 12월 5일에 오픈했다는 기록이 적혀 있었다. 그날은 미국에 금주령이 사라진 날이기도 하다. 금주령이 사라지자마자 바가 생겼고, 이후로 주인이 여러 번 바뀌었다고 한다. 이 평범하기 그지없는 동네 바를 유명하게 만든 건 헤밍웨이다. 키 웨스트에 머물던 시절, 그는 늘 이곳에서 술을 마셨다고 한다. 당시 양주 1샷이 10센트. 아마도 가장 저렴하게 술에 취할 수 있는 바였을 것이다. 알코올 중독자들의 무덤이었던 곳이 지금은 패밀리 레스토랑 분위기로 바뀌었다. 시그니처 메뉴인 슬로피 조를 주문해 탄산음료와 함께 먹었다. 바 가운데에서 라이브 밴드가 흥겨운 음악을 연주하고 있었다.

헤밍웨이의 삶은 비정하고 냉혹한 그의 '하드보일드 문체'와 닮았다. 아프리카에서 사냥을 즐기고 멕시코만에서 낚시를 즐겼다. 4번의 결혼을 했고, 제1차 세계 대전에 적십자 운전병으로, 스페인 내전에 종군 기자로 참전하기도 했다. 헤밍웨이는 신문사 기자로 사회 첫발을 내딛고, 파리 특파원으로 파견되면서 작가의 길을 걷는다. 키 웨스트에 터전을 잡은 것은 파리에서 돌아온 1928년이며, 이후 쿠바의 아바나를 오가다가 노년을 이곳에서 보냈다. 키 웨스트에는 1931년 헤밍웨이가 구입한 집이 있는데, 이곳에서 <킬리만자로의 눈>을 비롯해 여러 작품을 집필했다고 한다. 1961년 그가 사망한 후 주인이 바뀌고 지금은 박물관으로 변했다.

✳ 미국보다 쿠바에 가까운 미국의 땅끝 마을

다음 날 아침, 미국 최남단 포인트로 갔다. 표지석에 '쿠바 90마일145km'이라는 문구가 적혀 있었다. 미국 본토에서 160km 떨어져 있으니, 미국보다 쿠바에 더 가까운 셈이다. 키 웨스트는 콩크 리퍼블릭Conch Republic이라고도 불린다. 퀸 콩크Queen Conch라 불리는 소라고둥이 서식하기 때문. 소라고둥 껍질은 입으로 불면 독특한 소리가 나는데, 과거에는 섬사람들이 신호를 주고받는 용도로 사용했다고 한다. 귀엽다고 퀸 콩크를 섬 밖으로 가지고 나갈 경우 체포될 수도 있다.

키 웨스트는 작은 섬이다. 쿠바와 서인도제도, 바하마 등 다양한 문화가 어우러져 독특한 분위기를 풍기지만, 이렇다 할 관광 스폿은 없다. 가장 많이 들르는 곳은 헤밍웨이의 집. 나는 예전에 <노인과 바다>를 읽고 다녀온 적이 있지만, 아이들의 눈높이에는 맞지 않는 것 같아 이번에는 그냥 지나쳤다. 언젠가 아이들이 그의 작품을 읽고 헤밍웨이의 삶에 대해 궁금하다고 할 정도로 자라면 그때 다시 올 기회가 있으면 좋겠다.

플로리다 주변에서 나는 라임으로 만든 키 라임 파이Key Lime Pie가 이곳의 명물이다. 라임보다 작고 칼라만시보다는 큰 키 라임은 보통 주스로 만들어 먹는다. 키 라임 파이는 새콤한 키 라임 주스에 달걀노른자와 연유를 넣고 만드는데, 가게에 따라 생크림을 올리거나 머랭을 얹어 낸다. 한 입 베어 물면 볼 안쪽에서 침이 배어나올 정도로 새콤달콤하다. 키 라임 파이를 판매하는 여러 베이커리 중 가장 유명한 곳은 키 라임 파이 베이커리Key Lime Pie Bakery로, 미국 전역에 체인점을 가진 브랜드의 원조집이다. 일본인 아주머니가 매장을 지키고 있었는데, 불친절하다는 트립어드바이저의 리뷰와 달리 상냥하게 우리를 맞아줬다. 아주머니의 친절이 더해져서인지 키 라임 파이가 더욱 달콤하게 느껴졌다.

섬이라 사방이 바다였지만 키 웨스트에 머물면서 수영을 하지는 않았다.

이곳에 사는 사람들의, 어쩌면 헤밍웨이를 닮은 라이프스타일과 그들이 일궈낸 문화를 보는 것만으로도 즐거웠다. 관광객들은 보통 마이애미에서 새벽에 출발해 당일치기로 키 웨스트에 다녀오곤 한다. 이곳에서 이틀을 지낸 선택은 결과적으로 옳았다. 빠르게 이동하는 여행자가 놓쳤을 석양과 특별한 섬의 향기를 오래도록 음미했다.

✳ 아빠들의 힘겨루기, 대왕 물고기 낚시

마이애미로 돌아가는 300km의 길, 쉬어 갈 만한 스폿이 있는지 검색했다. 이런 게 바로 자동차 여행의 여유이고 즐거움이다. 오버시즈 하이웨이 중간의 키 로어 마테쿰베Key Lower Matecumbe 북쪽의 로비스Robbie's는 그렇게 찾아낸 곳이다. 고속도로 가에 있는 간이 휴게소를 유명하게 만든 것은 물고기 밥 주기 체험. 로비스는 전형적인 어촌 마을의 부둣가 옆에 있었다. 놀라운 것은 평화롭고 잔잔한 부두 아래 초등학생 몸집만 한 물고기가 살고 있다는 점. 바스켓에 넣어둔 작은 생선은 1통에 5달러. 먹이를 주듯 손으로 작은 물고기를 들고 있으면 커다란 물고기가 점프해 먹이를 채 간다. 상은이처럼 어린아이는 물고기를 잡는 게 아니라 물속으로 끌려 들어갈 것 같은 분위기. '대왕 물고기'를 무서워하는 아이들을 뒤로하고 가족 대표로 내가 낚시에 도전했다. 다른 가족들도 마찬가지라 아빠들끼리 무언의 경쟁이 이어졌다. 누가 더 오래 또 멋지게 물고기를 먹이느냐가 관전 포인트였다.

2017년 허리케인으로 로비스가 문을 닫았다는 얘기를 들었다. 상대적으로 지대가 낮은 로어 키즈Lower Keys는 허리케인에 취약하다. 폭풍이 삼킨 로비스가 다시 돌아오길 바란다.

마이애미로 돌아와 마이애미 공항 근처에 숙소를 잡고, 근처의 푸드 트럭 몬스터 바이트Monster Bite에서 마지막 저녁 식사를 했다. 달고 짜고 기름진, 그러나 뒤돌면 생각나는 마성의 아메리카나 요리다. 달고 기름진 플로리다 여행도 그렇게 끝나가고 있었다. 몇 년 후에 다시 플로리다에 온다면 우리의 여행은 어떻게 달라질까.

▌ tip ▬ 플로리다를 여행할 때는 비상구 표시를 확인하세요

플로리다는 바다와 육지의 경계가 흐릿한 늪지대였다. 도시로 개발됐지만 지대가 낮기 때문에 허리케인이 오면 속수무책이다. 도시마다 비상시 탈출할 수 있는 도로가 표기돼 있고, 고속도로에도 파란색으로 피난 방향을 적어뒀다. 반드시 확인해야 한다.

칼레 오초 리틀 아바나의 유명한
쿠바 식당, 베르사유.

마테쿰베 북쪽의 부둣가에 있는 로비스

디즈니월드 매직 킹덤의 스타워즈 쇼.

마이애미 사우스 비치의 사보이 호텔.

플로리다 악어 농장.

플로리다 늪지대 에어보트 투어.

크리스털 리버에서 매너티와 함께.

늪지대의 자연 방목 소.

키 웨스트의 표지판.

크리스털 리버 야생 동물 보호 지역의
투어 에이전시.

플로리다 늪지대의 투어 에어보트.

디즈니월드의 할리우드 스튜디오.

10

알프스에서 서핑을
중부 유럽 6개국 여행

여행 일지

기간 ✳ 2011년 6월 29일~7월 12일, 14박 15일

장소 ✳ 이탈리아·스위스·독일·체코·오스트리아·슬로베니아

이동 거리 ✳ 3,715km

Roma, Italy ➡ Milano, Italy 600km 6'00"

Milano, Italy ➡ Montreux, Switzerland 300km 4'00"

Montreux, Switzerland ➡ Bern, Switzerland 90km 1'00"

Bern, Switzerland ➡ Lauterbrunnen, Switzerland 70km 1'00"

Lauterbrunnen, Switzerland ➡ Liechtenstein 220km 3'45"

Liechtenstein ➡ Fussen, Germany 170km 2'00"

Fussen, Germany ➡ Stuttgart, Germany 220km 2'00"

Stuttgart, Germany ➡ Plzen, Czech 400km 4'30"

Plzen, Czech ➡ Praha, Czech 100km 1'30"

Praha, Czech ➡ Vienna, Austria 340km 4'00"

Vienna, Austria ➡ Ljubliana, Slovenia 400km 4'00"

Ljubliana, Slovenia ➡ Venice, Italy 250km 3'30"

Venice, Italy ➡ Orvieto, Italy 425km 5'30"

Ovieto, Italy ➡ Roma, Italy 130km 1'45"

Central Europe

① 함께한 자동차 ― 푸조 300 SW

과거 푸조는 성능이 좋지 않아 미국 시장에서 퇴출당한 차량 중 하나다. 나 역시 프랑스 회사에서 만든 차량을 신뢰하지 않았지만, 푸조 300 SW는 외면할 수 없었다. 연비가 뛰어나기 때문이다. 게다가 수동 기어를 장착한 디젤 차량이었으니 장거리를 이동해야 하는 우리 가족에게 꽤나 매력적이었다. 푸조 300 SW는 유럽에서 대형으로 분류되는 차량이다. 실제 크기는 액센트 정도. 왜건이라 트렁크가 컸고, 천장이 높은 편이라 실내 공간도 넓었다. 다만 차량이 가볍고 내구성과 안전성이 떨어져 운전할 때마다 신경을 곤두세워야 했다.

② 렌터카 업체 ― 유로카 europcar.com

엑스피디아를 통해 가격을 검색하고 유로카에서 렌트했다. 유로카는 식스트 Sixt와 함께 유럽에서 가장 큰 렌터카 업체다. 국경을 여러 번 넘나드는 경우 자동차에 문제가 생기면 여행 전체를 망치기 십상이다. 서비스가 좋은, 믿을 만한 업체를 선택하는 게 좋다.

③ 주유

한국과 같은 시스템이라 이용에 큰 불편함이 없었다.

④ 주차

로마 구시가지는 주차가 안 된다고 생각하는 게 좋다. 차가 없던 시절에 만들어
진 길이라 도로 폭이 좁고 주차 시설도 없다. 우리 가족의 경우 로마와 프라하
에서는 도시 외곽에 숙소를 잡고 도심을 여행할 때 트램이나 버스를 이용해 이
동했다. 오스트리아 빈은 유료 주차장의 위치와 가격을 알려주는 파켄parken.at
을 통해 주차장을 검색해 예약했다.

⑤ 기타

관광객들로 넘쳐나는 도시들은 공공질서가 엉망이다. 로마의 경우 일몰 후 주
차가 허락되는 구역이 있는데 차량을 지나치게 바짝 붙여 주차해 흠집이 나는
것은 다반사, 최악의 경우 잘못 주차된 차량 때문에 통행이 불가능한 길도 많
다. 외국에서는 시비에 휘말리지 않는 게 가장 안전한 여행법이라는 것을 명심
하자.

프라하 구 시청사 종탑에서 바라본 도시의 풍경.

✳ 5인 가족의 첫 유럽 자동차 여행

가족이 완전체로 유럽으로 자동차 여행을 떠난 것은 2011년 여름이 처음이었다. 2002년 결혼 후 이듬해 첫째 딸인 상아가 태어났다. 초보 부모였던 아내와 나는 상아가 울 때마다 속수무책이었다. 유일한 방법은 자동차를 타고 드라이브를 하는 일. 갓난아기였던 상아는 차만 타면 방글방글 웃곤 했다. 2003년부터 시작된 여행은 홍콩과 중국, 동남아 등 한국에서 가까운 곳에 국한됐다. 비행시간이 6시간을 넘기면 어린아이들이 굉장히 힘들어하기 때문이다. 가장 멀리 갔던 것은 2010년 호주 동쪽의 시드니와 멜버른. 비행기 안에서 10시간을 잘 버티는 아이들을 보면서 다음 여행은 유럽으로 가야겠다고 결심했다. 막내 상은이가 초등학교에 입학하기 전의 일이다.

첫 번째 유럽 가족 여행이다 보니 루트를 어떻게 짜야 할지 고민했다. 파리로 들어가 이탈리아 북부와 스위스를 보고 올까, 프랑크푸르트로 들어가 독일과 프랑스, 스위스를 여행할까. 아니면 스페인과 포르투갈 일주를 할까.

여행 루트를 한참 고민하고 있을 때 친구인 두크Duke로부터 연락이 왔다. 현재 독일에 머물고 있는데, 유럽에 올 계획이라면 스위스를 함께 여행하자고 제안했다. 두크를 만나기로 한 스위스 몽트뢰Montreux를 중심에 두고 아내와 내가 여행하고 싶은 도시를 앞뒤로 배치하고 나니 대략의 윤곽이 보였다. 이탈리아 로마로 들어가 스위스 몽트뢰와 베른을 거쳐 독일 퓌센과 슈투트가르트를 여행하고, 체코 프라하까지 올라갔다가 오스트리아 빈과 슬로베니아 류블랴냐를 거쳐 이탈리아로 돌아오는 루트였다.

여행에 앞서 몇 가지 규칙도 정했다. 한국과는 7시간의 시차가 있으니 도착과 동시에 휴식을 취해 컨디션을 유지할 것, 하루에 300km 이상 이동하지 말 것, 도시마다 켜켜이 쌓인 유럽의 시간을 아이들이 이해하기 무리니 문화와 역사보다는 자연과 현재의 시간에 집중할 것 등. 미국-캐나다를 제외하고 자동차를 운전해 국경을 넘는 것도 처음이었다. 설렘과 긴장 속에 2주 동안의 유럽 자동차 여행이 시작됐다.

✳ 이탈리아 북부의 소도시, 론시글리온

이탈리아 로마 근교의 레오나르도 다빈치 공항에 도착하자마자 비테르보 Viterbo에서 남쪽으로 12km 떨어진 론시글리온Ronciglione으로 향했다. 론시 글리온은 치미니 산Cimini Mountain의 꼭대기에 가파른 비탈을 따라 형성된 성곽 도시다. 포르타 로마나Porta Romana라 불리는 성문을 지나 마을로 들 어서면 광장이 나오는데, 로마의 포폴로 광장Piazza del Popolo을 연상케 한 다. 유럽의 많은 중세 도시가 그렇듯, 마을 중심에 성당이 있고, 사제들이 수행하던 수도원이 있었다. 우리가 묵은 숙소가 바로 수도원을 개조한 호 텔이라고 했다. 방마다 2층 침대가 놓여 있어 기숙사 같은 분위기였다. 작 은 부엌도 딸려 있어 간단한 조리도 할 수 있었다. 중세 시대 로마 북쪽의 순례자들은 로마로 가기 위해 이 마을을 지나갔다고 한다. 그들도 아마 이 곳에서 머물렀을 것이다. 세 면이 깊은 협곡에 둘러싸여 있는 론시글리온, 수도원의 뒤편은 절벽이었다. 때문에 창을 열면 드라마틱한 풍경이 펼쳐 졌다. 영화 <대부>에 나오는 마을 같다고 생각했다.

론시글리온은 원래 교황청의 일부였지만, 귀족 가문으로 넘어가 여러 번 주인이 바뀌었다고 한다. 규모가 크지는 않지만 중세와 르네상스, 바로크 양식이 혼합돼 있어 산책하는 재미가 있었다. 숙소 앞의 피자 가게에서 저녁으로 '진짜' 이탈리아 피자를 먹었다. 식사를 마치고 나오니 상점은 모두 문을 닫고, 거리에는 사람이 한 명도 없었다. 메인 광장 근처로 내려가 유일하게 영업 중인 젤라토 가게에 들렀다. 그곳에서 '인생 피스타치오 젤라토'를 만났다. 보통 '피스타치오' 맛을 주문하면 컬러만 민트인 아이스크림을 주는데, 진짜 피스타치오의 향과 맛이 고스란히 느껴졌다. 날씨가 더워 중부 유럽을 여행하는 동안 아이스크림을 많이 먹었고, 이후 '피스타치오' 만 고집했으나 이곳의 아이스크림을 뛰어넘지는 못했다.

숙소로 돌아오니 부엌에 모카포트가 있었다. 아주 오래된, 양은으로 된 주전자처럼 보였는데 닦아서 말리기 위해 분해해놓은 상태였다. 커피가 있었지만, 모카포트를 조립하지 못해 마시지 못했다. 그날은 우리 부부가 처음으로 모카포트라는 걸 알게 된 날이었다.

다음 날 아침 일찍 아침 식사를 하기 위해 숙소 근처의 카페로 향했다. 조식 세트 메뉴와 커피를 주문했는데, 아침이라 그런지 우유가 든 카푸치노가 나왔다. 그윽한 커피 향과 부드러운 우유의 조화, 그 맛에 반한 아내는 연거푸 세 잔이나 마셨다. 한국과 달리 시나몬 가루는 뿌려 주지 않았다. 아내와 나는 이탈리아를 여행하면서 커피와 사랑에 빠졌다. 여행 중에는 여행에서 필요한 물품 외에 쇼핑을 거의 하지 않는 아내가 모카포트를 구입했을 정도로 깊게.

✳ 1800년에 문을 연 세계 3대 젤라토 아이스크림 가게

바티칸 시국Vatican City으로 가기 위해 로마로 돌아왔다. 로마 외곽에 주차하고 대중교통으로 이동하면서 관광하기로 했다. 로마는 놀라울 정도로 무질서했다. 당시 한국을 방문한 유럽 출신 친구들에게 한국의 첫인상에 대해 물으면 한 명도 빠짐없이 "한국은 정말 깨끗해"라고 답하곤 했다. 이탈리아에 가서야 그들의 감상이 예의상 했던 칭찬이 아님을 깨달았다.

비토리오 에마누엘레Vittorio Emanuele 역에서 내려 로마 3대 젤라토 맛집으로 꼽히는 지오바니 파시G. Fassi에 들렀다. 숍 이름을 창립자의 이름을 따서 지은 데서 알 수 있듯, 파시 가문에서 5대째 운영 중이라고 한다. 1880년에 오픈했으니 140년에 가까운 역사를 지니고 있는 셈이다. 영화 <로마의 휴일>에서 오드리 헵번이 먹던 아이스크림이 바로 지오바니 파시의 젤라토다. 성공하면 프랜차이즈 사업으로 확장시키는 우리나라와 달리 매장은 로마에 하나만 운영한다고 했다. 다양한 종류의 아이스크림 중 시그니처는 쌀 맛이 나는 리소Rizot 젤라토다. 아내와 아이들은 리소 젤라토와 티라미슈를 주문하고, 론시글리온에서 먹은 아이스크림의 강렬함을 잊지 못한 나는 피스타치오 젤라토를 주문했다.

✳ 세계에서 가장 작은 나라, 바티칸 시국

바티칸 시국은 로마에 있는, 세계에서 가장 작은 나라다. 영향력은 막강하다. 전 세계 가톨릭의 중심지이기 때문이다. 하느님의 말씀을 전하던 베드로는 로마 시민과 크리스트교도들이 지켜보는 가운데 순교했다. 콘스탄티누스는 크리스트교를 로마의 국교로 공인하면서 324년 베드로의 무덤 위에 성 베드로 대성당을 짓게 명했고, 이것이 바티칸 시국의 뿌리가 됐다. 한때 프랑스 아비뇽으로 옮겨졌던 교황청도 성 베드로 대성당이 지어진 후 이곳으로 옮겨 왔다고 한다. 1929년 바티칸 시국은 이탈리아와 라테란 조약을 체결하고 교황이 다스리는 독립된 주권 국가로 인정됐다. 세계에서 가장 작은 나라가 탄생한 것이다.

바티칸에는 성 베드로 성당과 광장을 비롯해 바티칸 박물관과 바티칸 정원, 산 카를로 궁전 등 볼거리가 많다. 우리 가족은 바티칸 박물관과 성 베드로 성당을 둘러보기로 했다. 프랑스 루브르 박물관, 영국 대영박물관과 함께 세계 3대 박물관으로 꼽히는 바티칸 박물관은 시스티나 성당과 라파엘로의 방, 피오클레멘티노 박물관 등으로 이뤄졌다. 아내와 내가 가장 보고 싶었던 것은 라파엘로의 방에 그려진 <아테네 학당>이었다. 키가 작은 아이들은 관람객들 사이에 끼어 있느라 사람들 턱만 보였기에 큰 흥미를 못 느끼는 듯했다.

미켈란젤로가 4년에 걸쳐 완성한 천장화 <천지창조>가 그려 있는 시스타나 성당으로 이동했다. 혼자서 완성했다기엔 너무 큰 규모, 성경을 생생하게 그림으로 표현해놓은 벽화를 보면서 '만약 한 달 살기를 한다면 로마에서 살고 싶다'고 생각했다. 그때까지 나는 상아와 상진이의 손을 잡고 인파를 헤치고 다니느라 눈치채지 못했는데, 아내가 잠든 상은이를 안고 뒤따르고 있었다. 미술관과 박물관을 좋아하는 아내지만 지친 기색이 역력했다. 서둘러 박물관 밖으로 나왔다.

✳ 성당 중의 성당, 성 베드로 대성당

성 베드로 대성당에 들어서자 스테인드글라스를 통해 쏟아지는 은은한 빛이 더없이 성스럽게 느껴졌다. '성당 중의 성당'이라는 수식어는 사람들의 동경이 만들어낸 환상 프리미엄이 더해진 과장이라 여겼는데, 착각이었다. 두 손을 가슴에 모으고 사방을 둘러봤다. 르네상스 양식으로 지어진 성 베드로 성당은 돔의 높이를 가늠할 수 없을 정도로 높았다. 성당 입구에는 미켈란젤로가 유일하게 자신의 이름을 새겨놓은 조각 작품 <피에타>가 있었다. 하느님이 하늘에서 보면 성모 마리아가 예수를 감싸고 있는 모습처럼 보인다고 한다. 왜 '죽기 전에 와야 할 곳'으로 꼽히는지 수긍됐다.

아이들과 함께 여행을 하다 보면 거의 모든 스케줄이 아이들 눈높이에서 결정된다. 박물관과 미술관은 어린이 콘텐츠가 아니면 지나치는 경우가 많다. 그럼에도 바티칸은 꼭 오고 싶었다. 성 베드로 대성당에서도 기도를 드렸다. 이번 여행을 안전하게 잘 마칠 수 있게 도와달라고.

성 베드로 광장의 쿠폴라 전망대에 올라 오벨리스크와 마데르노 분수를 비롯한 바티칸 전경을 감상했다. 구글맵에서 본 것처럼, 바티칸 전체가 천국으로 가는 열쇠처럼 느껴졌다. 바티칸에서 나오는 길, 아내는 꼭 다시 와서 가이드 투어를 하자고 얘기했다. 바티칸 가이드 투어는 바티칸의 역사를 들으며 바티칸 구석구석을 걸어다니는 워킹 투어가 일반적이다. 워킹 투어는 전일 투어와 반나절 투어로 나뉘는데, 전일 투어를 택하면 패스트 트랙을 이용해 줄을 서지 않고 입장할 수 있다.

▍ **tip** ▥ **로마 4대 성당을 찾아라**

로마에는 900개가 넘는 성당이 있다. 성 요한 성당San Giovanni in Laterano, 성벽 밖의 성 바오로 대성당Basilica Di Sna Paolo Fuori Le Mura, 산타 마리아 마조레 대성당Santa Maria Maggiore, 성 베드로 성당Basilica di San Pietro을 가리켜 로마 4대 성당이라고 한다. 이 성당들은 로마교황청에서 직접 관리한다. 성 요한 성당은 324년 콘스탄티누스 1세에 의해 지어진, 로마에서 가장 오래된 성당으로 과거 교황청으로 사용되던 곳이다. 산타 마리아 마조레 대성당은 성모 마리아에게 봉헌된 그리스도교의 첫 번째 성당으로, 1980년 유네스코 세계 문화유산에 등재됐다. 성벽 밖의 성 바오로 대성당은 사도 바오로의 무덤 위에 세워진 성당인데, 실제 성 바오로가 참수를 당한 곳은 로마의 남쪽이다. 콘스탄티누스의 명으로 이곳에 성당을 짓고, 참수 당한 위치에는 수도원을 지었다고 한다. 성 베드로 성당은 제1대 교황인 성 베드로의 무덤 위에 지은 성당으로 교황의 집무실이 있다. 매주 일요일 정오가 되면 창문을 열고 손 인사를 건네는 교황을 보기 위해 수많은 인파가 몰린다.

✳ 캄포 데 피오리에서 스페인 광장까지 워킹 투어

숙소에서 짐을 풀고 저녁 식사를 한 후 프리 워킹 투어를 신청했다. 가이드와 함께 2~3시간에 걸쳐 로마의 유명한 관광 명소를 둘러보는 프로그램이다. 보통 인터넷에서 날짜와 시간을 선택해 신청할 수 있는데, 현장에서 직접 신청을 받기도 한다. 20명 내외의 사람이 한 그룹을 이루는데, 언어권별로 영어와 스페인어, 이탈리아어, 스페인어 등으로 그룹을 나누어 투어를 진행한다. 투어는 캄포 데 피오리Campo de Fiori에서 스페인 광장에 이르는 1.6km의 코스. 로마의 골목을 걸으며 고대 도시의 시간을 느낄 수 있다.

워킹 투어의 시작점인 캄포 데 피오리 광장은 낮에는 시장, 밤이면 카페와 레스토랑으로 변한다. 후드를 쓴 수도사 동상 아래에서 사람들을 모아 본격적인 투어가 시작됐다. 미켈란젤로가 디자인한 파르네세 가문의 고택 팔라초 파르네제Palazzo Farnese, 서기 80년에 전차 경기장으로 지어진 나보나 광장Piazza Navona, 모든 신에게 바쳐진 고대 유적 판테온Pantheon, 아우구스투스가 클레오파트라와의 전쟁에서 이긴 후 트로피로 가져왔다는 오벨리스크가 있는 몬테치토리오 광장Piazza di Monte Citorio, 마르쿠스 아우렐리우스Marcus Aurelius 황제의 전쟁사가 기록된 높이 30m의 거대한 대리석상이 있는 폰타나 콜로냐 광장Fontana di Piazza Colonna을 지나 트레비 분수와 영화 <로마의 휴일>에 나왔던 스페인 계단이 있는 스페인 광장까지 이어졌다. 로마에서 가장 유명한 광장에 스페인이란 이름이 붙여진 이유는 300년이 넘도록 자리를 지키고 있는 스페인 대사관의 영향 때문이라고 한다.

골목을 따라 걸으면서 가이드는 오래된 카페와 예술가, 골목길에 얽힌 재미있는 이야기들을 들려줬다. 무더운 날씨지만 해 질 무렵 진행된 투어라 걸을 만했다. 낮에 바티칸 시국에서 나와 점심을 먹은 후 콜로세움에 들렀는데, 무엇을 보고 있는 건지 헷갈릴 정도로 더웠기 때문에 밤에 진행된 투어가 더 좋았는지도 모른다.

✳ 로마에서 밀라노까지 7시간 이동

로마를 떠나 이탈리아 북쪽의 도시 밀라노Milano까지 이동하는 날이다. 도로 위에서 만난 유럽인들은 매너가 좋았다. 2차선 도로라고 하더라도 추월 차선은 늘 비워뒀다. 이탈리아 북부의 자연은 도로 위에서 유럽인들이 보여준 매너가 더해져 도시가 더 아름답게 느껴졌다. 마음까지 풍요로워지는 기분이었다. 휴게소마다 차를 세우고 쉬었다. 아이들은 축구 선수 메시가 광고하는 감자 칩을, 우리 부부는 카푸치노를 마셨다.

바티칸과 로마를 한꺼번에 돌아본 무리한 스케줄 탓인지 로마에서 밀라노까지 7시간을 이동하는 동안 아이들은 깊게 잠들어 있었다. 밀라노와 피렌체는 아이들이 더 자랐을 때 오면 좋은 도시라고 판단, 이번 여행에서 제외시켰다. 바티칸 박물관에서처럼 상은이는 잠들 게 뻔했기 때문이다. 하지만 밀라노는 아내가 꼭 가고 싶어 하던 도시 중 하나다. 아쉬운 마음에 자동차로 밀라노 시내를 한 바퀴 돌고 밀라노 외곽의 부티크 호텔로 향했다. 호텔에 들어서는 순간 '아, 이것이 밀라노의 풍류구나' 하는 생각이 들었다. 세련되고 감각적이었다. 호텔의 모든 벽과 계단을 스틸과 유리로 마감해 사방이 반짝였다. 소품 하나하나에서 우리가 밀라노에 있다는 걸 실감할 정도. 욕실에는 어매니티로 에트로 제품이 구비돼 있었다.

✳ 우리 모두의 친구 두크를 소개합니다!

아마도 2008년이었을 거다. 하와이에 머물 때 아이들에게 서핑을 가르쳐 줄 선생님을 찾다가 두크를 소개받았다. 중국인 어머니와 베트남 아버지 사이에서 태어나 미국에서 자란, 미 해군 퇴역 장교였다. 당시 두크는 예비 군으로 하와이에 머물면서 어린이들에게 서핑을 가르치는 중이라고 했다. 미국 예비군은 비상시에만 동원되는 비상근 군인이다. 상아와 상진이가 서핑 레슨을 받았는데, 친절하게도 두크는 그 과정을 사진과 동영상으로 도 담아 선물해줬다. 비용을 지불하는 것이 당연했다. 하지만 두크의 생각 은 달랐다. 아이들에게 서핑을 가르치는 봉사를 하는 게 자신에게도 즐거 움이라며 한사코 거절했다. 그리고 진심으로 고맙다면 나중에 도움이 필 요한 사람들에게 베풀라고 덧붙였다. 그는 지금도 예비군 장교로 근무하 면서 프로젝트에 따라 전 세계를 이동하면서 살고 있다.

두크의 삶의 방식은 내게 좋은 의미의 자극이 됐다. 몇 년 전부터 우리 가 족은 베트남의 한 보육 시설을 돕고 있다. 미국에 살던 부부가 베트남으로 이주해 부모를 잃거나 형편이 어려운 아이들을 보호하고 있는데, 두크에 게 그 부부를 소개받았다. 거창한 봉사는 아니다. 한때는 봉사에 뜻이 있는 지인들께 기부를 받아 헌금을 전달했고, 요즘은 헌옷을 가져간다. 작아서 못 입는 옷들, 쓸모를 잃은 물건들을 모아 필요로 하는 이들에게 전달해주는 거다. 기부금을 전달할 때는 봉사에 동참해달라고 말을 꺼내는 사람도 듣는 사람도 불편했지만, 헌옷이나 안 쓰는 물건을 모아 달라고 하면 대부분 흔쾌히 참여한다. 그리고 굉장히 뿌듯해한다. 나는 그 뿌듯한 마음이 커지면 보다 적극적인 봉사 활동으로 이어질 거라고 믿는다. 아이들 역시 스스로 용돈을 모아 과자나 학용품을 사서 선물한다.

봉사 활동이란 명분 아래 매년 베트남에 가지만, 함께 놀다 온다는 표현이 맞을 것이다. 선물과 함께 사람들의 마음을 전달하고, 아이들이 좋아하는 패스트푸드점에서 치킨을 먹고, 수영과 게임을 함께하는 것이 전부다. 상아와 상진이, 상은이는 처음엔 베트남 친구들을 무서워했다. 부모가 없다는 것, 즉 나와 다르다는 데서 두려움이 시작되는 것 같았다. 처음에는 서로가 서로를 데면데면하더니, 여러 번 만난 지금은 진짜 친구가 됐다.

두크는 한국에 올 때마다 고아원을 방문한다. 하와이에서처럼 서핑을 가르치지는 못하지만, 아이들을 만나는 일은 게을리 하지 않는 것. 그 영향으로 나도 매주 월요일마다 성당에서 운영하는 이주 노동자 어린이집에서 봉사 활동을 하는 중이다. 친구나 가족과 함께 갈 때도 있고 혼자 갈 때도 있는데, 절대 빼먹지 않으려고 노력한다. 따지고 보면 나도 이주 노동자의 자녀였다. 부모의 보살핌이 필요한 나이에 혼자 있어야 하는 두려움과 외로움에 대해 누구보다 잘 알고 있다.

✴ 세인트 버나드 패스를 넘어 스위스로

스위스 몽트뢰에서 두크를 만나기로 한 날이다. 이탈리아에서 스위스 국
경을 넘는 방법은 몇 가지가 있는데, 나는 이탈리아 아오스타와 스위스 마
티니를 잇는 세인트 버나드 패스Col du Grand-Saint-Bernard를 택했다. 통행료
가 굉장히 비쌌다. 산악 지대에 만든 도로라 터널이 많고, 눈이 많이 내려
도로 위에 지붕을 씌운 구간이 많기 때문일 거다. 그러나 풍경은 통행료가
전혀 아깝지 않을 만큼 황홀했다. 세인트 버나드 패스를 지나면서 펼쳐지
는 풍경을 넋을 잃고 봤다. 하이킹을 즐기는 사람도 많았다. 왜 그토록 많
은 사람이 스위스에 오고 싶어 하는지 알 것 같았다.

그러다 문득 왜 이곳의 이름을 견종에도 붙였는지 궁금해졌다. 세인트 버
나드가 이 지역 출신이라고 한다. 수도원에서 기르던 산악 인명 구조견으
로, 후각이 특히 발달해 눈사태로 눈 속에 묻힌 사람 냄새를 잘 맡는다고
한다. 목에 위스키 통을 걸고 다니는 것도 조난자를 찾으면 먹여서 몸을 덥
혀주기 위함이라고. 세인트 버나드가 목에 위스키 통을 걸고 다니는 걸 그
제야 눈치챘다.

레만 호수Lac Leman를 끼고 몽트뢰 시내까지 이어지는 길은 더욱 환상적이었다. 도로 양쪽으로 높은 산이 있고, 산봉우리와 하늘색은 호수에 그대로 투영됐다. 창을 내리고 깊게 숨을 쉬면서 되도록 천천히 차를 몰았다. 호수로부터 시원한 바람이 불어왔다. 숨 막히게 뜨거웠던 로마에 비하면 날씨도 천국의 것 같았다.

✳ 깨끗하고 아름다운 알프스의 휴양 도시, 몽트뢰

몽트뢰는 귀족들의 피서지였던 곳이다. 중세 시대 사보이 왕가가 다스리던 땅인데, 이후로도 귀족과 왕족이 피서지로 찾는다고 한다. 호수 건너로 하얀 설산과 알프스 산맥이 이어져 어느 도시보다 아름다웠다.

하지만 스위스 물가는 전혀 아름답지 않았다. 식당에 들어가는 것이 겁날 정도로 비쌌다. 늦은 점심을 먹기 위해 맥도날드에서 햄버거 3세트를 주문했더니 한화로 5만 원이 넘게 나왔다. 프렌치프라이용 케첩도 필요하면 추가로 돈을 지불해야 한단다. 아이들이 아이스크림을 사달라고 했다. 당시 한국에서 300~500원 하던 소프트 아이스크림의 가격은 3,000원. 하나를 사서 나눠 먹어야 할 지경이었다. 얼마 전 스위스에서 일하는 친구를 만나 물가에 대한 얘기를 나눈 적이 있다. 스위스는 아르바이트 시간당 임금이

2만 원이 넘는다고 했다. 당시 우리나라는 7,000원대였으니 인건비가 3배인 셈이다. 물가도 딱 그만큼의 차이가 났던 거다.

약속 장소인 레만 호수에 두크가 도착할 때까지 기다렸다. 주말을 맞아 호수 주변에는 벼룩시장이 열리고 있었다. 하얀 천막 아래 관광객들을 위한 기념품과 로컬 수제품이 대부분. 호숫가를 따라 레스토랑과 호텔이 줄지어 있고, 호수에는 오리와 백조들이 노닐고 있었다. 멀리 보이는 유람선의 선미에는 프랑스 깃발이 꽂혀 있었다. 레만 호수의 일부가 프랑스령으로 표시된 지도가 떠올랐다. 호숫가 나무 그늘 아래는 여행자들로 가득했다. 미니 바이킹, 회전목마 등 호수 한쪽에는 이동식 놀이기구가 있었다. 우리 아이들과 그곳에 줄을 선 예닐곱 명의 아이들은 금방 친구가 됐다.

✳ 몽트뢰에서 마주친 프레디 머큐리의 흔적

호수 주변을 따라 거닐다 프레디 머큐리의 동상을 발견했다. 몽트뢰는 영국의 전설적인 록 밴드 퀸의 보컬인 프레디 머큐리가 사랑한 도시다. 에이즈에 걸린 그는 이곳에서 음악 작업을 하면서 남은 생을 마감했다. <헤븐 포 에브리원Heaven For Everyone>이라는 곡의 '헤븐'도, 그의 마지막 앨범인 <메이드 인 헤븐Made in Heaven>의 '헤븐'도 모두 이곳을 가리킨다.

나 역시 학창 시절에 퀸과 프레디 머큐리의 팬이었다. 몽트뢰까지 오는 길에 프레디 머큐리에 대한 이야기를 하면서 아이들에게 <위 윌 록 유We Will Rock You>와 <위 아 더 챔피언We are the Champion>을 들려줬다. 프레디 머큐리의 동상을 발견한 상진이는 기념사진을 찍어달라며 포즈를 취했다. 추억이 한 스푼 추가된 기분이었다.

▌ tip ▓ 시대를 초월하는 보헤미안 랩소디

퀸의 대표곡인 <보헤미안 랩소디Bohemian Rhapsody>는 1975년 발표한 앨범 「나이트 앳 더 오페라A Night at the Opera」에 수록된 곡이다. 퀸을 월드스타 반열에 올려놓은 곡이지만, 초기의 음반사 반응은 회의적이었다고 한다. 아카펠라와 오페라, 발라드, 하드록을 넘나드는 독특한 구성과 6분이나 되는 실험적인 연주 때문. 음반사의 권유에도 불구하고 퀸의 멤버들은 곡 수정을 거절했고, 결국 성공을 거뒀다. 2018년 동명의 영화 <보헤미안 랩소디>가 개봉했다. 세계적으로 흥행을 거뒀는데, 특히 우리나라에서의 인기는 대단했다. 영화관 측은 영화를 관람하며 자유롭게 노래를 따라 부를 수 있는 싱어롱Sing Along관을 늘렸고, 관객들은 퀸의 콘서트를 다녀온 듯한 감동을 받았다.

✳ 숙소를 찾아 몽트뢰에서 베른으로 이동

두크를 만나면 숙소에 짐을 풀고 시옹 성Château de Chillon을 돌아볼 생각이었다. 이탈리아에서 알프스를 넘어오는 상인들에게 통행세를 받기 위해 세운 중세 시대의 성이다. 아마도 오리엔탈 문화가 넘나들던 통로 중 하나였을 것이다. 영국 시인 바이런의 <시옹 성의 죄수>를 통해서 유명해진 성이기도 하다. 성 안에 있는 감옥에 제네바의 종교 지도자였던 프랑소와 보니바르가 6년 동안 쇠사슬로 묶여 있다가 석방된 사실을 바탕으로 쓴 시다.

시옹 성은 레만 호수와 알프스를 감상하기 위한 최고의 전망대 역할을 한다고 들었다. 하지만 두크를 만난 우리는 몽트뢰 주변에서 숙소를 찾지 못해 베른Bern까지 이동해야 했다. 몽트뢰에서 베른까지 오로지 숙소를 찾아다녔던 거다. 숙소를 찾느라 지친 우리는 "아무 곳이나 가자"고 말했고, 실제로 아무 곳에 들어갔는데 호텔 창밖으로 펼쳐지는 풍경에 입이 다물어지지 않았다. 다운타운임에도 녹지가 많았고, 공기도 더없이 청량했다. 나중에 안 사실인데, 당시 몽트뢰에서는 재즈 페스티벌이 열리고 있었다. 수많은 인파와 만실이 된 호텔들이 그제야 설명이 됐다.

노이슈반슈타인 성 앞의 호수에서
우리의 친구 두크와 함께.

독일 노이스반슈타인 성 앞 호수에서 보드 타기.

스위스 몽트뢰에서 만난 프레디 머큐리 동상.

✳ 자동차가 없는 산악 지대의 시골 마을, 라우터브루넨

다음 날은 스위스 알프스의 하이라이트, 인터라켄Interlaken으로 이동할 계

획이었다. 두크는 인터라켄은 유명한 관광지라 인파가 몰리니 인터라켄

옆의 라우터브루넨Lauterbrunnen에 가는 게 어떻겠느냐고 물었다. 비슷한

자연환경을 가지고 있는데, 덜 알려진 도시라 여행자가 적어 분명히 우리

가족이 좋아할 거라고 했다. 나는 두크를 믿고 존중하는 편이다. 두크 역시

여행과 하이킹을 좋아하는데, 한국에 오면 서울에만 머무는 것이 아니라

포항이나 속초에 가서 서핑하곤 한다. 분명히 독일에 와서도 주변 국가를

포함해 여러 도시를 여행했을 것이다. 망설임 없이 두크를 따르기로 했다.

공기가 쌀쌀하게 느껴져 후디를 꺼내 입고 인포메이션 센터로 향했다. '울

려 퍼지는 샘'이라는 뜻의 라우터브루넨은 알프스 산악 지대에 위치한 작은 시골 마을이다. 높은 산에 둘러싸여 있어 평지에서도 산에서 떨어지는 폭포가 여럿 보였다. 겨우내 내린 눈이 얼음으로 굳었다가 날씨가 따뜻해지면 녹아내리면서 만들어낸 것이라고 한다. 풍경과 기후를 모두 담아낸, 정말 멋진 도시 이름이라고 생각했다.

우선 가장 유명한 트뤼멜바흐Trummelbach 폭포를 보러 가기로 했다. 초마다 2만 톤의 무게로 떨어지는 폭포수가 자연 암굴을 만들었는데, 그 동굴 속에 리프트가 있어 폭포 가장 꼭대기까지 쉽게 올라갈 수 있었다. 자연을 해치지 않으면서 여행자 편의까지 고려한 시스템, 현대적인 여행 시스템을 개발해낸 원조 국가다운 발상이었다. 리프트를 타고 꼭대기에 이르자 바로 눈앞에서 폭포수가 떨어졌다. 나이아가라 폭포, 빅토리아 폭포, 이과수 폭포에서도 이토록 가까이에서 폭포를 즐기진 못했던 것 같다.

라우터브루넨은 자동차 없는 마을이다. '에비앙'은 생수의 이름이면서 스위스에서 우물을 부르는 말이기도 하다. 두크를 따라 음수대에서 '에비앙'을 물통에 담아 마을 산책에 나섰다. 패러글라이딩을 즐기는 사람들이 하늘을 알록달록하게 수놓고, 잔디밭에는 일광욕을 즐기는 사람이 많았다. 우리도 자연스럽게 그 그룹에 합류했다. 원래 그 자리에 있었던 사람들처럼.

쇼핑에 크게 관심이 없는 우리 가족의 유일한 취미는 기념품 자석 모으기다. 집에 커다란 세계 지도를 걸어두고, 여행했던 도시마다 자석을 붙이는 식으로 추억을 기록하고 있다. 그러나 스위스의 도시들에서는 자석을 구입하지 못했다. 물가가 너무 높았기 때문. 대신 종이 스티커를 사 와 자석으로 만들어 붙였다. 아직도 자체 제작한 스위스 자석을 볼 때면 높았던 물가가 생각난다.

✳ 세계에서 6번째로 작은 나라, 리히텐슈타인

스위스 라우터브루넨을 떠나 브리엔즈Brienz를 거쳐 세계에서 6번째로 작은 나라, 리히텐슈타인Liechtenstein으로 넘어갔다. 스위스를 여행하면서 취리히가 아닌 몽트뢰와 라우터브루넨을 다녀왔다고 하면 사람들은 의아해한다. 아이들에게 디즈니 성이라 알려진 노이슈반슈타인 성Neuschwanstein Castle을 보여주기 위한 선택이었다고 설명을 붙이면 그제야 고개를 끄덕인다.

리히텐슈타인은 디즈니 성이 있는 독일 퓌젠으로 가는 길목에 있는 나라였다. 과거에는 조세 피난처로 악명이 높았던 곳. 수도인 파두츠Vaduz에는 리히텐슈타인 왕가가 거주하는 파두츠 성이 있는데, 입헌군주제 국가인 리히텐슈타인의 군주가 지금도 그 성에 살고 있다고 한다. 파두츠의 거리는 현대적이었고, 사람들은 사무적이었다. 점심을 먹으러 이탈리언 레스토랑에 들어갔는데 메뉴판에 적혀 있는 가격을 보고 모두가 놀랐다. 500ml 생수 1병이 8유로. 리히텐슈타인은 전 세계에서 1인당 국민 소득이 가장 높은 나라라고 하더니 물가도 만만찮았다. 피자와 생수 두 병을 주문하고 서로 눈치를 보면서 물을 나눠 먹었다. 음수대가 보일 때마다 물통에 물을 채우던 두크가 그제야 이해가 갔다. 리히텐슈타인에서는 오래 머물지 않았다. 식사를 마치고 바로 독일로 향했다.

퓌센Fussen에 도착했을 때는 이미 늦은 밤이었다. 두크는 미리 봐둔 숙소가 있다며 노이슈반슈타인 성 아래로 안내했다. 신기하게도 숲 한가운데에 이층집이 있었다. 건물의 정체는 중국 식당. 영업이 끝났는지 문이 닫혀 있었는데, 두크가 다가가 중국어로 몇 마디를 나누더니 식당 2층에 있는 방을 렌트했노라 말했다. 동화 속에나 나올 법한 성 아래 숲에 위치한 이층집, 주변에는 아무것도 없었다. 저녁도 먹지 못한 채 잠이 들었다.

다음 날 아침, 숙소에서 조식을 준다기에 내심 중국 음식이 나오길 기대했다. 그러나 식당에는 달걀과 소시지, 커피 등 독일식 식탁이 준비돼 있었다. 주인에게 롤 빵과 삶은 달걀을 가져가도 되느냐고 물었더니 흔쾌히 허락해줬다. 아내는 햄과 치즈를 더해 샌드위치를 만들었다. 말 그대로 비상식량이다. 자동차 여행을 하다 보면 편의점이나 마트를 찾을 수 없을 때도 있고, 이미 문을 닫은 경우도 허다하다. 더구나 피자나 햄버거 같은 패스트 푸드를 스위스와 리히텐슈타인에서처럼 15만 원씩 내면서 사 먹고 싶은 마음은 추호도 없었다.

✳ 백설 공주가 살고 있을 것 같은 노이슈반슈타인 성

두크와는 알프제Alpsee 호수에서 만나자고 약속하고, 우리 가족만 아침 일찍 노이슈반슈타인 성에 올라갔다. 디즈니 애니메이션 <잠자는 숲속의 공주>의 모티프가 되면서 유명해진 성. 그래서 노이슈반슈타인 성이라는 진짜 이름보다 별명인 디즈니 성으로 더 많이 불린다. 로마네스크, 고딕, 비잔틴 양식이 한데 어우러져 독특한 분위기를 풍기는데, 발트부르크 성과 베르사유 궁전을 모티프로 지었다고 한다.

성 내부에 들어갈 수 있는 투어가 있고, 정원과 디즈니 성 뒤의 길을 따라 외부를 산책하는 투어가 있었다. 우리는 후자를 택했다. 성에 오르자 퓌센의 풍경이 한눈에 들어왔다. 한쪽에 호수가 있고, 반대편 산봉우리에 위치한 호엔슈반가우 성까지 보였다. 노이슈반슈타인 성 뒤편의 산길을 따라 걷다 보면 루트비히 2세의 어머니와 같은 이름을 가진 메리엔 다리가 나온다. 다리 위에서는 숲에 둘러싸인 노이슈반슈타인 성의 모습이 잘 보였다.

다리 건너의 길은 호엔슈반가우 성으로 이어진다고 한다. 우리는 다리까지만 갔다가 두크가 기다리고 있을 알프제 호수로 내려갔다.

▌tip ▉ 노이슈반슈타인 성의 유래

성의 건축과 관련된 몇 가지 얘기가 전해진다. 바바리아 왕국의 왕 루트비히 2세는 음악가 바그너의 팬이자 후원자였는데, 바그너의 음악에 영감을 받아 그에게 바치는 성을 지은 거라는 설이 있다. 성 내부에 그려진 바그너 테마의 조각과 프레스코화가 이 주장을 좀 더 신빙성 있게 만든다. 루트비히 2세가 프로이센과의 전쟁에서 패하면서 기세가 꺾이고, 고향에 틀어박혀 중세의 성을 짓는 데 재산을 모두 쏟아부었는데 그중 하나가 노이슈반슈타인 성이라는 설도 있다. 바바리아 왕국은 지금의 독일 바이에른 주, 노이슈반스타인 성이 위치한 곳이다. 심약한 왕 루트비히가 전쟁에서 패하고 몽상에 빠져 살았다는 얘기는 널리 알려진 사실이다.

✳ 알프스 아래 백조의 호수에서 서핑

디즈니 성 투어에 동행하지 않은 두크는 알프제 호숫가에서 서핑을 즐길 준비를 하고 있었다. 튜브형 서핑보드를 늘 휴대하고 다니는데, 바람을 넣으면 플라스틱 보드만큼 딱딱해진다. 노이슈반슈타인은 영어로 '뉴 스완 스톤 성New Swan Stone Castle'이란 의미인데, 성 아래의 알프제 호수에는 백조가 많았다. 호수 때문에 붙여진 이름이 아닐까 생각했다. 아이들과 함께 수영복으로 갈아입고 서핑보드를 패들보트 삼아 백조들과 함께 물놀이를 즐겼다. 여행자들이 신기함과 부러움이 섞인 눈으로 연신 우리를 쳐다봤다. 상아 또래의 아이들이 몰려 들었다. 두크는 아이들을 일렬로 세우고 인사를 나누게 하더니 번갈아 가면서 아이들에게 서핑을 가르쳤다. 우리 가족에게 퓌센은 디즈니 성보다 성 아래 호수에서 알프스를 바라보며 백조와 함께 패들보드를 탔던 곳으로 남아 있다.

✳ 완벽하게 특별한 하루를 만들어준 불꽃놀이

저녁 무렵에 슈투트가르트Stuttgart로 이동했다. '고지식한 원칙주의자의 나라' 진짜 독일에 들어선 것이다. 하지만 나는 그 고지식한 원칙을 고수하는 사람들에게 묘한 매력을 느끼곤 한다. 늦은 밤에도 거리에는 교통 신호를 위반하는 차량이 없었다. 무단횡단을 하는 사람도 없었다. 이렇게 원칙을 잘 지키기 때문에 제조업이 발달한 것이 아닐까 생각했다.

미군 기지가 있는 슈투트가르트는 두크의 독일 베이스캠프다. 그는 미군이 제공해준 호텔에서 지내고 있었다. 일반 군인 숙소보다 좋은 호텔에서 지냈는데, 자신의 호텔을 우리 가족에게 양보하고 며칠 동안 친구 집에서 지내겠다고 했다. 폐를 끼치고 싶지 않다고 말했지만, 그것이 자신의 편해지는 방법이라는 두크의 뜻을 거스를 수는 없었다.

호텔에 짐을 풀고, 두크는 우리를 로컬 식당인 '슈니첼 하우스 비어가든'으로 데려갔다. 정원이 딸린 가정집 앞마당에 테이블을 펼치고 영업하는 레스토랑이었다. 단골처럼 보이는 손님들은 강아지를 한 마리씩 데려와 발 아래 두고 맥주를 마셨다. 이곳에서 '진짜' 슈니첼Schnizel을 먹었다. 송아지 고기나 돼지고기를 망치로 두들겨 연하게 만든 다음 빵가루를 묻혀 튀긴 요리인데, 소스를 뿌리지 않은 돈가스와 비슷해 아이들도 잘 먹었다. 라들러Radler도 곁들였다. 라거 맥주에 탄산음료를 섞은 음료로 독일인들이 여름에 즐겨 마시는 술이라고 한다. 미국에서는 샌디Shandy라고도 부른다. 탄산음료의 비율이 높아 술이라기보다 달콤한 음료수 같았다.

우리가 슈투트가르트에 도착한 날은 7월 4일, 미국의 독립기념일이었다. 미군 부대 안에서 하는 불꽃놀이에 초대됐다. 부대에 들어가려면 사진이 붙어 있는 신분증이 필요한데, 나는 여권을 숙소에 두고 나왔다. 어쩔 수 없이 나는 부대 밖에서 기다리고, 다른 가족들은 부대 안으로 들어가 두크와 함께 불꽃놀이를 즐겼다. 디즈니 성을 구경하고, 알프스 호수에서 백조와 함께 수영하고, 기대하지 못했던 불꽃놀이까지 즐겼던 완벽한 하루가 지나가고 있었다.

✳ 슈투트가르트에서 펼쳐진 동양인 서핑 레슨

다음 날 아침, 두크는 우리 가족을 도심 외곽의 주립 공원으로 안내했다. 공원 내에는 커다란 호수가 있는데, 자유롭게 수영을 할 수 있었다. 두크의 서핑보드가 다시 등장했다. 두크는 독일 어린이들에게 서핑을 가르쳐주고 싶다고 했다. 상진이와 상아가 일일 어시스턴트를 자청했다.

독일 사람들은 타인의 영역을 철저하게 지켜주는 성향이 있다. 무료로 서핑 레슨을 해주겠다고 했지만 누구도 배우겠다고 나서지 않았다. 한참이 지나서야 어린이 한 명이 다가왔고, 얼마 지나지 않아 줄이 길게 이어졌다. 현지 사람들에게는 그 광경이 굉장히 신기했을 거다.

한참을 물에서 놀다가 호숫가에 있는 카페테리아에서 점심을 먹었다. 메뉴는 소시지 하나. 프렌치프라이나 햄버거, 샌드위치조차 없었다. 소시지는 쫄깃하고 육즙이 풍부했지만 운전을 해야 하기 때문에 맥주를 곁들일 수 없었다. 전날 먹은 슈니첼과 라들러는 까맣게 잊은 채, 농담을 섞어가며 애꿎은 독일 음식을 타박했다. 두크와 함께하는 마지막 날이었다.

✳ 사회주의의 흔적이 남아 있는 체코

늦은 점심을 먹고 슈투트가르트를 출발해 체코 서쪽의 도시 플젠Pilsen으로 향했다. 1991년 소련이 붕괴되기 전까지 연방국 중 하나였던 체코에 들어서자 거리 풍경과 사람들의 옷차림, 표정까지 모두 건조해 보였다. 호텔 체크인을 하고 나니 밤 9시가 넘어가고 있었다.

늦은 저녁을 먹기 위해 숙소 근처의 레스토랑에 들어가 체코 전통 음식인 콜레뇨Koleno와 수제 맥주를 주문했다. 콜레뇨는 돼지고기 앞다리나 뒷다리를 소금물에 하루 동안 담가 잡내를 없애고 톱밥을 태운 오븐에서 8시간 동안 훈제한 요리로, 우리네 돼지족발과 비슷했다. 놀랍게도 맥주가 싱싱했다. 시원하고 목 넘김도 굉장히 부드러웠다. 자고로 몇 달 동안 배를 타고 건너온 고급 맥주보다 갓 병에 담은 동네 맥주가 더 멋있는 법이다.

식사를 마치고 슈퍼마켓으로 향했다. 맥주의 천국이었다. 패키지를 들여다보는 데 한참 걸렸다. 원조 버드와이저는 플젠의 것인데, 미국에서 상표를 베꼈다는 얘기를 들은 기억이 났다. 정말 미국과 다른 버드와이저가 그곳에 있었다. 종류도 다양했다. 가격과 알코올 도수, 흑맥주, 에일 맥주, 라거 맥주 등 대형 슈퍼마켓의 긴 진열대 두 열을 맥주가 꽉 채우고 있었다. 종류별로 2개씩 구입하고, 아이들을 위한 스낵류와 생수를 대량으로 구입했다. 가격은 스위스의 1/4 수준. 체코의 물가는 맥주 맛만큼이나 감동적이었다.

플젠은 라거Lager 맥주의 고향이다. 가장 유명한 맥주 공장은 필스너Pilsner. 플젠에는 원래 집집마다 맥주를 만들어 먹는 풍습이 있었다고 한다. 필스너는 1839년 200여 명의 맥주 양조업자가 함께 세운 공장으로, 라거를 처음 만들었던 방식대로 맥주를 발효하고 숙성시킨다고 한다. 필스너 공장 투어를 신청하면 지하 저장고의 오크통에서 바로 따라주는 맥주를 마실 수 있다. 가을에 열리는 플젠 맥주 축제에 참여하면 수많은 양조장에서 만든 다양한 수제 맥주를 맛볼 수 있다.

✶ 아내가 오랫동안 짝사랑한 도시, 프라하

플젠에서 프라하Praha까지는 자동차로 1시간이 걸렸다. 호텔 체크인을 하고, 차는 주차장에 세워둔 채로 트램을 타고 도시를 둘러보기로 했다. 아내는 이번 여행에서 로마와 프라하가 가장 기대된다고 했다. 프라하는 모차르트가 가장 사랑했고, 프란츠 카프카가 평생 떠나지 못했던 곳이다. 아내에겐 어떤 의미를 주는 도시로 남을까.

프라하 여행은 블타바 강Vltava River 위에 놓인 카렐교Charles Bridge에서 시작됐다. 600년 넘는 시간 동안 굳건히 자리를 지켜온 프라하의 상징이자 프라하 성Prague Castle과 구시가지를 잇는 다리다. 다리 위에 세워진 30개의 조각상 중 성 얀 네포무츠키St. Jan Nepomucky 동상 앞에 사람들이 모여 있었다. 죽음으로써 종교적 신념을 지킨 성인으로, 동판 부조 위에 새겨진 성인을 쓰다듬으면 소원이 이뤄진다고 한다. 다리와 동상을 배경으로 사진을 찍었다. 여행자가 너무 많아 정신이 하나도 없었다.

프라하 성에 들어서자 또 하나의 도시가 펼쳐졌다. 왕궁이 지어지고, 그 주변으로 귀족들의 저택, 성당과 수도원, 정원 등이 1,000년에 걸친 세월 동안 하나둘 들어섰다고 한다. 덕분에 프라하 성에서는 로마네스크와 고딕, 르네상스와 바로크에 이르는 다양한 양식의 건축물을 만날 수 있다.

성 비투스 대성당St. Vitus Cathedral으로 향했다. 다양한 기법의 스테인드글라스로 유명한 곳이다. <최후의 심판> 장면을 묘사한 스테인드글라스는 무려 22만 6,000개의 유리조각으로 만들어졌고, 알폰스 무하의 작품은 여느 스테인드글라스와 달리 유리 위에 직접 그림을 그리고 가마에 구워내는 과정을 반복해 완성했다고 한다. 가난한 자들의 성경이라 불리는 스테인드글라스 너머로 예술가들의 마음이 전해 오는 듯했다.

＊ 보헤미안처럼 프라하 구시가 산책

카렐교에서 구시가지로 향하는 길을 프라하 사람들은 '왕의 길'이라 부른다. 보헤미아 왕으로 즉위한 카렐 4세가 걸었던 길이기 때문이다. 왕의 길을 따라 구시가 광장Old Town Square에 이르자 거리 예술가들의 공연이 한창이었다. 자유분방한 보헤미안 감성에 취해 한참 구경하다 옛 프라하 시청사Praha Old Town Hall로 향했다. 14세기 고딕 양식으로 지어진 이곳에 중세 체코 과학의 결정판이라 불리는 천문 시계가 있다. 옛날 사람들은 별자리 위치로 시간을 판단했는데, 낮에도 별자리를 볼 수 있도록 만든 시계라고 한다. 높이 72m의 종탑에 오르니 까마득한 높이 아래로 장난감 같은 세상이 펼쳐졌다.

노점들이 줄지어 늘어선 하벨 시장Havel's Market은 1232년에 세워졌다. 산업혁명 시대에는 석탄 시장이었고, 그 후에 과일과 채소를 파는 시장으로 바뀌었다. 관광객을 위한 기념품도 팔고 있었다. 손뼉을 치면 깔깔 소리를 내는 마녀 인형이 이 시장의 명물이다. 상은이는 그때까지도 공갈 젖꼭지를 물고 다녔다. '쪽쪽이'를 문 상은이를 본 기념품 가게 주인은 공갈 젖꼭지에 식초를 발라놓으면 아이가 스스로 뺄 거라고 말해줬다. 신기하게도 정말, 얼마 지나지 않아 상은이가 공갈 젖꼭지를 뗐다.

되돌아온 구시가 광장에서는 퍼레이드가 열리고 있었다. 그들을 따라 천천히 이동하는데, 오페라하우스 앞에서 청년들이 갈라 쇼를 하고 있었다. 정장을 입은 앳된 청년들, 성인식을 하는 듯 보였다. 도시 구석구석을 마음속에 꾹꾹 눌러 담았다.

✳ 모차르트가 사랑한 도시, 오스트리아 빈

모차르트의 흔적은 오스트리아 빈에서 더 많이 발견할 수 있었다. 아침 일찍 체코를 떠나 오스트리아로 향했다. 머릿속에 여러 가지 이미지가 떠올랐다. 비엔나커피, 모차르트, 오페라, 합스부르크 왕국 등등. 빈에 도착했을 때는 정오가 훌쩍 지나 있었다.

합스부르크 왕가의 여름 별궁이었다가 지금은 유네스코 세계 문화유산으로 등재된 쇤브룬 궁전Schonbrunn Palace과 바로크 건축의 거장 힐데브란트가 설계한 벨베데레 궁전Belvedere Palace 대신 시내를 돌아보기로 했다. 빈 시내 투어를 '링 투어'라고도 부른다. 볼거리가 반지처럼 동그란 지역에 모여 있다고 해서 붙여진 이름이다. 오페라하우스와 성 페터 성당, 슈테판 대성당 등 볼거리가 걸어서 10분 거리에 모여 있었다. 오페라하우스 주차장에 차를 세워두고 도보 여행에 나섰다.

✳ 빈 국립 오페라하우스에서 시작된 링 투어

이탈리아 밀라노의 라스칼라 극장, 미국 뉴욕의 메트로폴리탄 오페라극장과 함께 세계 3대 오페라하우스로 꼽히는 빈 국립 오페라하우스Wien National Opera House는 유럽에서 가장 큰 규모의 오페라 극장이다. 안타깝게도 우리가 방문했던 7월과 8월에는 공연이 없었다. 공연은 9월부터 이듬 해 6월까지 진행하는데, 공연장 밖에 대형 스크린을 마련해 저녁마다 진행 되는 공연을 지나가는 사람들에게도 무료로 보여준다고 한다. 월드컵 거 리 응원전처럼 사람들이 모여서 오페라를 감상한다니, 예술의 도시답다.

가장 많은 여행자가 모여 있던 곳은 슈테판 대성당Stephan Cathedral이었다. 웅장한 규모의 건물에 청색과 금색으로 만든 화려한 모자이크 지붕이 아 름다웠다. 모차르트의 결혼식과 장례식이 열렸던 곳이라고 한다. 유럽의 유명한 성당들과 달리 입장료가 없었다. 바로크 양식으로 지어진 성 페터 성당St. Peter's Archabbey은 모차르트가 <다단조 미사곡>을 초연한 곳이다. 지금도 평일 오후 3시와 7시 30분, 하루에 두 차례 오르간 연주를 무료로 들려준다.

슈테판 대성당에서 오페라하우스까지 이어지는 케른트너 거리Kerntner Street와 성 페터 성당과 케른트너 거리가 만나는 그라벤 거리Graben Street는 빈을 대표하는 쇼핑 거리다. 온갖 명품 숍과 글로벌 패션 브랜드 숍이 줄지 어 있었다. 사이사이에 멋드러진 레스토랑과 카페도 많았다.

건물 사이에 지어진 특별한 시계가 있다고 해서 호어 마르크트Hoher Markt 로 이동했다. 앙커Ankeruhr 시계는 아르누보 작가 프란츠 마셔에 의해 농부 의 시장 위에 만들어졌다. 역사 속 인물들을 인형으로 만들었는데, 매 시각

정시가 되면 인형들이 하나씩 등장한다. 음악의 나라답게 인형이 등장할 때마다 관련된 음악이 함께 연주되는데, 12개의 인형이 모두 등장하는 12시 정각에는 이를 보기 위해 많은 여행자가 모여든다고 한다.

▌tip ▇ 비엔나(빈)에는 비엔나커피가 없다!

오스트리아에 커피 문화가 시작된 것은 300년이 넘었다고 한다. 오후 3시부터 5시까지 카페에 모여 커피를 마시는 '카페 파우제' 문화가 있을 정도로 오스트리아 사람들은 커피를 사랑한다. 하지만 비엔나(빈)에는 비엔나커피가 없다. 아메리카노 위에 달콤하고 쫀쫀한 휘핑크림을 올려 먹는 비엔나커피의 진짜 이름은 '아인슈페너'다.

✳ 중세 도시의 모습을 간직한 슬로베니아 류블랴나

여행자로 북적거리는 빈을 뒤로하고 다음 날 아침 슬로베니아의 류블랴나 Ljubljana로 이동했다. 슬로베니아는 유고 연방 국가들 중 처음으로 유럽연합에 가입한 나라다. 이탈리아, 오스트리아, 헝가리, 크로아티아와 국경을 마주하고 있어 음식과 문화 전반에 걸쳐 주변국의 영향을 많이 받았다.

수도인 류블랴나는 중세 도시의 모습을 잘 간직하고 있었다. 도심을 가로질러 류블랴니차 강이 흐르고, 강가에는 카페와 레스토랑이 줄지어 있었다. 사람들은 모던하고 스타일리시했고, 때문에 체코보다 이탈리아나 오스트리아에 가까운 느낌이었다. 호텔 체크인을 하고 객실에 짐을 푼 후 로비로 내려가 류블랴나에 대해 검색했다. 당시만 해도 객실에서는 인터넷이 유료이거나 속도가 느려 무용지물인 경우가 많았다.

한 나라의 수도임에도 불구하고 류블랴나는 걸어서 반나절이면 다 둘러볼 정도로 작다. 류블랴니차 강에는 여느 유럽의 도시가 그렇듯 많은 다리가 놓여 있는데, 가장 유명한 것은 즈마이스키 모스트Zmajski Most, 즉 용의 다리다. 건국 신화에 따르면 류블랴나는 그리스 신화 속 영웅 이아손Iason이 용을 물리치고 세운 도시다. 황금 양털을 찾아 원정길에 오른 이아손은 흑해에서 도나우 강을 건너 류블랴니차 강까지 오는데, 이곳에서 큰 괴물을 퇴치했다고 한다. 그 괴물이 용이라는 것. 왜 퇴치한 괴물이 이 도시의 상징이 됐는지는 모르겠지만, 용의 다리는 완공 당시 유럽에서 세 번째로 긴 아치형 다리였다고 한다.

✳ 세련되고 스타일리시한 청년들의 도시

구시가지 중심의 언덕 위에는 류블랴나 성이 있다. 요새로 지어져 한동안 방치됐다가 감옥으로 전락했다는 성이다. 지금은 슬로베니아의 역사를 보여주는 박물관으로 사용 중이다. 성까지는 케이블카인 푸니쿨라를 타고 쉽게 오르내릴 수 있다. 사람들이 모여 있는 곳은 류블랴나 도시 전체가 내려다보이는 전망대 역할을 하는 탑 앞이다. 그곳에서 내려다본 류블랴나의 모습은 정말 아름다웠다. 주황색 지붕을 얹은 고색창연한 도시 사이로 류블랴니차 강이 유유히 흐르고 있었다.

성에서 내려가 강을 따라 걸었다. '류블랴나 국제 여름 축제'가 한창이었다. 곳곳에서 다양한 퍼포먼스가 진행되고, 갤러리는 물론이고 거리마다 각종 음악회와 전시회 포스터가 붙어 있었다. 내가 이 도시를 '모던하면서도 스타일리시한 청년들의 도시'로 기억하는 것은 아마도 이 축제의 영향이 클 것이다. 이름 모를 젊은 예술가들의 작품과 인디 뮤지션의 공연이 중세 도시를 배경으로 펼쳐졌다. 보든코브 광장Vodnik Square의 재래시장에 들러 먹음직스러운 과일을 한 봉지 샀다. 현지인들의 활기찬 분위기가 그대로 전해지는 듯했다.

다음 날 아침 일찍 일어나 혼자 류블랴니차 강을 따라 산책했다. 지금도 내게 류블랴나는 로마와 프라하보다 훨씬 예술적인 도시로 남아 있다. 요즘도 가끔 주변 사람들에게 "만약 내가 갑자기 사라진다면 류블랴나에 있을 것"이라고 말하곤 할 정도로, 일상에 지칠 때면 류블랴나가 떠오르곤 한다.

✳ 갯벌 위에 지어진 섬, 물의 도시 베네치아

점심 즈음 물의 도시라 불리는 이탈리아 베네치아Venezia로 넘어갔다. 한낮의 베네치아는 너무도 더웠다. 차량 진입이 금지되기 때문에 걸어 다녀야 했는데, 더운 날씨 때문에 아이들이 힘들어했다. 산 조르조 마조레 성당San Giorgio Maggiore에 올라 물의 도시를 한눈에 내려다보고 리알토Rialto 수산시장에 가려던 계획을 수정했다.

골목골목을 거닐며 아기자기한 상점들을 구경하다가 산 마르코 광장Piaza San Marco 주변의 레스토랑에 자리를 잡았다. 피자와 파스타를 주문해 조금 이른 저녁 식사를 하고 있는데, 우리 테이블 가까운 곳에서 한 여자아이가 기절했다. 너무 놀라서 소리도 지르지 못했는데, 구급대원들이 나타났다. 더위를 먹은 거라고 했다. 오래된 골목이 미로처럼 엉켜 있는 베네치아에서는 비일비재한 일이란다. 길을 찾는 데 집중하느라 물을 마시지 않고 오랫동안 햇볕에 노출됐기 때문이다.

운하를 오가는 유람선인 곤돌라는 타지 않을 생각이었다. 수상 도시인 베네치아에서 운하는 도로 역할을 하는데, 11세기부터 곤돌라는 중요한 교통수단이었다고 한다. 베네치아의 지반이 침하하고 있다는 얘길 들었다. 온난화로 해수면도 상승하고 있기 때문에 반세기 안에 도시 전체가 사라질 거라고 했다. 실제로 건물의 1층은 이미 바닷물에 내준 곳이 많았다. 너무 많이 모여드는 여행자도, 이동 수단인 수상 택시와 배도 지반 침식에 일조한단다. 자연을 해하는 행동을 하지 않는 것은 여행자의 기본 매너. 하지만 베네치아에서 나올 때는 어쩔 수 없이 수상 택시를 타야 했다. 종일 걸어 다닌 아이들이 파업 직전의 상황까지 몰렸기 때문이다. 숙소에 돌아와 아내와 시원한 맥주를 마시며 하루를 마무리했다.

✳ 우연히 들른 와인의 도시, 이탈리아 오르비에토

여행의 출발지였던 로마로 돌아가는 길, 오르비에토Orvieto에 들렀다. 베네치아에서 로마까지 한 번에 이동하는 것이 무리라고 생각해 고속도로에 인접한 숙소를 찾다가 들르게 된 곳이었다.

오르비에토는 소도시를 여행하는 이들 사이에서 이미 유명한 곳이었다. 패스트푸드에 저항하는 슬로푸드, 거기서 파생된 슬로시티 운동이 시작된 곳이다. 집집마다 텃밭을 만들어 채소를 길러 먹고, 식당에서는 오르비에토에서 생산한 식재료만으로 음식을 만든다고 한다. 이탈리아의 대표적인 화이트 와인 생산지이기도 하다. 오르비에토가 속한 움브리아 주는 이탈리아 반도 한가운데 위치한 산림 지대로, '이탈리아의 초록 심장'이라 불린다. 포도밭과 올리브 나무가 끝없이 펼쳐지기 때문이다.

우리는 가정집에서 묵었다. 사방에 포도밭이 펼쳐져 있는 목가적인 곳이 었다. 우리에게 제공된 공간은 별채 창고를 게스트하우스로 개조한 것으로 1층은 거실과 부엌, 2층은 침실로 꾸며져 있었다. 시골 농부의 솜씨라고 하기에는 꽤나 감각적이었다. 부모님을 모시고 사는 주인 부부는 포도 농사를 지으며 와이너리를 운영한다고 했다. 할아버지는 그 집의 지하에 100년 넘은 와인 동굴을 보여주고 싶어 하셨다. 가정집에 동굴이 있다니, 호기심에 할아버지를 따라갔다. 지하 동굴은 포도주를 만드는 공간이자 와인 보관 창고였다. 둥근 병이 벽을 따라 길게 늘어서 있었다. 평범한 농가주택 아래 이런 공간이 있으리라곤 전혀 상상하지 못했기에 놀라움이 배가됐다. 직접 담근 거라며 포도주도 한 잔씩 나눠주셨다. 영어를 한 마디도 못 하는 할아버지와 이탈리아어를 한 마디도 못 하는 가족이 포도주를 나누어 마시며 동굴이 울리도록 크게 웃었다.

집에는 3대가 살고 있었다. 평소 이탈리아 가족에 대해 상상하던 그대로였다. 이탈리아에 명품이 많은 이유가 가족 유대 전통으로 대를 이어 작업을 계승하기 때문이라고 생각해왔다. 호텔이 아닌 가정집을 예약하면서 은근히 이러한 상황을 기대했는지도 모른다. 집 앞 정원에는 라벤더가 한창이었다. 아내가 쪼그리고 앉아 향을 맡고 있는 걸 본 집주인이 한 다발을 꺾어 선물했다. 아내는 그 꽃을 정성스럽게 말려 한국까지 가져왔고, 지금도 냉동실에 보관하고 있다.

짐을 풀고 주인아주머니가 소개해준 슈퍼마켓에 가서 파스타 재료와 오르비에토산 와인을 여섯 병 구입했다. 오르비에토 와인은 교황이 좋아하는 화이트 와인으로 알려지면서 유명해졌다고 한다. 장을 보고 돌아오는 길에 구시가지에 들렀다.

✳ 산 위에 형성된 오르비에토 구시가 산책

바위산 위에 성곽으로 둘러싸인 중세 도시의 중심에는 고딕 양식으로 지어진 오르비에토 성당Duomo di Orvieto이 있고, 성당을 중심으로 좁은 골목길이 복잡하게 얽혀 있었다. 숙소 주인이 보여준 친절 때문이었을까. 좁은 골목을 따라 카페와 레스토랑, 기념품 숍이 빽빽하게 들어서 있음에도 평화롭게 느껴졌다.

숙소로 돌아와 샐러드와 파스타를 만들어 만찬을 즐겼다. 체크인 할 때 주인아주머니는 지역에서 난 올리브로 만든 거라며 올리브 오일과 와인을 선물로 주셨다. 모두 직접 만드신 거라고 했다. 와인을 다 마신 다음 더 구입할 수 있느냐 물었더니 병에 담아둔 게 없다고 하셨다. 어쩔 수 없이 슈퍼에서 와인을 샀는데, 숙소에 돌아오니 주인아주머니가 와인 한 병을 더 가져다주셨다. 시골 방앗간에서 갓 짠 참기름처럼 라벨도 붙지 않은 와인을 마시며 이탈리아 시골 마을의 온정을 느꼈다. 아직도 와인을 마시며 창 너머로 봤던 그날 저녁의 풍경이 잊히지 않는다. 멀리 오르비에토 성이 보이고, 아래로 올리브 나무와 포도밭이 펼쳐졌다. 그리고 은은하게 풍기던 라벤더 향과 와인까지, 더할 나위 없이 완벽한 저녁이었다.

▌tip ▌ 와인 여섯 병이 불러온 해프닝

아내와 나는 와인보다 맥주를 즐겨 마신다. 그럼에도 오르비에토에서 와인을 여섯 병이나 구입한 이유는 이곳이 굉장히 좋은 인상을 줬기 때문이다. 와인을 마실 때마다 그 좋은 기억을 떠올리고 싶었다. 가격도 한화 5,000~6,000원으로 저렴했다. 서울로 돌아와 수하물을 찾는데 아무리 기다려도 짐이 나오지 않았다. 술이 너무 많아 자물쇠가 채워진 채로 세관 신고대로 직행했던 것. 바짝 긴장한 채 세관 직원에게 와인 가격이 적힌 영수증과 함께 항공권을 인원수대로 보여줬다. 세관 직원은 웃으면서 한 가방에 너무 많이 넣지 말라고 충고했고, 무사히 집까지 가져올 수 있었다.

✳ 진짜 한식을 찾아 로마의 한인 민박으로

로마로 돌아와 자동차를 반납했다. 며칠 전부터 한식이 먹고 싶다는 상아의 말에 한인 민박에서 머물기로 했다. 자동차를 반납하고 로마역에서 전화를 했더니 민박집 주인이 마중을 나왔다. 우리 가족 외에도 서너 명이 더 온 후에야 숙소로 출발했다. 조금 외진 곳이었는데, 걸어서 20분 동안 이동을 하면서 잠깐 무서운 생각이 들었다. 흉흉한 얘기가 많이 들리던 때였고, 마중 나온 아저씨는 지나치게 과묵하고 무뚝뚝했기 때문이다. 알고보니 중국 옌벤에서 오신 분이라 한국어가 익숙하지 않았던 상황이었다.

유럽의 한인 민박은 아침과 저녁 식사가 숙박비에 포함되는 경우가 많다. 숙소에 도착해 짐을 풀고 저녁을 먹으러 내려갔더니 닭볶음탕이 차려져 있었다. 매콤한 향이 식욕을 자극했다. 한식이 먹고 싶다던 상아는 그날 매운 닭볶음탕을 세 그릇이나 먹었다. 방에 올라와서 배앓이를 해 소화제까지 얻어 먹였을 정도다. 상아는 이번 여행에서 가장 맛있었던 음식으로 한인 민박의 닭볶음탕을 꼽는다. 지금도 가장 좋아하는 음식을 물으면 주저하지 않고 닭볶음탕이라 얘기할 정도로 제대로 반했었다.

먼 거리를 이동한 긴 여정이었다. 자동차로 국경을 넘나든 것이 미국-캐나다를 제외하고 처음이었고, 숙소에 들어가면 맥주 한 캔을 앞에 두고 다음날 갈 곳과 묵을 곳을 인터넷으로 검색해 예약하면서 다녔다. 아침에는 가장 먼저 일어나 가족들을 깨웠고, 요깃거리를 사 와 아침을 챙겨 먹이곤 했다. 상은이가 어려서 유모차를 가져갔는데 상아와 상진이가 걸어 다니니까 자기도 걷겠다며 떼를 썼고, 아내는 가끔 삐치거나 지친 상은이를 업고

다니느라 더 힘들었다. 하지만 첫 유럽 자동차 여행이었고 큰 사고 없이 잘

돌아왔음에 감사했다.

체코 프라하의 옛 왕궁.

노이슈반슈타인 성 호수의 우아한 백조들.

세인트버나드 패스를 지나며 펼쳐진 풍경.

이탈리아 북부 소도시, 론시글리온.

스위스 라우터브루넨에서
일광욕을 즐기는 사람들.

프라하 출신의 조각가 다비드 체르니의 작품 '총'.

프라하의 카프카 카페.

바티칸의 경비병.

디즈니 성이라 불리는 독일 퓌센의
노이슈반슈타인 성.

로마의 콜로세움.

독일 퓌센의 알프제 호수에서.

프라하 언덕 위의 동상.

이탈리아 베네치아.

11

야생 나무늘보를 찾아서!
푸라 비다, 코스타리카

여행 일지

기간 ✳ **2017년 5월 29일~6월 2일, 4박 5일**

장소 ✳ **코스타리카**

이동 거리 ✳ **570km**

San Jose ➡ Jaco 100km 1'40"

Jaco ➡ Manuel Antonio National Park 80km 1'15"

MANP ➡ San Jose 160km 2'30"

San Jose ➡ La Fortuna 115km 2'30"

La Fortuna ➡ San Jose 115km 3'00"

Costa Rica

코스타리카

a. 산호세 국제공항 ➡ **b.** 야코 비치 ➡ **c.** 마누엘 안토니오 국립 공원 ➡

d. 산호세 ➡ **e.** 라 포르투나 ➡ **f.** 산호세

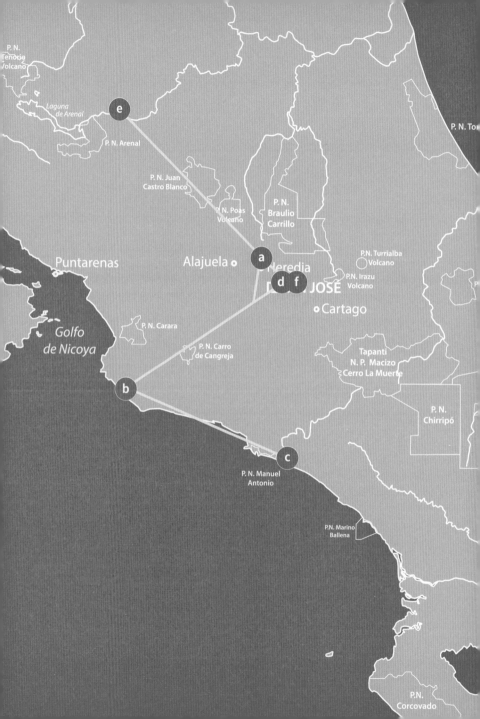

① **함께한 자동차 — 도요타 라브4**

산악 지대가 많은 코스타리카에서는 SUV 차량이 유리하다. 우리 가족 역시 SUV 차량인 도요타 라브4를 렌트했다. 특히 내구성이 뛰어나 자동차 마니아들 사이에서 30만 마일 클럽에 자주 언급되는 차량 중 하나다. 30만 마일 클럽이 란 50만km 이상을 주행해도 괜찮은 내구성 좋은 자동차 리스트를 말한다. 지난 30년 동안 블링블링한 자동차를 타는 것이 유행이었다면, 최근에는 30대에 은퇴해 여행하면서 원격 근무하는 젊은이들이 늘어나며 50만km 이상을 달릴 수 있는 자동차의 인기가 높다.

② **렌터카 업체 — 버젯 렌터카 budget.com**

코스타리카 산호세 국제공항의 모든 렌터카 업체는 공항 밖에 위치한다. 제주 국제공항처럼 셔틀버스를 타고 렌터카 업체까지 이동하는 시스템. 미국인이 선호하는 관광지답게 렌터카 시스템은 미국의 것을 따른다.

③ 주유

미국 대형 주유 회사가 지은 주유소가 있고, 동남아시아처럼 구멍가게에서 페트병에 담아 파는 곳도 있다.

④ 주차

수도인 산호세를 제외한 지역에는 차량이 많지 않다. 거의 모든 호텔에 주차장이 있고, 무료로 이용할 수 있다.

⑤ 기타

고속도로가 있지만 그 외에는 거의 1차선이다. 노면 상태는 나쁘지 않지만 도로 폭이 넓지 않기 때문에 운전 시 주의를 요한다. 치안은 중남미 국가 중 가장 안전한 수준이니 긴장하지 않아도 된다.

⑥ 코스타리카 여행 시 알아둬야 할 점

관광을 목적으로 코스타리카를 방문하는 사람은 90일 동안 무비자로 체류할 수 있다. 그러나 왕복 항공권과 90일 동안 사용할 300달러 이상을 소지하고 있음을 증명해야 한다. 불법 노동을 막기 위한 대책인 듯하다. '프로피나Propina'라고 불리는 팁 문화가 있는데, 코스타리카 정부에서는 1972년 식당과 주점, 서비스 업종에서 소비액의 10%를 팁으로 받을 수 있도록 법을 제정했다. 업주가 아닌 종업원의 수입. 따라서 청구서에는 부가세 13%와 봉사료 10%가 함께 청구된다. 팁을 따로 지불할 필요가 없다는 얘기다.

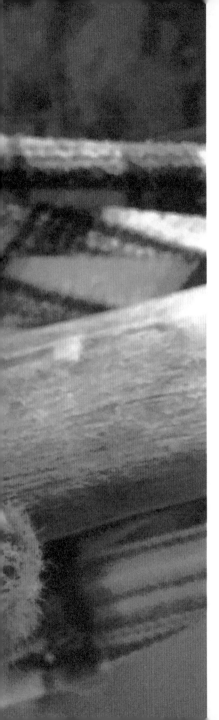

코스타리카에서 행운처럼 만난
아기 나무늘보.

✳ 말로만 듣던 코스타리카에 불시착

누군가에게 코스타리카는 커피 산지이고, 누군가에게는 피파 랭킹 30위 권의 축구 강국이다. 나에게 코스타리카는 두 가지 이미지로 남아 있었다. 미국인들이 은퇴 후 삶을 꿈꾸는 곳이자 지인 두 사람의 고향. 오래전부터 미국 여행 매거진에서는 코스타리카를 낙원으로 소개했다. 미국 본토에서 가까우면서 멕시코보다 안전하고 물가도 저렴한 편이다. 20년 전 코스타 리카 출신의 직장 동료가 있었다. 내가 여행을 좋아하는 걸 알고는 언젠가 꼭 코스타리카에 가라고 말하곤 했다. 봉사 활동을 함께하던 코스타리카 교포 출신 후배의 추천도 있었다. 지인 중 두 명이 코스타리카 출신이라는 사실만으로 막연한 친밀감이 생겼고, 코스타리카를 떠올릴 때 보여준 그 들의 설레는 눈빛이 내 로망을 부추겼다. 카리브 해로 여행을 떠나게 됐을 때, 코스타리카 생각이 난 건 당연한 것이었는지도 모른다.

코스타리카는 스페인어를 국어로 사용하지만, 대부분의 관광지에서는 영어도 사용한다. 치안 역시 중미치고는 굉장히 안전한 편. 결정적으로 사진으로 본 해변이 황홀하게 아름다웠다. 북미 대륙과 남미 대륙을 잇는 중간에 위치한 코스타리카는 우리나라보다 폭이 좁다. 서쪽으로는 태평양, 동쪽으로는 카리브 해에 면해 있어 하루에 해가 뜨고 지는 것을 모두 볼 수 있는 나라이기도 하다. 하루는 태평양 연안 도시인 야코에서, 하루는 카리브 해의 연안 도시 리몬에서 보내기로 하고 코스타리카행 티켓을 예약했다.

공항에 도착하니 입국 심사 줄이 굉장히 길었다. 아이들에게 물었다. "코스타리카는 무엇이 유명하니?" 퀴즈 정답이라도 찾듯 아이들은 검색을 시작했다. 나무늘보의 서식지가 있다면서 멸종 위기 동물인데 유일하게 코스타리카에서만 자연 서식한다고 답했다. 여행의 테마는 그렇게 결정됐다. 풍경 좋은 해변에서 휴양하려던 계획이 순식간에 바뀌었다. '나무늘보를 찾아서'로.

▌tip ▋ 중미에서 가장 부유한 나라, 코스타리카

코스타리카는 스페인으로부터 독립하기가 수월했다고 한다. 약탈할 자원이 풍부하지 않았고, 인구도 적어 노동력도 착취할 수 없었기 때문이다. 신생 독립국이 그렇듯 한 차례 내전을 겪었고 이후 군대를 없앴다. 그리고 남는 국방비를 교육과 복지에 투자했다. 그 결과, 코스타리카는 지금 중미에서 가장 부유한 나라가 됐다.

✳ 소박한 태평양 해안 도시, 야코

'풍요로운 해변'이라는 뜻인 코스타리카에서는 태평양과 카리브 해를 하루에 모두 볼 수 있다. 국제공항이 위치한 수도 산호세는 그 중간 즈음에 위치해 있다. 먼저 태평양에서 노을을 보며 하룻밤을 보내기로 결정하고, 산호세에서 가장 가까운 해변인 야코Jaco로 향했다. 20년 전의 직장 동료가 강력 추천한 곳이다. 자동차로 2시간이 채 걸리지 않았다. 은퇴한 미국인들의 낙원이라는 말에 하와이 같은 풍경을 떠올렸지만, 기대보다 훨씬 작고 소박한 마을이었다. 대형 체인 호텔과 리조트보다 호스텔이 많았는데, 서퍼들 때문인 것 같았다. 바람이 많아 파도가 크고, 바다 쪽으로 한참을 나가도 깊이가 가슴께밖에 올라오지 않아 서핑하기 최적의 요건을 갖추고 있는 것. 올인클루시브All-Inclusive 호텔이 밀집한 화려한 도시를 상상했던 탓에 첫인상은 다소 실망스러웠다. 메인 로드에서 한 블록 들어간 곳에 위치한 펜션을 예약했다. 복층으로 된 룸의 2층에는 작은 자쿠지가 있었다. 그곳에서 바라본 한적한 바닷가의 시골 풍경이란! 친구가 이곳을 추천해준 이유가 그제야 짐작이 됐다.

다음 날은 상진이의 생일이었다. 파도가 높아 해수욕을 즐기기엔 무리가 있었다. 식사하러 근처의 레스토랑을 찾았다. 길가에 위치한 레스토랑은

태국 재래시장 같은 분위기였는데, 주인들은 하나같이 상냥했다. 갑자기 비가 많이 내렸다. 실내 좌석으로 안내하는 레스토랑 직원에게 에어컨 바람보다 자연 바람이 좋다고 했더니 비를 맞지 않도록 야외에 테이블을 붙여 자리를 마련해줬다. 좁은 지붕 아래 지붕보다 좁은 테이블에 모여 앉아 주변을 둘러봤다. 과연 사람들이 은퇴 후의 삶에서 바라는 것이 무엇일까 생각하면서. 비가 그치자 주민처럼 보이는 사람들이 작고 귀여운 반려견을 데리고 산책하는 모습이 눈에 띄었다.

✳ 나무늘보의 집, 마누엘 안토니오 국립 공원

다음 날 아침, 마누엘 안토니오 국립 공원Manuel Antonio National Park으로 향했다. 코스타리카에서 가장 작은 국립 공원이지만 세계 10대 해변으로 꼽히는 플라야 마누엘 안토니오Playa Manuel Antonio 비치를 포함해 4개의 비치가 모여 있어 많은 여행자가 찾는 곳이다. 부드러운 포물선을 그리는 해변에는 파도가 거의 없고 백사장과 야자수, 열대 우림이 어우러져 해수욕을 즐기기에도 좋다. 그리고 그 숲에 나무늘보가 살고 있다고 했다.

야코에서 마누엘 안토니오 국립 공원으로 가는 길은 해안선을 끼고 있는데다 도로가 잘 정비돼 드라이브하는 '맛'도 좋았다. 그러나 코스타리카에서 가장 유명한 국립 공원이라는 수식이 무색하게 시스템은 다소 낙후돼 있었다. 입구는 숲에 가려져 지나치기 십상이었는데, 주차장도 없어 갓길에 차를 세워야 했다. 지역 주민으로 보이는 젊은이들은 여행자에게 주차를 안내하고 가이드를 하면서 돈을 버는 것 같았다. 인근의 작은 마켓과 레스토랑 역시 그들과 연계돼 있어 보였다. 음료수를 사러 들어간 마트 주인은 가이드를 고용해 돌아볼 것을 권했다. 날씨가 더운데 공원이 넓어 방향을 잃으면 한참을 헤매야 한다는 게 이유였다.

열대 우림 투어를 신청했다. 가이드 투어는 꽤 만족스러웠다. 가이드는 숲을 이루는 나무의 종류를 상세하게 알려줬고, 마주치는 동물의 이름과 특성도 설명해줬다. 결정적으로 가이드가 아니었다면 우리 가족은 결코 나무늘보를 보지 못했을 것이다. 나무늘보는 키 큰 나무의 꼭대기에 있었다. 하루에 18시간을 자고 일주일에 한 번, 밤이 되면 볼 일을 보러 땅으로 내려온다고 한다. 나뭇잎을 먹고 사는데, 움직임이 거의 없어서인지 서클로피아 잎사귀 3장만 먹고 하루를 버틴다고. 가이드는 망원경을 가지고 다니면서 나무 위에서 자고 있는 나무늘보를 찾아 보여주면서 특징을 설명해줬다. 나무늘보의 털은 원래 베이지색인데, 여름이면 초록빛을 띠기도 한다. 너무 움직임이 적어 털에 이끼가 끼는 거라고 한다. 상상만으로도 몸이 간지러운데, 이끼 낀 털은 나무늘보의 보호색이 된다. 이끼에 사는 진드기가 해충으로부터 나무늘보를 지켜준다.

공원 내에는 다양한 트레일 코스가 있었다. 3~14km까지, 코스도 길이도 각기 다르다. 어느 코스를 선택하든 열대우림을 통과하면 그 끝에 해변 초승달 모양의 해변, 플라야 마누엘 안토니오가 나온다. 우리 가족이 선택한 것은 가장 짧은 3km 코스. 습한 숲속을 거닐다 바다를 만나니 머릿속이 맑아지는 기분이 들었다. 비치까지 가족을 안내해준 가이드는 자동차를 세워둔 곳까지 이동하는 짧은 루트의 길을 알려주고는 숲속으로 유유히 사라졌다. 미리 준비해 간 수영복으로 갈아입고 해변에서 한참을 놀았다.

✳ 여행의 루트를 바꿔버린 결정적 대화

대부분의 여행자는 화산에 가기 위해 코스타리카를 방문한다고 한다. 세계에서 가장 큰 분화구를 가진 포아스 화산과 활발했던 화산 활동 덕분에 토양이 비옥해 다양한 농작물을 키워내고 있는 이라수 화산이 대표적이다. 원래 우리 가족의 여행 루트는 이랬다. 야코에서 하루를 보내고 마누엘 안토니오 국립 공원에서 나무늘보를 찾은 다음 카리브 해의 도시 리몬으로 넘어가 리몬 남쪽에 있는 나무늘보 보호소를 방문하는 것. 어미를 잃은 새끼나 다친 나무늘보를 구조해 보호했다가 자생력이 생기면 야생으로 돌려보내는 곳인데, 나무늘보를 가까이서 볼 수 있다. 나무늘보라는 목표가 생기기 전까지는 해변에서 쉬다가 화산 투어를 다녀올 생각이었다. 그러나 모든 계획은 마누엘 안토니오 국립 공원에서 한 부부의 대화를 엿듣게 되면서 바뀌었다.

가이드 투어에 함께 참여했던 팀 중에는 미국에서 온 40대 부부도 있었다. 동물원이 아니다 보니 나무늘보를 가까이서 볼 수 없어 아쉬워하는 우리 가족에게 부부가 사진을 한 장 보여줬다. 북쪽에 있는 온천 수영장에 다녀오는 길에 촬영했다는 사진에는 나무늘보를 안고 우유를 먹이며 웃고 있는 부부의 모습이 찍혀 있었다. 위치를 꼼꼼하게 체크했다.

산호세로 이동해 숙소에 체크인을 한 다음 가족회의를 열었다. 계획대로 카리브 해를 찾아 리몬으로 이동할 것인지, 마누엘 안토니오 국립 공원에서 만난 부부가 알려준 대로 나무늘보를 찾아 라 포르투나 지역으로 이동할 것인지 결정하기 위해서였다. 의견은 하나로 모아졌다. 레스토랑을 찾을 가능성은 낮지만, 행운은 운명에 맡기고 라 포르투나로 이동하기로. 바다를 사랑하는 아이들이지만 그 순간만큼은 바다보다 나무늘보가 더 보고 싶었던 모양이다.

라 포르투나는 아레날 화산이 있는 곳이다. 1968년 폭발하면서 폐허가 됐던 이 지역
에 흐르는 용암을 보기 위해 관광객이 모여들기 시작했고, 지금은 계곡을 따라 흐르
는 온천수에서 물놀이를 하거나 화산 트레킹을 하는 사람들로 북적인다.

✳ 낯선 길 위에서 시작된 탐정 놀이

'온천 가기 직전에 다리를 건너자마자 우측에 있는 식당' '빨간 바탕에 흰
글자가 새겨진 간판' '과일 판매대가 있는 집'. 확실하지 않은 단서 세 조각
을 가지고 다음 날 아침 일찍 라 포르투나로 향했다. 관심사는 아레날 화산
이 아닌 '나무늘보를 보호하고 있는 식당을 과연 찾을 수 있을까'였다. 자
동차로 3시간을 달려 온천으로 향하는 첫 번째 다리를 건넜을 때 깨달았
다. 이곳은 계곡이라 크고 작은 다리가 많고, 거의 모든 상점의 간판은 빨
간 바탕에 흰 글자가 새겨져 있다는 사실을. 비슷해 보이는 식당에 들어가
음식을 주문하고 음료를 마시며 동태를 살피기도 했지만 실패였다. 아주
천천히 온천탕을 향해 운전했지만, 나무늘보를 보호하고 있는 식당은 결
국 찾지 못했다. 계곡 깊은 곳에 위치한 자연 온천탕을 갈 요량이었으나 식
당을 찾느라 시간을 너무 많이 허비한 탓에 수영장으로 만족할 수밖에 없
었다.

발디Baldi는 온천수로 만든 워터파크다. 다양한 테마 온천이 있고, 슬라이드도 있어서 남녀노소 모두 만족도가 높다. 코스타리카에서 가장 시설이 좋은 곳이지만, 나무늘보를 찾지 못했다는 실망이 큰 탓에 제대로 즐기지 못했다. 아이들은 "어제 공원에서 봤으니까 괜찮다"고 나를 위로했다. 산길이 위험하니 해가 지기 전에 산호세로 돌아와야겠다는 생각에 서둘러 온천 수영장을 나섰다.

✳ 드디어 우리 가족의 품으로 들어온 나무늘보

발디를 떠나 산호세를 향해 1시간 30분 정도 지났을까. 목이 말라 간이식당이 있는 곳에 차를 세웠다. 빨간 바탕에 흰 글자가 새겨진 간판이 있는 가게. '혹시' 하는 희망이 다시 모락모락 피어올랐다. 주인에게 이곳에서 나무늘보를 보호하고 있는지 물었다. 영어가 통할 리 만무하다. 상아가 나섰다. 수줍음이 많아 낯선 사람에게 먼저 말을 건네는 일이 드문 상아는 학교에서 제2외국어로 스페인어를 배우고 있었다. 더듬더듬 문장을 만들어내는 상아 옆에서 나머지 가족들이 보디랭귀지를 동원했다.

간절함이 언어를 넘어섰다. 상아의 말을 알아들은 주인이 자신들이 아기 나무늘보를 보호하고 있노라 답했다. 인자하게 웃으며 방에 있는 나무늘

470

보를 보여주겠다고도 했다. 식당이 있을 거라 예상했던 곳에서 1시간 이나 먼 곳이었다. 부부가 말해준 과일 판매대도 없었다. 시간이 늦어 접어둔 상태라고 했다. 기적이라고밖에 표현할 수 없는 상황이었다.

나무늘보는 주인아저씨가 만든 해먹에 거꾸로 매달려 있었다. 해먹에는 엄마처럼 안으라고 세심하게 인형도 넣어두셨다. 주인아주머니는 나무늘보에게 우유를 먹일 시간인데 대신 먹여보겠느냐 물으셨다. 손뼉을 치며 좋아했던 아이들. 하지만 우유를 먹이더니 빨리 밖으로 나가자고 했다. 왜 더 돌보지 않느냐 물으니 "나무늘보는 애완동물이 아니고, 우유를 먹었으니 잘 시간"이라고 답했다. 하루 종일 간절하게 찾아 헤맸음에도 아기 나무늘보가 힘들어할까 봐 자리를 피해준 거다. 그런 아이들을 보며 뿌듯했다.

그곳에서 저녁 식사를 했다. 감사함을 전하기 위해 음식을 다양하게 주문했다. 주인아저씨가 산에서 직접 채취했다는 꿀까지 몇 병 구입했다. 멸종 위기의 동물을 보호하는 것이 얼마나 의미가 있는지 여행을 통해 아이들이 스스로 알아가는 것 같아 더없이 만족스러운 저녁이었다.

✳ 코스타리카에서 찾은 푸라 비다

결국 우리 가족은 그 아름답다는 코스타리카의 서해를 보지 못했다. 하지만 기적처럼 나무늘보를 만났다. 온 가족이 한마음으로 소망했던 일을 이뤄내고 난 후의 쾌감도 맛봤다. 나무늘보 사건은 요즘도 종종 회자되는 이야기 중 하나다. 계획대로 카리브 해의 도시 리몬으로 이동했다면 리몬 남쪽의 나무늘보 보호소를 방문했을 것이다. 나무늘보에 대한 더 많은 정보를 얻었을 것이고 보다 안전하게 더 많은 수의 나무늘보를 만났을 것이다. 하지만 모험이 가져다준 성취감과 짜릿함은 경험하지 못했을 거다.

코스타리카어 중에 '푸라 비다Pura Vida'라는 말이 있다. '행복한 인생'을 살라면서 건네는 인사말이다. 이 한 마디가 코스타리카의 문화를 보여주는 것 같다. 움직임이 거의 없는 나무늘보는 사냥 당하기 쉬운 동물이다. 그들이 코스타리카에만 자연 서식하는 이유는 그네들 특유의 민족성과 생활 방식 때문일 것이다. 세상에서 가장 게으른 동물인 나무늘보와 부모를 잃은 동물에게 대신 부모가 돼주는 주민들, 그들의 민족성과 생활 방식이 푸라 비다라는 한 마디에 담겨 있는 듯했다.

▓ tip ▓ 어린 나무늘보의 부모가 되어주는 코스타리카 사람들

코스타리카 사람들은 누구나 엄마가 죽어 고아가 되거나 나무에서 떨어져 부모와 분리된 새끼 나무늘보를 구조해 집으로 데려온다고 한다. 그러고는 혼자서 생활할 수 있을 때까지 우유를 먹여 키운 다음 다시 야생으로 돌려보낸다고. 특정 단체가 아닌, 국민 전체가 공유하고 있는 약속이다. 식당 주인 역시 산에 갔다가 부모를 잃은 것 같아 데려왔다고 했다. 유튜브에도 코스타리카 아이들이 새끼 나무늘보를 안고 고아가 된 나무늘보를 도와달라고 말하는 캠페인 동영상이 업로드돼 있다.

망원경을 통해 본 나무 위의 나무늘보.

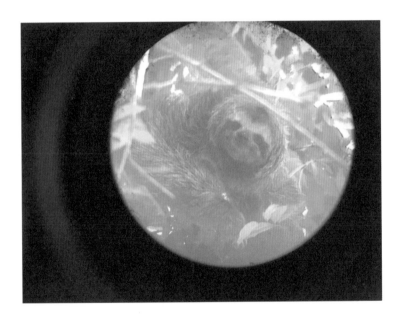

마누엘 안토니오 국립 공원 내의
플라야 마누엘 안토니오 해변에서.

야코 해변에서 만난 이구아나.

아기 나무늘보를 만난 행운의 식당.

발디 온천의 출입 팔찌.

마누엘 안토니오 국립 공원 내의
카푸치노 원숭이.

코스타리카 공항에서.

마누엘 안토니오 국립 공원.

행운처럼 만난 아기 나무늘보.

발디 온천 워터파크.

해외 자동차 여행을 위한 렌트 & 운전 팁

일본과 홍콩, 호주는 운전석이 오른쪽에 있고, 미국은 보험 관련 서류를 필히 지참해야 한다. 오스트리아와 스위스는 고속도로에 톨게이트가 없는 대신 고속도로 통행권을 구입해 차량에 부착해야 한다. 나라마다 교통 법규가 달라 벌어지는 실수가 많다. 자동차 렌트 시 알아두면 좋을 사소한 팁과 여행하면서 익힌 운전 스킬을 공개한다.

✚ 계약서에 적힌 운전 가능 범위 체크

자동차 렌트 시 계약서에 적힌 깨알 같은 글자까지 꼼꼼히 읽어야 한다. 우리나라에는 전라도 전용 렌터카나 경상도 전용 렌터카가 없기 때문에 간과하기 쉬운데, 영토가 넓은 나라는 렌터카마다 드나들 수 있는 주의 범위가 다르다. 국경을 넘어야 한다면 출입 가능한 나라 범위도 반드시 확인해야 한다. 귀찮더라도 렌트할 때 업체 사장에게 차량 출입 범위를 문의하고 계약서에 해당 사항이 적혀 있는 부분을 직접 확인하는 게 좋다.

✚ 아반테가 유럽에서는 대형차

해외 직구를 하다 보면 같은 스몰 사이즈의 티셔츠라 하더라도 한국과 미국, 일본의 차이가 있다. 자동차도 마찬가지다. 크기에 따라 '경차 — 소형차 — 중형차 — 대형차 — 럭셔리 — SUV — 미니밴'으로 나뉘는데 미국과 일본, 유럽의 사이즈가 다르다. 미국은 우리나라와 사이즈 분류가 같다. 일본은 우리나라보다 1단계 작고, 유럽은 2단계가 작다. 미국 소형차가 유럽에서는 대형차가 된다는 뜻. 아일랜드를 여행할 때 예약한 중형차가 없어서 두 단계 업그레이드된 럭셔리 차량을 인도받았는데, 실제로는 우리나라 소형차 크기였다. 형성된 지 오래된 유럽의 도시에는 좁은 길이 많기 때문에 작은 차량을 선호한다고 한다. 일본에는 경차보다 작은 콤팩트 카도 있다.

✚ 트렁크 사이즈를 반드시 확인

인터넷으로 렌터카를 예약할 때는 홈페이지에 명시된 인원수 외에 트렁크 사이즈를 반드시 확인해야 한다. 작은 차량이 일반적인 유럽 자동차 여행 시 대형 캐리어를 여러 개 가져가면 차에 모두 싣지 못할 수도 있다. 렌터카 업체 홈페이지를 보면 차마다 수납 가능한 대형 가방과 소형 가방의 개수가 적혀 있으니 꼭 체크해 실수하지 말자. 물론 대형 차량이 많은 미국에서는 문제가 되지 않는다. 같은 이유로 나는 유럽 여행 시 왜건을 선호한다. 짐 실을 공간이 넓고, 뒷좌석에 탄 아이들이 답답함을 덜 느끼기 때문이다.

✚ 예약 취소 수수료가 없는 미국 렌터카

미국 여행을 계획 중이라면 항공권보다 먼저 렌터카를 예약하자. 여행 기간이 많이 남아 있을수록 저렴한 데다 취소 수수료가 없다. 수시로 가격 변동을 확인하면서 더 저렴한 상품을 발견하면 그 상품을 예약하고 이전 것을 취소하면 된다. 또 미국의 몇몇 공항은 공항 내 렌터카 업체를 이용하면 추가 수수료를 지불해야 하는 경우가 있다. 공항에 들어가는 비용이 소비자에게 전가되는 것이다. 공항 밖에서 자동차를 양도 받는다면 30~40달러 저렴하게 빌릴 수 있는 경우가 많으니 반드시 확인하자.

✚ 국제 운전면허증은 운전면허증이 아니다?!

국제 운전면허증은 나의 한국 운전면허증을 영어로 번역한 증명서다. 렌트를 하거나 단속에 걸릴 경우 국제 면허증과 한국 면허증을 반드시 함께 제출해야 한다. 한국 면허증이 없으면 무면허 처리된다. 우리나라는 경찰서나 운전면허시험장에서만 국제 면허증을 발급해주지만, 미국은 사설 기관에서 발급한다. 만약 접촉사고가 나거나 교통 위반으로 걸리면 운전면허증과 국제 면허증, 자동차 등록증, 보험을 함께 제출해야 한다. 렌트할 때 자동차 등록증과 보험 증서가 어디에 있는지 반드시 확인하자.

✚ 인 ― 아웃 도시가 다른 경우 주목

자동차 대여 장소와 반납 장소가 다를 경우 추가 비용을 지불해야 한다. 하지만 시내에서 픽업해 공항에서 반납하는 것, LA에서 픽업해 뉴욕에서 반납하는 것, 올랜도에서 픽업해 마이애미에서 반납하는 것 등 장소에 따라 추가 비용이 없는 경우가 있다. 인-아웃 도시가 다르다면 검색 후 동선을 정하는 것도 나쁘지 않다.

✛ 같은 레벨에서 차량 종류 선택 가능

같은 중형차라고 하더라도 렌터카 업체마다 보유하고 있는 차종이 다르다. 내주는 대로 받지 말고 보유 중인 동일 분류의 차량 종류를 물어보고 트렁크 사이즈, 연비, 마력 등을 꼼꼼히 따져본 후 선택해도 된다. 차에 대해 잘 모른다면 트렁크가 가장 큰 차를 달라든지, 연비가 좋은 차량으로 달라고 요구할 수 있다. 최근 미국에서는 대형 렌터카 브랜드를 중심으로 고객이 선택한 레벨의 차량을 같은 섹션에 모아두고 쇼핑하듯 직접 타보고 선택할 수 있는 서비스를 제공하고 있다. 주는 대로 받지 말고 자신의 여행 스타일에 맞는 자동차를 적극적으로 선택하자.

✛ 차량 업그레이드는 룸 업그레이드와 다르다

차량을 업그레이드시켜주는 프로모션을 진행 중이라는 얘기를 들을 때가 있다. 원래 10달러를 내야 하지만 지금은 5달러만 내면 된다고. 이런 경우 처음에는 거절하라. 해당 차량이 없어 부리는 꼼수일 가능성이 높다. 모든 경우가 그런 것은 아니지만, 대부분 무료로 업그레이드시켜준다. 차가 크다고 마냥 좋은 것만도 아니다. 연비와 주차 문제도 고려해 결정하자. 차량 업그레이드는 호텔의 룸 업그레이드와 다르다.

✛ 지역 렌터카 vs 브랜드 렌터카

북미권을 여행할 경우 지역 렌터카 업체를 선호하는 편이다. 다른 지역으로의 이동이 없는, 한정된 지역 내에서의 단거리 여행에 적합하다. 물론 대형 렌터카 업체에 비해 요금도 훨씬 저렴하다. 그러나 일부 악덕 업체에서는 '이걸로 먹고사나' 싶을 정도로 소비자를 봉으로 볼 때가 있다. 차량을 렌트하자마자 사소한 스크래치라도 사진을 찍어 기록으로 남겨야 한다. 신용카드로 잡아둔 보증금에서 동의 없이 추가 요금을 출금하는 경우가 있으니 더욱 주의할 것. 대형 브랜드 렌터카의 경우 장거리 이동이나 여러 지역을 여행할 때 유리하다. 체인점이 많아 차량에 조금이라도 문제가 생기면 언제든 차량을 교체할 수 있기 때문. 심지어 운전해보니 별로라는 것도 교체의 사유가 된다. 요금이 조금 비싼 대신 서비스가 훌륭하다. 내 경험을 예로 들면, 렌터카 운전 중 타이어가 펑크 나고 휠도 조금 휜 적이 있었는데 이런 사항에 대해서는 보험을 들지 않아 걱정을 많이 했다. 그러나 실제 청구된 요금은 카센터에서 휠을 교체했을 때의 비용과 크게 차이가 없었다. 만약 지역 렌터카 업체였다면 수수료를 꽤 많이 받아냈을 것이다.

✚ 렌터카보다 복잡한 미국 자동차 보험

일본이나 대부분의 유럽 국가는 렌터카에 보험이 포함돼 있는데, 미국은 따로 구입해야 한다. 문제는 기본 보험이 있는데도 상위 보험을 강매하는 경우가 있다는 것. 한국인 여행자는 겁이 많아서 렌터카 회사에서 권하는 걸 그냥 계약하는데, 꼼꼼하게 따져봐야 한다. 카시트, 내비게이션, 하이패스 기기, 동승자 운전에 모두 추가 요금이 부과된다. 그것도 날짜별로 꼬박꼬박. 만약 아이가 있다면 반드시 카시트가 있어야 하는데, 장기 여행이라면 차라리 새것을 사는 게 나을 때도 있다. 주마다 자동차 보험이 조금씩 다른데, 만약 10일 이상 여행하려면 렌터카 회사 보험이 아닌 일반 보험사의 렌터카 전용 보험을 일 년짜리로 구매하는 게 저렴하다. 렌터카 전용 보험은 보험사 직원도 모르거나 귀찮아서 안내해주지 않는 경우가 많으니 꼼꼼하게 알아보고 계약해야 한다. 캘리포니아 주의 자동차 보험은 배우자 운전이 무료다.

✚ 자동차 번호판이 범죄의 표적이 될 수 있다?!

렌터카의 번호판은 외지 사람이라는 표식이다. 미국은 주마다 자동차 번호판이 다르고, 유럽의 번호판에는 국가가 표기돼 있다. 미국 횡단 여행을 하면 모텔 앞에 자동차를 주차해두는 경우가 많다. 귀찮더라도 트렁크의 짐을 모두 객실로 옮겨야 한다. 그냥 두면 도난당할 확률이 높다. 주차와 과속 단속에 걸릴 확률도 훨씬 높다. 미국에서는 과속으로 걸리면 재판으로 넘어가 합리적인 선에서 합의를 보는 경우가 많다. 재판에는 담당 경찰관이 참석해 증언을 해야 하는데, 외국인 여행자나 다른 주에서 온 사람들은 어필을 하지 않고 벌금을 낸다. 외지 차량의 단속 요금이 해당 주의 세금 올려주는 주 수입원이라는 말이 있을 정도다. 단속에 걸리면 신속하게 납부해야 한다. 렌터카 운전자들 중에는 '어차피 내 차도 아닌데'라는 생각으로 벌금을 내지 않고 도망가는 경우가 종종 있는데, 렌터카 업체에서 벌금은 물론이고 수속 수수료까지 더해 청구한다. 그들이 당신의 신용카드 번호를 알고 있음을 명심하자.

✚ 일본 고속도로 패스는 ETC 카드

일본은 우리나라처럼 하이패스 시스템이 있다. 택시비가 비싼 만큼 고속도로 통행료도 굉장히 비싼 편. 프로모션 패키지를 이용해 비용을 줄이는 게 좋다. 장거리를 이동하려면 톨게이트를 많이 지나기 때문에 금액이 정해져 있는 1일권을 구입하는 게 유리하다. 거의 모든 고속도로를 한 회사에서 관리하기 때문에, 보통 렌터카 업체에서 정액권인 ETC 카드를 무료로 대여해준다. 물론 남산터널에서 하이패스 사용이 불가능하듯 ETC 카드를 사용할 수 없는 구간도 있다. 미국에도 하이패스 시스템이 있지만, 기기 렌트도 유료인 데다 지역별로 시스템도 달라 호환이 안 되는 경우가 많다.

✚ 3가지 종류의 유럽 고속도로 통행료

유럽의 고속도로 시스템은 크게 3종류로 나뉜다. 프랑스, 이탈리아, 스페인은 우리나라와 같다. 고속도로 진입 시 톨게이트에서 티켓을 받고, 나갈 때 정산하는 방식이다. 독일과 벨기에, 영국, 네덜란드는 고속도로 통행료가 무료다. 당연히 톨게이트도 없다. 스위스와 오스트리아, 체코, 헝가리, 루마니아, 불가리아, 슬로베니아, 슬로바키아 8개의 나라에는 톨게이트가 없는 대신 일정 기간 고속도로를 이용할 수 있는 고속도로 통행권인 '비넷'을 구입해 차량해 부착해야 한다. 비넷은 국경 근처의 휴게소에서 판매한다. 10일, 2개월, 1년짜리 패스로 나뉜다.

✚ 유럽 여행 시에는 자동차 리스 추천

프랑스에서는 새 차를 구매할 경우 20%의 부가세를 내야 한다. 리스는 이것을 피하기 위한 방편으로 시작된 제도다. 대부분의 프랑스 자동차 회사에서 실시하는데, 자기 부담금 없는 보험이 포함된다. 푸조와 시트로앵이 대표적. 유럽 자동차 여행 중 목적지에 출입 금지 국가가 포함되어 있지 않으며 17일 이상 여행할 때 유리하다. 게다가 리스 차량은 모두 따끈따끈한 신차라는 것도 장점이다.

스마트한 자동차 여행을 돕는 애플리케이션

내비게이션이 없어 아내가 보조석에 앉아 지도를 보며 길 안내를 하던 시절에 비하면, 온·오프라인에 정보가 범람하는 요즘은 여행하기 참 쉽다. 그러나 정보가 많은 만큼 옥석을 가려내는 데 시간을 써야 한다. 항공권부터 숙소, 렌터카, 할인 쿠폰까지 우리 가족의 여행을 스마트하게 돕는 앱을 소개한다.

▶ 숙박

① 트립어드바이저 TripAdvisor   도시의 기본 정보와 볼거리, 즐길 거리, 먹을거리, 이벤트에 대한 정보가 가장 정확하고 방대하다. 트립어드바이저 내의 숙박 시설 비교 사이트에서 이용자들의 평가와 리뷰를 보고 숙소를 예약하는 편이다. 과거에는 랭킹만 보여줬으나 얼마 전부터 숙소는 물론이고 항공권과 맛집까지 비교 검색이 가능해졌다. 단점은 미국인 위주의 평가라는 점. 서울 맛집을 검색하면 '듣보잡' 식당이 많이 검색된다. 식당 정보는 신뢰하지 않는 편이다.

② 부킹닷컴 Booking.com   호텔부터 호스텔, 아파트, 게스트하우스까지 다양한 숙소를 많이 가지고 있다. 5명이나 되는 우리 가족이 호텔을 이용하려면 방을 2개 빌려야 하지만, 아파트는 1채만 빌려도 되기 때문에 아파트를 예약할 때 주로 사용한

다. 아파트는 부엌이 딸려 있어 식비도 절약할 수 있다. 문제가 발생하면 손님에게 피해가 가중되는 에어비앤비는 개인적으로 신뢰하지 않는다.

③ 아고다Agoda 본사가 싱가포르에 있는 아시아계 회사다. 일본을 제외한 아시아를 여행할 때 아고다를 주로 사용한다. 숙소의 종류가 다양하고 가격도 저렴하다. 일본 여행 시에는 라쿠텐을 이용한다.

④ 호텔스닷컴Hotels.com 10박 하면 1박 무료 서비스는 여행을 많이 하는 이들에게는 꽤 매력적인 혜택이다.

tip 나쁜 리뷰를 체크하라. 장점은 두루뭉술하고 리뷰어별로 비슷한데, 단점은 하수구 냄새가 고약하다든지, 침대 시트가 더럽다든지 구체적이다. 나쁜 리뷰를 보면 사진으로 드러나지 않은 숙소의 단점을 파악할 수 있다.

▶ 항공권

① 국내 여행사 한국에서 출발할 때는 인터파크와 모두투어, 하나투어 등의 한국 사이트를 이용한다. 프로모션을 잘만 활용하면 최저가 항공권을 득템 할 수 있다. 한국 사이트의 경우 사소한 변화 사항은 전화로 쉽게 바꿀 수 있어 좋다. 항공사는 효율성을 이유로 스케줄을 변경하거나 취소할 경우 비싼 수수료를 요구하지만, 국가적인 정책으로 한국 출발 항공권은 취소 수수료가 굉장히 저렴하다. 특히 하나투어와 모두투어 같은 여행사의 경우 상품 판매를 위해 블록으로 좌석을 선점하고 출발일이 임박하면 땡 처리 항공권을 정말 저렴하게 판매한다. 입출국 날짜가 정해져 있는 경우가 많은데, 동남아 휴양지 항공권을 가장 저렴하게 구할 수 있는 기회이기도 하다.

② 스카이스캐너 Skyscanner 해외에서 이동할 때는 스카이스캐너를 이용한다. 최저가 항공권을 잡을 수 있지만, 한국 회사만큼 고객 정책이 좋지 않다. 스케줄 변경과 취소 수수료가 굉장히 비싸기 때문에 스케줄이 확정된 경우에만 사용한다.

③ 아시아 저가 항공 항공권 가격 비교 사이트에서 제외되는 경우가 많다. 각 항공사 홈페이지에서 가격을 확인하고 믿을 만한 항공사인지 체크한 후 가장 저렴한 것을 선택한다. 저가 항공사는 기령이 오래된 항공기가 많은데, 에어아시아는 구간별로 새 비행기를 띄우는 곳이 많다.

④ 유럽 저가 항공 라이언에어와 이지젯은 기차나 버스보다 저렴한 항공권을 판매한다. 단, 수하물에 대한 원칙이 엄격하다. 사이즈와 무게, 개수를 정확하게 지켜야 한다. 그러다 보니 옷을 4~5겹씩 껴입는 여행자를 심심찮게 볼 수 있다. 10겹을 입어 탑승이 거절된 승객이 뉴스에 나오기도 했다. 이지젯의 경우 공항 데스크에서의 체크인도 수수료가 부가되니 인터넷으로 모바일 체크인을 해두자. 최근에는 체크인 데스크가 사라지는 추세라고 한다. 라이언항공은 한때 기내 화장실도 유료화하려고 했다고 한다. 반드시 약관을 꼼꼼하게 읽어두자.

tip 항공권 가격은 어떻게 변할지 아무도 모른다. 일단 예매를 했다면 다시 검색하지 않는 것이 정신 건강에 이롭다. 그럴 시간에 여행지에 대한 공부를 한 자라도 더 해두자.

▶ 렌터카

① 투로 Turo 내가 차를 사용하지 않는 동안 다른 사람에게 빌려주는 개인 간 카 셰어링 시스템이다. 에어비앤비의 자동차 버전. 개인 차량을 내놓는 거라 다양한 차종

이 있으며, 렌터카에 비해 가격이 저렴한 편이다. 우버만큼 더 큰 사이트로 성장할 것 같다.

② 토쿠 Tocoo 일본은 아직도 숙소, 렌터카 등의 여행 정보가 온라인화되지 않은 곳이 많다. 토쿠는 렌터카 4~5개 업체의 가격 정보를 비교해주는 사이트로, 사이트 내에서 예약하지 않더라도 대충의 시세를 짐작하는 데 도움이 된다. 일본의 내비게이션은 전화번호 입력식이고, 한국어가 지원되는 경우가 많다.

③ 카약 Kayak 허츠, 알라모와 같은 대형 렌터카 브랜드부터 지역의 작은 렌터카까지 가격을 비교해주기 때문에 선택의 폭이 다양하다.

tip 장기 여행 시에는 대형 렌터카 업체를 선택하는 게 좋다. 문제가 생기면 다른 지점에서 차량을 교환할 수 있기 때문이다. 계약서에 사인하기 전 운전 가능한 범위를 다시 한 번 체크하자. 국경을 못 넘는 차량도 있고, 주 경계를 못 넘는 차량도 비일비재하다.

▶ 택시

① 우버 Uber & 리프트 Lyft 현지 통화가 없더라도 신용카드로 결제할 수 있으며, 그 나라 언어를 한 마디도 못해도 목적지만 정확하게 설정하면 집까지 데려다준다. 멀리 돌아가더라도 미리 조율한 가격만 지불하면 되기 때문에 바가지요금도 없다. 단, 전문 운전기사가 아니기 때문에 길을 헤매는 경우가 있다. 운전자는 주행 중에 콜을 받고 마음대로 취소할 수 있지만, 손님은 취소하면 페널티를 물어야 하는 단점도 있다.

② 그랩 Grab 싱가포르와 태국, 베트남, 말레이시아, 중국 등의 국가에서 퀵서비스

처럼 오토바이로 사람을 태워 목적지까지 데려다주는 서비스로, 음식 배달도 가능하다. 요금은 택시의 25~30% 수준. 최근 그랩이 동남아의 우버를 인수하며 자동차 서비스도 제공하고 있다.

▶ 지도

① 구글맵Google Map 렌터카 비용에 내비게이션이 포함되는 경우에도 구글맵을 다운로드해 서브로 활용한다. 내비게이션은 종종 소프트웨어를 업데이트하지 않아 헤매는 경우가 있기 때문이다. GPS로 신호를 받기 때문에 와이파이 데이터가 없어도 사용할 수 있다. 와이파이 데이터를 필요로 하지 않는 오프라인 지도로, 무료 앱이지만 정보 업데이트가 잦은 편이다.

② 웨이즈Waze 절대 강자다. 카카오맵과 티맵처럼 실시간 운행 정보를 알려주는 앱으로, 더 다양한 정보를 제공하고 있다. 과속 카메라는 기본이고 경찰차의 위치, 갓길에 정차 중인 차량, 도로공사 상황 등을 상세히 알려준다. 심지어 목적지에 도착해야 하는 시간을 미리 입력해주면 떠나야 할 시간을 알람으로 알려주는 기능까지 있다.

▶ 기타 유용한 앱

① 왓츠앱WhatsApp 사용자가 가장 많은 메신저 앱이다. 한국 카카오톡, 일본 라인을 제외하고 거의 모든 국가에서 왓츠앱을 사용한다. 택시 기사도 예약을 하면 왓츠앱으로 연락하곤 한다. 미국뿐 아니라 호주, 유럽, 남미도 마찬가지다. 일반 전화를

해야 할 경우가 종종 있는데, 이때 스카이프Skype를 사용한다.

② 그루폰Groupon 미국 여행 시 가장 강력한 소셜 커머스 앱. 로키산맥 승마, 플로리다 늪지 에어보트 투어 등 다양한 투어 상품과 스파, 쇼, 이벤트의 티켓을 저렴하게 구입할 수 있다. 가끔 90% 할인 티켓도 나온다.

③ 옐프Yelp 레스토랑으로 시작해 내 주변의 슈퍼마켓과 약국까지 찾아주는 앱이다. 영어로 된 사이트라 미국과 영국, 호주 등의 국가에서 활성화된 편이다. 현지인이 추천하는 리얼 맛집을 찾을 수 있으며, 아시아 식품점의 위치도 확인할 수 있다.

④ 스포티파이Spotify 가족들이 자는 시간에도 운전해야 하는 내게 음악은 선택이 아닌 필수. 무료 음악 스트리밍 사이트인 스포티파이는 내 최고의 트래블 메이트다. 유저가 자신의 플레이리스트를 올릴 수 있는데, 나와 취향이 비슷한 음악을 듣는 사람을 팔로우하면 그들이 올린 음악들을 들을 수 있다.

▶ 주차장 찾기

주차 문제는 자동차 여행의 가장 큰 골칫거리다. 안타깝게도 주변의 저렴한 주차장을 찾아주는 통합 앱은 아직 개발 전. 도시별로 주차장 정보를 보여주는 앱을 다운로드하거나 홈페이지에서 예약해야 한다. 다소 귀찮을 수도 있지만, 파리 노트르담 대성당 지하 공영주차장 5유로, 런던브리지 아래 7파운드(3시간) 주차장을 사용한 적이 있다면 솔깃할 것이다. 나는 런던에서 아피파킹AppyParking과 링고RingGo, 파코피디아Parkopedia를, 파리에서는 웹사이트 파킹드파리ParkingsdeParis.com와 사메스오픈데이터Saemes.fr, 파크클릭Parclick.fr, 앱 오피앤고OPnGO와 파크미Parkme를 사용했고, 로마에서는 웹사이트 파클릭Parclick.com과 앱 파크미Parkme, 파코피디아Parkopedia를 주로 사용했다. 웹사이트와 앱을 통해 예약은 물론이고 미리 주차비를 지불할 수도 있다.

여행은 부모의 도덕적 의무

우리 가족의 목표는 큰딸 상아가 고등학교를 졸업하기 전까지 세계 100개 국을 여행하고, 미국 50개 주를 돌아보는 것이다. 여행을 좋아하고 자주 다니는 친구들조차 5인 가족이 100개국을 여행하는 것은 불가능한 일이라고 말하곤 한다. 나라 이름 100개를 적으라고 하면 다 채울 자신이 없으니, 그들의 말이 맞는지도 모른다. 처음에는 나조차도 허황된 목표 같았지만, 지금까지 우리 가족은 99개국을 여행했고 미국 50개 주 정복은 켄터키 주만 남겨둔 상태니 머지않아 목표를 달성할 수 있을 것 같다. '숫자가 무슨 상관이냐, 여행의 질이 중요하지' 하고 반박할 수도 있다. 하지만 가족이 공통의 목표를 세우고 함께 이뤄나가는 과정의 즐거움을 모르기 때문에 할 수 있는 얘기다. 아무리 사소한 것이라 할지라도 성취감은 삶의 중요한 동력이 된다. 책을 펴내는 이 시점에 가장 안타까운 것은 가까이에 있는 북한에 가보지 못한다는 것이다. 금강산과 백두산, 개성공단 여행은 아직 버킷 리스트에서

지워지지 않았다. 정치적인 이유로 북한 여행이 허락되지 않는다면 판문점을 통해서라도 북한 땅을 밟아보고 싶다.

가족 여행을 시작한 후 우리 부부가 가장 많이 받은 질문은 "왜 어린아이들을 데리고 생활하듯 여행하느냐"는 것이다. 아주 가까운 지인들도 궁금해한다. 그들은 말한다. "아이들이 너무 어리니 데리고 다녀도 여행한 장소를 기억할 수 없으며, 결국 시간과 노력의 낭비가 될 거"라고. 물론 아이들은 우리가 여행했던 곳을 전부 다 기억하지는 못할 것이다. 그러나 확실한 것은 어른들과 다른 방식으로 특정 도시와 나라, 혹은 순간에 대해 기억하고 있다는 것이다. 그 기억이 스냅 사진처럼 단편적인 것일지라도 충분한 가치가 있다.

우리 부부는 돈보다 경험이 아이들에게 더 큰 자산이 될 거라고 믿는다. 세상의 모든 부모는 아이들에게 보다 좋은 미래를 열어주고 싶어 한다. 나도 마찬가지다. 우스갯말로 '하느님 위에 건물주님'이란 얘기를 한다. 그러나 좋은 차와 큰 집, 반짝이는 보석은 영원하지 않다. 펀드 매니저로 일하면서 거대한 산 같던 유형의 자산이 한순간에 사라지는 것을 여러 차례 지켜봤고, 직접 경험하기도 했기에 단호하게 얘기할 수 있다. 그러나 추억은 생애 마지막 순간까지 함께한다. 가족과 함께 보낸 유년 시절 추억의 가치를 알기에 우리 부부는 많은 시간을 여행에 투자하는 것이다. 그러나 여행하지 않는다고 해서 죄책감을 가질 필요는 없다. 이는 가치관의 차이다.

생활하듯 여행한다는 것은 고단함을 의미하기도 한다. 당연히 생활비의 가장 큰 부분은 여행 경비가 차지한다. 신용카드 사용 내역은 앞으로 3개월간 항공료가 빠져나갈 거라고 경고하고, 다 갚을 즈음 나는 또 다른 여행을 위한 항공권을 결제하기를 반복한다. 여행의 과정도 지난하다. 여행지에서 하루라도 더 머물기 위해 럭셔리 리조트나 고급 호텔 대신 합리적인 비용의 호스텔을 선택하고, 여행지에서는 특별한 일이 없는 한 외식도 즐기지 않는다. 물론 음식에는 그 나라 사람들의 역사와 문화, 생활과 자연환경이 모두 담겨 있기 때문에 이름난 음식점을 찾기도 하지만, 대부분은 현지 시장이나 슈퍼마켓에서 식재료를 구입해 끼니를 해결하는 편이다. 때문에 아내는 집에 머물 때보다 서너 배는 힘들게 식사 준비를 하곤 한다.

여행 초기에 내 친구들은 "아이들이 사춘기가 되면 부모와 함께 다니는 것을 거부할 거"라고 경고하곤 했다. 고민이 많았다. 아이들이 여행이 지겹다고 하면 어떻게 해야 할까. 다행스럽게도 고등학생이 된 첫째와 사춘기를 겪고 있는 둘째, 아직은 노는 게 가장 좋은 셋째까지 지도 위에 그려진 나라를 여행하고 그 나라의 기념품 자석을 구입할 기회를 거부하지 않는다. 물론 집으로 돌아오면 부모와 무언가를 함께하는 걸 꺼려해 서운할 때도 있지만.

여행은 우리 부부가 선택한 교육 방식이기도 하다. 주로 아이들의 방학을 이용해 장기 여행을 하는 편인데, 어른에게는 방학이 없다. 여행하는 틈틈이 나는 업무를 처리해야 한다. 최악은 유럽 여행이다. 오전 9시에 열리는 한국 주식 시장에 맞춰 일을 하려면 유럽에서는 새벽 시간에 깨어 있어야 한다. 장이 열리기 전 국내외 뉴스를 체크하고 증시를 분석해야 하기 때문에 굉장한 집중력을 요하는 일. 월초와 월말을 포함해 자금 흐름이 중요한 날이면 더욱 예민해진다. 이런 때는 아내와 상의해 이동 거리를 줄이고, 호텔에 일찍 체크인한 다음 미리 잠을 자둔다. 아내는 내가 숙면을 취할 수 있도록 아이들을 돌본다. 미리 준비해 간 문제집을 풀게 하기도 하고, 책을 읽게 하기도 한다. 때로는 마트에 데려가 장을 봐 올 때도 있다. 잠에서 깬 후에도 내가 일에 집중할 수 있도록 환경을 조성해주는 것은 아내의 몫이다. 어느 날 아내는 말했다. "아빠가 가족들을 위해 열심히 일하는 모습을 보여주는 것만으로도 교육이 된다"고. 가족 여행은 구성원 한 사람의 희생만으로는 지속될 수 없다. 여행을 지속하기 위해 아빠가 양보하고 희생한 것이 무엇인지, 아이들은 일하는 아빠를 위해 어떤 노력을 해야 하는지 자연스럽게 깨닫게 되는 것이다.

2018년 첫째가 고등학교에 입학했고 예전처럼 여행을 자주 할 수 없게 됐다. 컬럼비아 대학의 앤드류 솔로몬 교수는 한 인터뷰에서 "여행은 세상을 향한 창이자 거울이며, 부모는 자녀와 함께 여행해야 할 도덕적인 의무가 있다"고 말한 바 있다. 도덕적 의무라니, 지금 우리 가족이 함께하고 있는 여행이 나를 위한 고집이 아니라 부모의 의무라고 말해주는 듯했다.

사람들에게 당신의 버킷 리스트가 무엇이냐고 물으면 늘 이국적인 장소로의 여행이 포함돼 있다. 하지만 죽음 앞에서 사람들은 자신의 꿈을 실천하는 대신 삶을 연장하기 위해 모든 에너지를 사용한다. 시대가 변했다. 아버지의 세대와 우리 세대에게 가족 여행은 매우 어려운 일이었다. 지금의 30~40대도 그럴까? 단호하게 얘기하고 싶다. 가족과 함께 떠나라. 우리는 여행을 누릴 만한 자격이 있다.

여행에서 돌아오면 아내는 원더우먼이 되고, 나는 다시 투명 인간이 된다. 방전된 체력과 시차 때문에 얼마간 일상생활이 버거운 나와 달리 아내는 짧은 시간 안에 현실로 돌아온다. 괜찮다. 여행을 통해 나는 내가 슈퍼맨이라는 걸 알았으니까.

여행은 차로 하는거야

10년간 100개국, 패밀리 로드 트립

초판 1쇄 발행 2019년 8월 14일

지은이 박성원

펴낸이 안지선

편집 이미선

마케팅 최지연 김재선 장철용

제작 투자 타인의취향

디자인 석윤이

교정 신정진

지도 Shutterstock

펴낸곳 (주)몽스북

출판등록 2018년 10월 22일 제2018-000212호

주소 서울시 서초구 신반포로3길8

반포프라자 321

이메일 monsbook33@gmail.com

전화 070-8881-1741

팩스 02-6919-9058

ISBN 979-11-965190-5-6 03980

이 도서의 국립중앙도서관 출판도서목록(CIP)은 서지정보유통지원시스템 홈페이지(http://seoji.nl.go.kr)와 국가자료공동목록시스템(http://www.nl.go.kr/kolisnet)에서 확인하실 수 있습니다(CIP 제어번호: CIP2019029271)

mons (주)몽스북은 생활 철학, 미식, 환경, 디자인, 리빙 등 일상의 의미와 라이프스타일의 가치를 담은 창작물을 소개합니다.